职业教育数字化融媒体特色教材

Python

程序设计案例教程

张 红 胡 坚◎主 编
张荣臻 茅 硕◎副主编

ZHEJIANG UNIVERSITY PRESS
浙江大学出版社

图书在版编目（CIP）数据

Python程序设计案例教程 / 张红，胡坚主编. — 杭
州 ： 浙江大学出版社，2022.2（2024.8重印）
ISBN 978-7-308-22194-8

Ⅰ. ①P… Ⅱ. ①张… ②胡… Ⅲ. ①软件工具－程序
设计－教材 Ⅳ. ①TP311.561

中国版本图书馆CIP数据核字(2021)第278063号

Python程序设计案例教程

张　红　胡　坚　主　编

张荣臻　茅　硕　副主编

策划编辑	黄娟琴
责任编辑	汪荣丽　黄娟琴
责任校对	傅宏梁
封面设计	林智广告
出版发行	浙江大学出版社
	（杭州市天目山路148号　　邮政编码　310007）
	（网址：http：//www.zjupress.com）
排　　版	杭州林智广告有限公司
印　　刷	杭州高腾印务有限公司
开　　本	787mm×1092mm　1/16
印　　张	20.5
字　　数	450千
版 印 次	2022年2月第1版　2024年8月第2次印刷
书　　号	ISBN 978-7-308-22194-8
定　　价	59.00元

Python 是一种跨平台的面向对象编程语言，是目前世界上最流行、最优秀的编程语言之一，广泛应用于人工智能、大数据、云计算、Web 开发、自动化运维、网络爬虫、桌面软件开发等领域。Python 语言集众多优点于一身，最值得称道的是它的开源生态，众多开发者共同建设了丰富的标准库和第三方库，使其在主流应用领域的开发效率上表现出众。此外，它还具备简单易学、可解释、可移植、可扩展、可嵌入等特点。

本教材全面贯彻落实党的二十大精神，在深入分析 Python 语言的实际应用以及学生就业需求的基础上，根据高等职业教育培养高素质技术技能人才的要求，按照高职学生的学习认知规律和职业素养养成规律组织教材内容，分层设计"单元技能案例 + 综合企业项目"，融合培养学生 Python 应用程序开发技能和应用创新能力。本教材具有职业教育特色，将知识学习和项目开发融为一体，实现"教、学、做"的统一。

【教材特点】

（1）内容架构：教材根据 Python 应用程序开发岗位的技能要求，按照"单元知识学习—典型应用剖析—综合项目实训"的思路，共设置了 12 个学习单元，全面覆盖 Python 应用程序开发技能体系。

（2）单元组织：单元教学组织包括单元引例、知识准备、典型应用、综合案例、单元小结和单元测试六个环节，符合学生的认知规律，激发学生的学习兴趣，引导学生学习 Python 知识、熟悉项目开发流程、积累实际项目经验。

（3）思政融合：教材系统设计课程思政内容，明确各单元课程思政教学目标，将思政要素自然地融入教材内容中，引导学生树立正确的人生观、价值观和就业观。

【教材资源】

本教材提供了丰富的教学资源，包括对应的课程标准、授课计划、电子教案（PPT）、案例教学源代码、在线试题库以及预习视频和案例操作视频，读者可扫描教材上的二维码进行在线学习和测试。若有疑问或需要教学资源，可发邮件至 zlycpj@126.com。

【作者团队】

本教材由浙江经贸职业技术学院副校长张红教授、胡坚教授任主编，张荣臻、茅硕任副主编，杨秋澍、黄成明、崔月霞、毛凌志等老师共同参与编写。

本教材由校企合作完成。诚挚感谢阿里巴巴钉钉事业部前副总裁茅硕女士（高级工程师）对教材内容体系设计做出的贡献，感谢新华三技术有限公司对教材项目案例和技术资源提供的支持，感谢杭州雷博科技有限公司对教材实训资源提供的支持！此外，我们衷心感谢所有关心、支持本教材编写工作的领导、同事和朋友。

本教材凝聚了作者团队在 Python 程序开发方面多年来的体会、经验和辛苦付出，但由于水平有限，教材中难免存在一些疏漏和不足之处，殷切希望读者批评指正，以使本教材得以改进和完善。

张红　胡坚

单元 1 初识 Python 语言 1
1.1 Python 概述 4
1.2 搭建开发环境 7
1.3 开发 Python 程序 23

单元 2 Python 语法基础 30
2.1 变 量 33
2.2 数据类型 34
2.3 运算符 39
2.4 【案例】商品基本信息处理 48

单元 3 流程控制 51
3.1 选择结构 54
3.2 【案例】商品销量数据分组 58
3.3 循环结构 61
3.4 【案例】店铺销量数据分组统计 69

单元 4 序列数据类型 74
4.1 序列数据类型概述 77
4.2 列 表 81
4.3 元 组 93
4.4 字符串 97
4.5 【案例】店铺商品销售量和销售额统计 108

单元 5 字典与集合 113
5.1 字 典 116
5.2 【案例】商品品类销售额统计 122
5.3 集 合 126
5.4 【案例】店铺低销量商品统计 134

单元 6 ▶ 函　数 ································· 138

6.1　函数的定义与调用 ···················· 141

6.2　函数参数 ····························· 142

6.3　【案例】店铺商品销售数量统计 ········· 150

6.4　变量作用域 ························· 153

6.5　函数式编程 ························· 155

6.6　【案例】店铺商品销量数据排序 ········· 159

单元 7 ▶ 异常处理 ····························· 162

7.1　异常类型 ····························· 165

7.2　自定义异常 ························· 167

7.3　捕获异常 ····························· 168

7.4　抛出异常 ····························· 171

7.5　【案例】店铺销售数据之异常值处理 ····· 174

单元 8 ▶ 面向对象 ····························· 178

8.1　面向对象概述 ························· 181

8.2　类与对象 ····························· 183

8.3　【案例】商品销售数据类设计 ··········· 189

8.4　属　性 ····························· 191

8.5　方　法 ····························· 195

8.6　特殊方法 ····························· 199

8.7　继承与多态 ························· 203

8.8　【案例】店铺销售数据类设计 ··········· 210

单元 9 ▶ 模　块 ································· 217

9.1　模块概述 ····························· 220

9.2　常用 Python 内置模块 ················· 229

9.3　【案例】用户活动积分计算 ············· 238

单元 10 **数据处理** 241

10.1　NumPy 模块 244

10.2　【案例】店铺月销售数据统计 247

10.3　Pandas 模块 249

10.4　【案例】电商数据预处理 263

单元 11 **网络爬虫** 267

11.1　网络爬虫概述 270

11.2　Scrapy 爬虫 274

11.3　Scrapy 常用工具命令 277

11.4　Scrapy 爬虫框架使用 281

11.5　【案例】电商网站数据爬取 289

单元 12 **数据可视化** 296

12.1　数据可视化概述 299

12.2　数据分类可视化 300

12.3　【案例】商品销量数据可视化 312

12.4　【案例】鸢尾花分类可视化 315

参考文献 320

单元 1 初识 Python 语言

单元知识 ▶ 目标

1. 了解 Python 语言发展历程
2. 熟悉 Python 语言特点
3. 熟悉 Python 2.X 与 3.X 的区别
4. 掌握 Python 程序结构及规范
5. 掌握 Python 程序的编写方法

单元技能 ▶ 目标

1. 能够使用 Python+pip+IDLE 组合编写程序
2. 能够安装并使用 Spyder
3. 能够安装并使用 PyCharm
4. 能够安装并使用 Anaconda+PyCharm

单元思政 ▶ 目标

1. 培养学生做遵守规范、善于协作、乐于创新、敢于担当的数字时代新人
2. 培养学生诚信、务实、严谨的职业素养

单元 1　初识 Python 语言

  Python 语言虽在各个行业软件开发中已得到广泛应用，但开发一个软件仅有优秀的程序开发语言是不够的，还必须有高效的开发工具支持，这样才能促使软件开发达到事半功倍的效果。当前，Python 语言的主流开发工具有 PyCharm、Jupyter、Spyder 等，它们特性迥异，因此选择和使用一个优秀的开发工具将是高效开发软件的前提。

  本单元将向大家介绍 Python 语言的发展历程及特点、Python 开发平台的选用、Python 程序结构以及规范、Python 程序的编写方法等。学习者应该重点掌握 Python 集成开发环境的搭建、PyCharm 的安装与使用、编写和运行 Python 程序等。理解和掌握本单元相关知识和技能将为后续的 Python 编程奠定良好基础。本单元技能图谱，如图 1-1 所示。

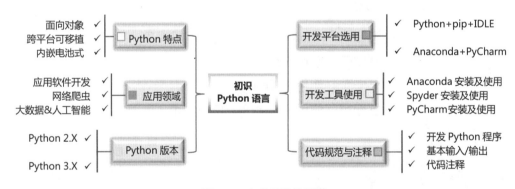

图 1-1　本单元技能图谱

案例资源

	综合案例
■ 欢迎进入 Python 世界 ■ Python 文档注释	

陈佩是学校里的语译编程社成员，已经熟悉 C 语言编程，现在他想进一步提升编程技能。他平时常和学长、学姐聊天时了解到目前 Python 是主流的软件开发语言，并且在企业中应用广泛。于是，他就找到了编程很棒的章敬学长，虚心地向学长请教如何编写 Python 程序，如图 1-2 所示。

（a）请学长帮助　　　　　　　　（b）基本学习要求

图 1-2 如何编写 Python 程序

　　为了能够帮助陈佩更快、更好地开始编写 Python 程序，章敬对其如何开展 Python 语言入门式学习提出了一些良好的建议，具体包括以下四个方面：

　　第一步，了解 Python 语言是如何诞生的，熟悉 Python 语言发展的里程碑事件和重要节点；

　　第二步，熟悉 Python 语言面向对象的重要特性，理解支撑其语言特点的运行机制；

　　第三步，进行 Python 语言开发环境的搭建，下载和安装好必要的工具软件；

　　第四步，尝试编写和运行一个简单的程序，输出如下效果（注意使用规范代码和注释文档）。

```
####################################
######    用软件改变世界!      ######
####################################
```

　　那么，陈佩要写这个简单的 Python 程序，需要掌握哪些知识呢？主要包括 Python 语言的基本情况、Python 语言开发环境搭建、简单 Python 程序编写和 Python 文档注释的学习。Python 语言的基本情况主要有三方面：第一方面是 Python 语言的诞生和发展史，第二方面是 Python 语言的基本特点，第三方面是 Python 代码开发。Python 语言开发环境搭建包括 Anaconda、Spyder 和 PyCharm 等开发工具的下载、安装和使用。完成一个 Python 程序编写可以有两种常用的方式：Python+pip+IDLE 方式和 Anaconda+PyCharm 方式。规范化的代码和注释对于程序的质量尤为重要，两者可以有效提升程序的可读性，而且通过规范化的注释可以生成配套的帮助文档，提高软件产品的完备性。

1.1　Python 概述

▶ 1.1.1　Python 语言诞生与发展

1. Python 语言的诞生

Python 语言由荷兰的吉多·范罗苏姆（Guido van Rossum）发明。吉多曾参与开发一种称为 ABC 的教学语言，其强大而优美，但由于非开放，所以 ABC 语言最终并未成功。1989 年圣诞节，吉多为了更好地打发时间，决定开发一个新的脚本解释程序来规避 ABC 语言的失败之处，同时实现 ABC 语言中闪现过但未有实现的内容，并取名 Python（蟒蛇）。这个名字源自吉多挚爱的一部 BBC 电视剧《蒙提·派森的飞行马戏团》（*Monty Python's Flying Circus*）。Python 语言由此诞生。"人生苦短，我用 Python"，Python 的快速成长引发了全球范围内开发与应用的热潮，成为一颗耀眼的明星。

2. Python 语言的发展

Python 语言秉持"优雅、明确、简单"的设计哲学，坚持"用一种方法，最好是只有一种方法来做一件事"的理念，诞生至今显示出愈来愈旺盛的生命力。

（1）1991 年，第一个 Python 编译器诞生，它基于 C 语言实现并能够调用 C 库（.so 文件），同时具有类、函数、异常处理等功能，包含列表和字典等核心数据类型，以及以模块为基础的拓展系统。

（2）1994 年 1 月，Python 1.0 发布，该版本主要提供了 lambda、map、filter 和 reduce 等新功能。

（3）2000 年 10 月，Python 2.0 发布，该版本主要增加了对内存管理、循环检测垃圾收集器以及 Unicode 的支持。它构成了现在 Python 语言框架的基础，同时从 maillist 的开发方式，转为完全开源的开发方式。2004—2008 年，Python 2.4、2.5、2.6 版本先后发布。

（4）2008 年的 12 月，代表着 Python 语言未来的 Python 3.0 发布，Python 3.X 不兼容 Python 2.X，Python 3.X 可能无法运行 Python 2.X 的代码。

（5）2010 年 7 月，推出了 Python 2.X 的最后版本——Python 2.7，大量 Python 3.0 的特性被反向迁移到了 Python 2.7，照顾了原有的 Python 开发人群。

（6）2012 年 9 月，Python 3.3 发布，之后保持稳定升级，至 2021 年年初，最新版本为 Python 3.9.1。

（7）2018 年 3 月，创始人吉多声明，将在 2020 年 1 月终止为 Python 2.7 提供支持。

学一学

Python 目前存在 2.X 和 3.X 两个系列的版本，互相之间不兼容。你在选择 Python 版本时，一定要考虑清楚自己使用 Python 具体做何应用开发，该方向有何扩展库可用，这些扩展库最高支持哪个版本的 Python。需注意的是，Python 2.X 系列已于 2020 年 1 月全面放弃维护和更新了。

1.1.2 Python 语言的特点

Python 能够持续发展并成为全球开发者青睐的主流开发语言，与其特点是分不开的。

1.1.2
预习视频

1. Python 语言是简洁优雅的

Python 的语法非常简洁，编程代码量少、难度低，代码的重构、测试与维护等都十分容易。一个小小的脚本程序，C 语言可能需要 1000 行代码，Java 可能需要几百行代码，而 Python 往往只需几十行代码。

2. Python 语言是跨平台、可移植、可扩展的

Python 不仅支持 Windows、Mac OS 和 Linux 等现有主流操作系统，而且在不同平台上使用往往不需要改动多少代码。Python 语言是基于 C 语言开发的，我们可以在 Python 代码中嵌入 C 代码以提高代码的运行速度和效率，也可以使用 C/C++ 语言编写某块高效率的关键代码，然后在 Python 程序中调用，并且你也可将 Python 代码嵌入 C/C++ 程序使用。

3. Python 语言是交互式、解释型、面向对象的

Python 语言提供高效的人机交互界面（如官方自带的 IDLE），通常适合其命令式编程，执行从终端输入执行代码并获得结果，互动测试及调试代码片断等操作。而 Python 对于其函数式编程，其代码在执行过程中由解释器逐行分析、逐行运行并输出结果。Python 语言具备所有的面向对象特性和功能，支持基于类的程序开发。

4. Python 语言是内置电池式的（丰富的标准库和第三方库）

Python 语言本身提供了覆盖系统、网络、文件、GUI（图形用户界面）、数据库、文本处理等各方面的基础库。基础库通常与解释器一起被默认安装，与各主流平台通用，这一特性被称为"内置电池（batteries included）"。此外，众多开源科学计算软件包都为 Python 提供了调用接口，如著名的计算机视觉库 OpenCV、三维可视化库 VTK、医学图像处理库 ITK 等，极大地提高了 Python 程序开发的效率。

1.1.2
考考你

▶▶ 1.1.3 Python 的应用领域

1.1.3
预习视频

近年来，Python 语言的发展可谓耀眼。据 PYPL 编程语言 2020 年 8 月排行榜，Python 以 31.59% 的市场占有率排名第一。Python 受到了全球开发者的青睐，并在各行业形成应用的热潮，主要的应用领域包含以下几个方面。

1. 行业应用软件开发

Python 支持函数式编程和面向对象编程，能够承担各类应用软件的开发任务。

2. 科学计算

基于 NumPy、Matplotlib、SciPy、Pandas 等优秀程序库的支持，Python 越来越多地用于科学计算及 2D/3D 图形绘制。如 NASA（美国国家航空航天局）自 1997 年开始就大量使用 Python 进行各种复杂的科学运算。此外，与著名的科学计算商业软件 MATLAB 相比，Python 有更多的程序库支持。

3. 云计算

Python 强大的模块化和灵活性等特点使得 Python 也适合于提供云计算服务支持，如构建云计算平台的 IaaS 服务的 OpenStack 就是采用 Python 语言的，云计算的其他服务也都是在 IaaS 服务之上的。

4. Web 服务

Python 经常被用于 Web 开发，尽管目前 PHP、JS 依然是 Web 开发的主流语言，但 Python 上升势头更猛劲。尤其是随着 Python 的 Web 开发框架逐渐成熟（如 Django、Flask 等），程序员可以更轻松地开发和管理复杂的 Web 程序。如 Google 的网络搜索系统及豆瓣网（集电影、读书、音乐于一体）的应用开发都广泛采用了 Python 语言。

5. 网络爬虫

Python 作为主流的网络爬虫编程语言，提供了丰富的服务于网络爬虫的工具，如 urllib、Selenium 和 BeautifulSoup 等，其 Scrapy 爬虫框架应用已非常广泛。Google 等搜索引擎公司大量地使用 Python 语言编写网络爬虫。

6. 大数据 & 人工智能

1.1.3
考考你

此外，Python 在大数据领域的数据清洗、数据分析等方面以及人工智能领域的机器学习、神经网络、深度学习等方面都是主流的编程语言，得到广泛的支持和应用，如 Facebook 的 PyTorch 和 Google 的 TensorFlow 等主流的神经网络框架都采用了 Python 语言。

1.2　搭建开发环境

风靡全球的 Python 语言受到业界的高度认可和支持，出现了 PyCharm、Sublime Text、Jupyter 等优秀的开发软件。客观地说，在该领域我国还没有知名的软件产品，需要我们青年一代将革命精神薪火相传，敢于啃"硬骨头"，早日突破技术瓶颈，实现关键技术领域的弯道超车。

Python 开发环境搭建包含两个基本步骤：Python 语言解释器及程序库安装和集成开发工具安装。目前，Python 开发常见的配置有如下几种。

Python+pip+IDLE：可到 Python 官方网站（www.python.org）下载适应本地计算机操作系统的 Python 版本，如图 1-3 所示。

图 1-3　Python(Windows 版本）下载

安装成功后，通过其解释器内部包含的 Python 第三方包安装工具 pip 安装所需程序包，并在 Python 自带的集成开发工具 IDLE 中编写和调试 Python 代码，也可用其他集成开发工具代替 IDLE（如使用 PyCharm、Sublime Text 等）。

学一学

　　Python 自身缺少 NumPy、Matplotlib、SciPy 等一系列包，需要我们安装 pip 来导入这些包才能进行相应运算（Python 3.5 自带了 get-pip.py，不需额外下载安装），每次都额外安装所需要的包略显麻烦，如果安装 Anaconda 代替 Python 就简单多了。

Anaconda+PyCharm：先下载并成功安装 Anaconda（内含 Python 解释器＋常用程序库等），再下载安装第三方集成开发工具 PyCharm（可选），两者结合进行 Python 项目的开发与测试。Anaconda（开源的 Python 包管理器）是一个 Python 发行版，包含了 Conda、Python 等 180 多个科学包及其依赖项，如图 1-4 所示，无须每次使用时额外安装所需包。同时 Anaconda 还附带捆绑了两个非常好用的交互式代码编辑器（Spyder、Jupyter Notebook），对于 Python 初学者而言极其友好。

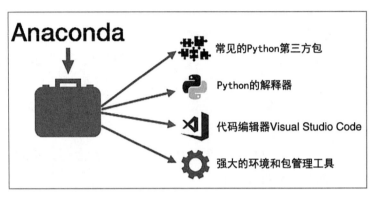

图 1-4　Anaconda 主要功能

本教材推荐初学者采用"Anaconda+PyCharm"的组合方式编写运行 Python 程序，更贴近企业 Python 应用开发规范。

▶▶ 1.2.1　Anaconda 的安装

1.2.1
预习视频

　　Anaconda 为 Python 开发提供了强大而高效的支持。大家可以到官方网站下载：https://www.anaconda.com/download/。下载时应结合本地操作系统和目标 Python 版本情况，选择合适的 Anaconda 版本（以 Windows 64 位为例），如图 1-5 所示（官方动态更新）。

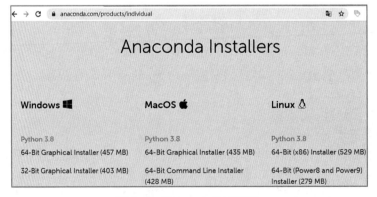

图 1-5　Anaconda 官方下载

　　第一步，安装下载文件 Anaconda3-2020.02-Windows-x86_64.exe ，出现如图 1-6 所示界面。

图 1-6　Anaconda 安装（1）

第二步，点击"I Agree"按钮，同意协议约定，如图 1-7 所示。

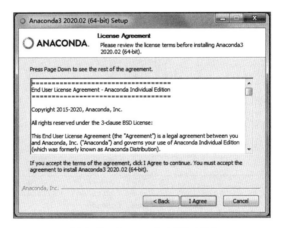

图 1-7　Anaconda 安装（2）

第三步，选择推荐的安装类型，点击"Next"按钮，如图 1-8 所示。

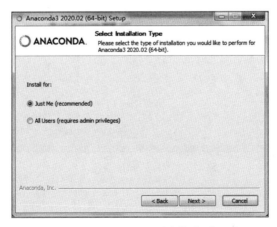

图 1-8　Anaconda 安装（3）

第四步，选择安装路径，约需 3.0GB 的空间，确定后点击 "Next" 按钮，如图 1-9 所示。

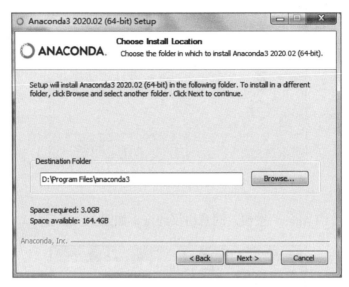

图 1-9　Anaconda 安装（4）

第一个选项是添加环境变量，默认是没有勾选的，建议勾选，如果此处不勾选，后续安装完成后想要自行添加环境变量则较为不便，点击 "Install" 进入安装，如图 1-10 所示。

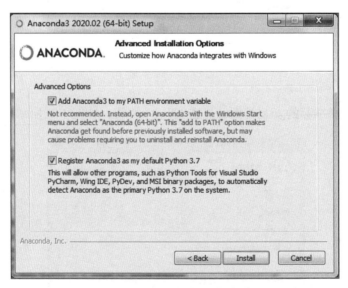

图 1-10　Anaconda 安装（5）

第五步，安装成功后如图 1-11 所示，最后点击"Finish"完成（两个 √ 可不选）。

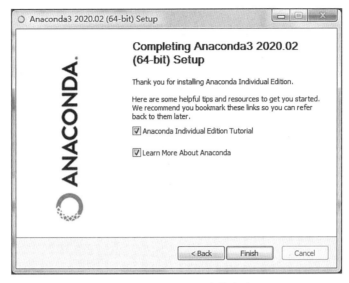

图 1-11　Anaconda 安装成功

第六步，安装成功后，可点击安装路径下的"Anaconda Navigator（anaconda3）"，打开工作界面，继续点击"Anaconda Powershell Prompt"下的 Launch 按钮，如图 1-12 所示。

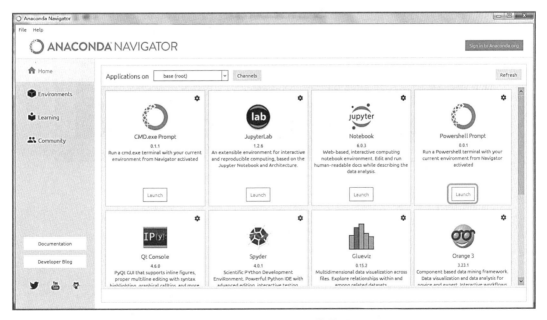

图 1-12　Anaconda 工作界面

"Anaconda Powershell Prompt"的功能相当于 Windows 自带的 CMD 命令，如图 1-13 所示。

图 1-13　Anaconda Powershell Prompt

第七步，在此路径下，我们可以键入命令：

python --version 回车

查看当前安装的 Python 版本：Python 3.7.6。

也可以通过键入命令：

python 回车

进入 Python 解释器，如图 1-14 所示。

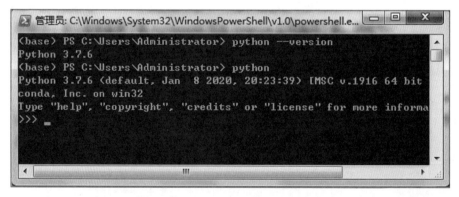

图 1-14　Anaconda Powershell Prompt 测试（1）

第八步，进入 Python 解释器，键入 Python 命令：

print('Welcome to anaconda!') 回车

则显示：Welcome to anaconda! 然后再键入命令：

exit( ) 回车

则可以退出 Python 解释器，回到系统路径，如图 1-15 所示。

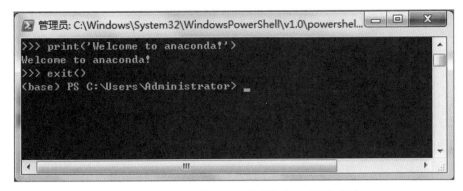

图 1-15　Anaconda Powershell Prompt 测试（2）

第九步，键入 Python 命令：

pip install requests　回车

安装支持通讯处理的 requests 包，安装成功后，进入 Python 解释器，键入命令：

import requests　回车

则可以导入已安装的 requests 包，完成情况如图 1-16 所示。

图 1-16　Anaconda Powershell Prompt 测试（3）

至此，你已经成功完成了 Anaconda 的安装与测试，下面我们就可以用它编写 Python 程序了！

1.2.1
考考你

▶▶ 1.2.2　Spyder 的基本使用

Spyder 是一个强大的交互式 Python 语言开发环境，具有高级的代码编辑、交互测试、调试等特性，支持包括 Windows、Linux 和 OS X 系统，同时也集成了科学计算常用的 Python 第三方库。当完成 Anaconda 的安装后，其中已经集成了 Spyder 工具，如图 1-17 所示。Anaconda3（64-bit）开始菜单选项对应的文件夹中包含了 Spyder（anaconda3）快捷方式。

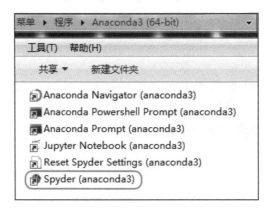

图 1-17　Anaconda 内置 Spyder 工具

1. Spyder 工作界面

点击 Spyder（anaconda3）快捷方式，进入 Spyder 工作主界面，默认情况下主要包括常用工具栏和 3 个工作区域，如图 1-18 所示。

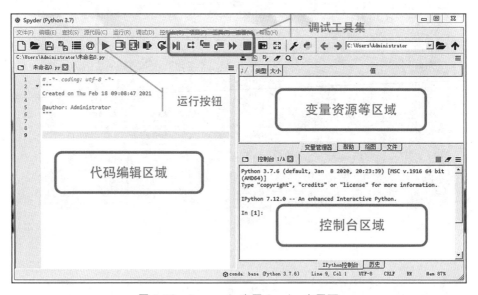

图 1-18　Anaconda 内置 Spyder 主界面

其中，左侧代码编辑区域提供 Python 程序代码浏览与编辑，右上方变量资源等区域提供程序变量过程值监控及其他帮助等辅助功能，右下方控制台区域多形式提供代码运行结果显示等功能。Spyder 在交互性及动态调试等方面性能较为突出。

2. 代码运行

我们可以直接在代码编辑区域键入如下语句：

a = 10

b = 20

c = a + b

print(c)

按 **F5** 键或点击 "运行" 按钮执行上述代码，程序运行结果在控制台显示如图 1-19 所示。

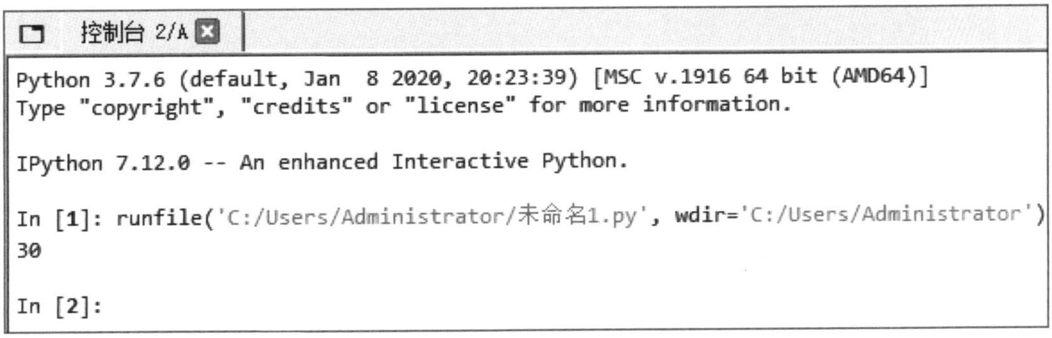

```
控制台 2/A ✕
Python 3.7.6 (default, Jan  8 2020, 20:23:39) [MSC v.1916 64 bit (AMD64)]
Type "copyright", "credits" or "license" for more information.

IPython 7.12.0 -- An enhanced Interactive Python.

In [1]: runfile('C:/Users/Administrator/未命名1.py', wdir='C:/Users/Administrator')
30

In [2]:
```

图 1-19 代码运行

若代码第一次运行，则结果中将显示程序文件名及路径，然后显示运行结果 30。

我们继续添加如下代码，并选中该条语句，如图 1-20 所示。

print(" 单独执行当前语句 ")

```
未命名1.py* ✕
1   # -*- coding: utf-8 -*-
2   """
3   Created on Fri Feb 19 20:37:20 2021
4
5   @author: Administrator
6   """
7
8   a=10
9   b=20
10  c=a+b
11  print(c)
12
13  print("单独执行当前语句")
14
```

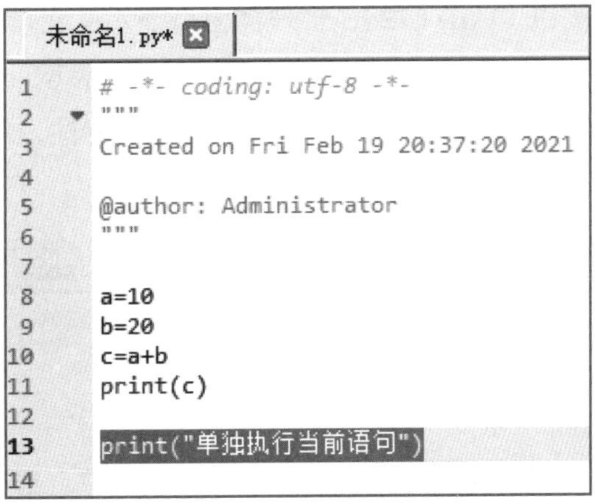

图 1-20 运行指定语句（1）

Spyder 允许运行指定范围的语句，继续按 F9 键，系统单独执行第 13 行语句，控制台继续显示第 13 行代码的执行结果：打印"单独执行当前语句"字符串，如图 1–21 所示。

```
□  控制台 2/A ✕

Python 3.7.6 (default, Jan  8 2020, 20:23:39) [MSC v.1916 64 bit (AMD64)]
Type "copyright", "credits" or "license" for more information.

IPython 7.12.0 -- An enhanced Interactive Python.

In [1]: runfile('C:/Users/Administrator/未命名1.py', wdir='C:/Users/Administrator')
30

In [2]: print("单独执行当前语句")
单独执行当前语句
```

图 1-21　运行指定语句（2）

3. 代码变量监测

Spyder 提供了方便的代码变量值在程序运行过程中变化的监测功能，条件是提前为变量相关语句设置断点（语句监测点）。我们在图 1–20 中第 8~10 行语句序号右侧分别单击鼠标左键，即为第 8~10 行分别设置了断点，同时按"调试文件"按钮（Ctrl+F5），调试箭头指向第 8 行，处于调试启动就绪状态，如图 1–22 所示。

```
 8 ➡️  a=10
 9 ●   b=20
10 ●   c=a+b
11     print(c)
```

图 1-22　设置代码断点

切换右上方区域至"变量管理器"窗口，调试前未显示内容，点击"继续运行至下一断点"按钮（Ctrl+F12），管理器窗口显示 a 变量值为 10，如图 1–23 所示。继续点击断点执行按钮 2 次，管理器先后显示 b、c 变量值的信息，如图 1–24 所示。便捷的变量过程监测是 Spyder 的重要特性，后面我们可以根据编程需要加以灵活运用。

1.2.2
考考你

图 1-23　监测变量 a

图 1-24　监测变量 a、b、c

1.2.3　PyCharm 安装与使用

PyCharm 是由 JetBrains 打造的一款 Python IDE，是包括调试、语法高亮、Project 管理、代码跳转、智能提示、自动完成、单元测试、版本控制等完善功能的一套高效率开发工具，同时支持 Google App Engine 以及 Django 框架下的专业 Web 开发等。优秀的功能和开放的社区技术支持，使 PyCharm 成为 Python 专业开发人员的有力工具。

1. 下载与安装

大家可以到官方网站下载 PyCharm，网址：https://www.jetbrains.com/pycharm/download。

（1）进入下载页面后，大家可以根据本地计算机操作系统选择合适的版本。JetBrains 提供了 PyCharm 的两个版本：Professional（专业收费版）和 Community（社区免费版）。对于初学者来说，建议大家选择 Community 版本，如图 1-25 所示，以 Windows 系统为例。

下载完成后，获取安装文件：pycharm-community-2020.1.3.exe。

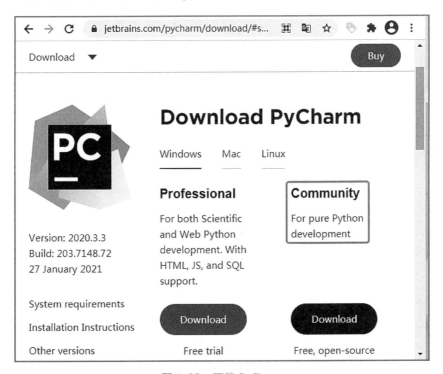

图 1-25　下载 PyCharm

（2）双击进入 PyCharm 安装界面，如图 1-26 所示。

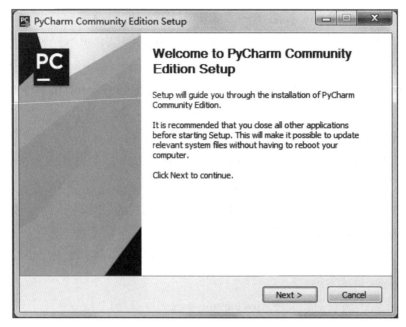

图 1-26　PyCharm 安装（1）

（3）点击"Next"按钮，进行安装路径设置，如图 1-27 所示。

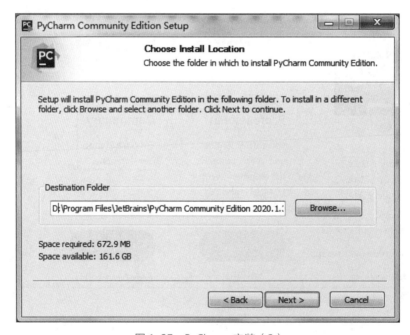

图 1-27　PyCharm 安装（2）

单元 1　初识 Python 语言　　19

（4）再点击"Next"按钮，进入安装选项界面，如图 1-28 所示。

图 1-28　PyCharm 安装（3）

上述几个选项的处理建议如下：

① Create Desktop Shortcut（创建桌面快捷方式），根据系统情况勾选 64-bit launcher。

② Update PATH variable（restart needed）更新路径变量（需要重新启动）：

Add launchers dir to the PATH（将启动器目录添加到路径中），若安装过上一个 PyCharm 版本的，建议勾选。

③ Create Associations 创建关联，勾选关联 .py 文件，即 py 格式文件双击鼠标以 PyCharm 打开。

点击"Next"按钮，进入启动 Install 界面，如图 1-29 所示。

图 1-29　PyCharm 安装（4）

安装完成后，如图 1-30 所示，最后点击 "Finish" 即可。

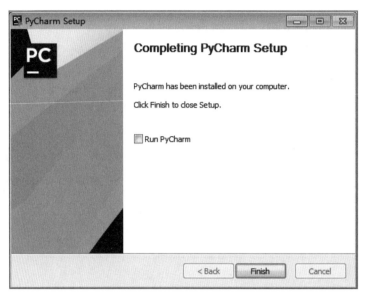

图 1-30   PyCharm 安装（5）

2. PyCharm 的使用

（1）启动 PyCharm 软件，首次运行如图 1-31 所示。根据需要可以点击以下选项。

① Create New Project：创建一个新的 Python 项目；

② Open：打开一个已有的 Python 项目；

③ Configure：提供系统风格（配色方案）、字体设置、插件、Python 解释器等系统
相关配置的设置。

图 1-31   PyCharm 运行（1）

（2）创建一个新的项目。点击"Create New Project"，如图 1-32 所示。

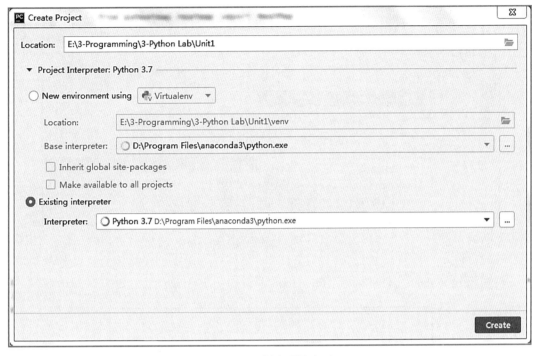

图 1-32　创建项目（1）

第一行 Location 参数允许设置项目存放路径，此处我们设置路径: E:\3-Programming\3-Python Lab\Unit1，请注意该路径文件夹必须为空，否则项目创建失败。第二行"Project Interpreter..."是设置本项目的 Python 解释器，我们选择最后一项"Existing interpreter"，即选择已经安装过的 Python 作为解释器。在 Existing interpreter 下的 Interpreter 栏目右侧，点击扩展按钮，设置为 Anaconda 下的 Python 解释器即可。再点击右下角"Create"按钮，首次创建项目时，系统将花费几分钟时间，完成新项目 Unit1 的创建，如图 1-33 所示。

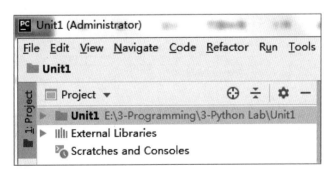

图 1-33　创建项目（2）

选中 Unit1 项目，右键选择 New → Python File，如图 1-34 所示。

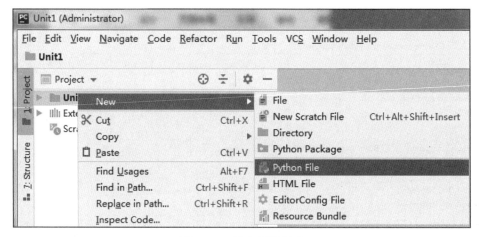

图 1-34　创建项目（3）

填写新建 Python 文件的名字：Mypythonfile，如图 1-35 所示。

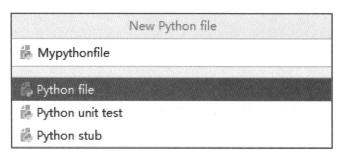

图 1-35　新建文件（1）

完成 "Mypythonfile.py" 文件创建，如图 1-36 所示，下面我们就可以开启 Python 编程之旅了。

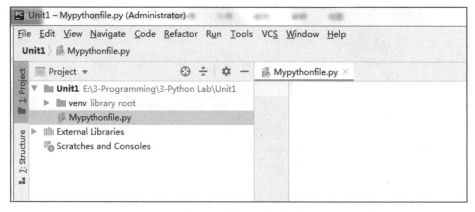

图 1-36　新建文件（2）

我们输入测试语句：print('hello')，再按 Ctrl+F5，运行该程序，在控制台区域显示运行结果：hello ，如图 1-37 所示。

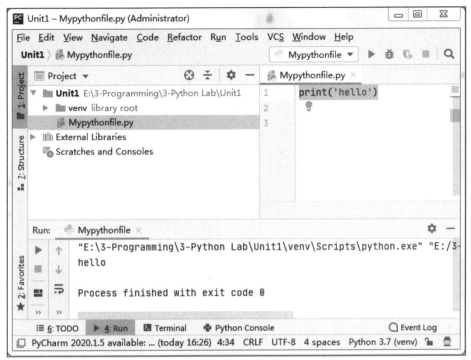

1.2.3
考考你

图 1-37　新建文件（3）

1.3　开发 Python 程序

了解了 Python 的开发环境，下面让我们具体了解编写 Python 程序的方法。Python 有两种编程方式：交互式和文件式。交互式，即在进入 Python 开发环境中输入一行代码执行一次的模式，通常适合小规模代码编写与调试；文件式，即在代码编写之后以 .py 格式文件的形式保存下来。

1.3.1　第一个 Python 程序

1.3.1
预习视频

第一个 Python 程序非常简单，即打印"欢迎进入 Python 的世界！"。为了让学习者能更好地理解 Python 的编程模式，我们在 PyCharm 环境中分别以交互式和文件式两种方式来实现。

1. 交互式

首先，我们在 PyCharm 中打开前文已建的 Unit1 项目，点击窗口左下角的 Terminal，在当前项目路径下，输入命令：python，进入交互编程环境，如图 1-38 所示。

```
Terminal:   Local  ×   +
(base) E:\3-Programming\3-Python Lab\Unit1>python
Python 3.7.6 (default, Jan  8 2020, 20:23:39) [MSC v.1916 64 bit (AMD64)] ::
Type "help", "copyright", "credits" or "license" for more information.
>>>
```

图 1-38　PyCharm 交互编程环境

我们输入代码：print(' 欢迎进入 Python 的世界 !')，回车，系统显示如图 1-39 所示。

```
Terminal:   Local  ×   +
(base) E:\3-Programming\3-Python Lab\Unit1>python
Python 3.7.6 (default, Jan  8 2020, 20:23:39) [MSC v.1916 64 bit (AMD64)] ::
Type "help", "copyright", "credits" or "license" for more information.
>>> print('欢迎进入Python的世界！')
欢迎进入Python的世界！
>>> _
```

图 1-39　第一个 Python 程序（交互式）

2. 文件式

在 Unit1 项目下新建一个新的 Python 文件：MyFirstPython.py，并在代码编辑区域输入代码：print(' 欢迎进入 Python 的世界 !')，如图 1-40 所示。

```
Project ▼                    ⊕ ÷ ✿ —     🐍 MyFirstPython.py ×
▼ 📁 Unit1 E:\3-Programming\3-Python Lab\Unit1    1    print('欢迎进入Python的世界！')
    🐍 MyFirstPython.py                           2
  ▶ IIIII External Libraries                      3
  ▶ 🔟 Scratches and Consoles
```

图 1-40　第一个 Python 程序（文件式）(1)

此时点击 "Run" 菜单下的 "MyFirstPython.py" 命令，解释器将运行该文件，运行结果如图 1-41 所示。

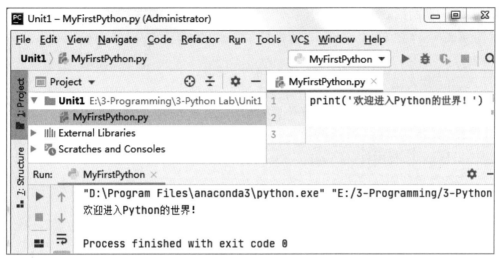

1.3.1
考考你

图 1-41 第一个 Python 程序（文件式）（2）

1.3.2 基本输入输出

1. 输入函数 input ( )

Python 提供的 input( ) 函数允许用户从键盘得到数据，基本格式如下：

input( )

也允许在获得用户输入之前，input( ) 函数可以包含一些提示性文字，其格式如下：

input(< 提示性文字 >)

input( ) 函数的简单使用，如图 1-42 所示。

1.3.2
预习视频

```
Terminal:  Local × +
>>> x=input()   #从键盘输入数据（以字符串类型值接收），并赋值给变量x
3.1415
>>> print(x)    # 打印x变量的值
3.1415
>>> x=input('请输入数据：\n')  #先输出提示语句，再从键盘输入数据（以字符串类型值接收），并赋值给变量x
请输入数据：
2.1516
>>> print(x)    # 打印x变量的值
2.1516
```

图 1-42 input( ) 函数使用

代码中的 "#" 后为注释，便于代码理解。此外，input( ) 函数返回的数据为字符串类型，因此，代码中输入的数据均为字符串而非数值。如果要以数值类型接收用户输入，那么该如何处理呢？我们可以使用 eval( ) 函数。

2. 转换函数 eval( )

eval( ) 函数允许以 Python 表达式的方式解析并执行字符串，并返回结果，其格式为：

eval(< 字符串 >)

eval( ) 函数经常与 input( ) 函数一起使用，用来获取用户输入的数字，使用格式为：

eval(input(< 提示性文字 >))

函数简单使用如图 1–43 所示。

```
Terminal:  Local  +
>>> value1 = eval(input("请输入要计算的数值1: "))
请输入要计算的数值1: 3.10
>>> value2 = eval(input("请输入要计算的数值2: "))
请输入要计算的数值2: 2.40
>>> sum=value1+value2
>>> print(sum)
5.5
```

图 1–43   eval( ) 函数使用

3. 输出函数 print( )

print( ) 函数用于输出运算结果，根据输出内容的不同，有三种用法。

（1）仅用于输出字符串

使用方式如下：print(< 待输出字符串 >)

（2）仅用于输出一个或多个变量

使用方式如下：print(< 变量 1>,< 变量 2>,…, < 变量 n>)

（3）用于混合输出字符串与变量值

使用方式如下：print(< 输出字符串模板 >.format(< 变量 1>,…,< 变量 n>))

print( ) 函数的简单使用，如图 1–44 所示。

```
Terminal:  Local  +
>>> a=3
>>> b=6
>>> c=9
>>> print('10以内3的倍数有：')
10以内3的倍数有：
>>> print(a,b,c) # a、b、c为3个待输出的变量值，以,号分隔
3 6 9
>>> print('这三个数的和是:{}'.format(a+b+c) )    # 求出a,b,c的和并显示
这三个数的和是:18
```

图 1–44   print( ) 函数使用

1.3.2
考考你

1.3.3 代码注释

在当前软件规模庞大、结构复杂、生产周期长、开发协作度高的现实背景下，项目组成员在开发程序过程中更加需要遵守良好的编程规范，具备良好的协作精神，保证程序开发的质量。注释对于一个程序编写的质量来说是重要的，对于代码的可读性和维护来说是至关重要的。注释，即对程序内容的解释，它不属于正式代码，会被编译器忽略而不被编译。注释从使用效果的角度可以分为单行注释和块注释。

1. 单行注释

实现注释的功能是对部分或者某语句进行功能解释，帮助代码阅读者能正确而顺畅地理解代码和实现细节。Python 使用 "#" 作为单行注释符。Python 的单行注释有两种使用方式：一种是单行注释作为单独的一行放在被注释的代码行之上，通常对函数或方法等代码块的功能做简单说明，如图 1-45 第 1 行注释；另一种是单行注释放在语句或表达式之后，通常对本行代码进行解释说明，这种注释的屏蔽范围是从 "#" 开始一直到本行结束为止，如图 1-45 第 8 行注释。

```
 1    # 函数功能：比较两个数，并返回较大的数
 2    def max(a, b):
 3        if a > b:
 4            return a
 5        else:
 6            return b
 7
 8    print(max(4, 5))    # 调用max函数返回4和5中较大的数
 9
```

图 1-45   Python 单行注释

2. 块注释

当需要注释的内容有多行时，使用单行注释符一行一行注释会比较麻烦，Python 提供块注释符实现多行注释。Python 使用三引号作为块注释符，三引号由成对的三个单引号 ''' 或者成对的三个双引号 """ 组成。三引号包含的字符串可由多行组成，字符串可以直接换行，不需要使用换行符 "\n"，字符串内容有单引号、双引号时也不需要进行转义。

块注释也通常用作文档注释。文档注释的功能是对整个类的功能、类方法和变量等进行完整的说明，文档注释可以通过 Pythondoc 工具转换成 HTML 文件。块注释简单应用如图 1-46 第 1~5 行。块注释还可以对类中的方法进行注

释，并说明参数等信息，简单应用如图 1–46 中的第 7~12 行。

```python
test3.py ×
1    """
2    @author pydeveloper
3    @desc 函数功能：比较两个数，并返回较大的数
4    @date 2021/3/1
5    """
6    class Myclass():
7        '''
8        比较两个数字的大小
9        :param a:形参1，数字1
10       :param b:形参2，数字2
11       :return:返回较大的数
12       '''
13       def max(self, a, b):
14           if a > b:
15               return a
16           else:
17               return b
18
```

图 1–46　Python 文档注释

1.3.3
考考你

单元小结

　　在本单元中，我们学习了 Python 语言的发展历程及特点、Python 开发平台的搭建及使用、Python 代码编写规范及注释。主要的知识点如下：

1. 1991 年，Python 编译器诞生，后面经历了 Python 2.X 和 Python 3.X 两个版本，目前 Python 2.X 停止更新，Python 3.X 持续更新升级，建议初学者使用 Python 3.X。

2. Python 语言是简单优雅的、面向对象的、跨平台的、可移植的，并且有丰富的标准库和第三方库。

3. Python 应用领域广泛，主要有应用软件开发、网络爬虫、云计算、大数据、人工智能等领域。

4. Python 开发环境有两种方式：Python+pip+IDLE 方式和 Anaconda+ PyCharm 方式。推荐初学者并采用 "Anaconda+PyCharm" 的组合方式编写运行 Python 程序，贴近企业 Python 应用开发规范。

5．Anaconda 是 Python 发行版，包含了 Python 解释器，集成开发环境（IDE）Spyder，还有常用的科学包 Module 等。

6．Spyder 是一个强大的交互式 Python 语言开发环境，具有高级的代码编辑、交互测试、调试等特性，支持包括 Windows、Linux 和 OS X 系统，同时也集成了科学计算常用的 Python 第三方库。

7．PyCharm 是由 JetBrains 打造的一款 Python IDE，具有包括调试、语法高亮、Project 管理、代码跳转、智能提示、自动完成、单元测试、版本控制等完善功能的一套高效率开发工具。

8．Python 程序开发有交互式和文件式两种方式，Python 源文件名为 .py。

9．Python 程序常用的输入函数是 input( )，转换函数是 eval( )，输出函数是 print( )。

10．Python 代码注释有单行注释和块注释两种形式。单行注释使用 "#" 作为注释符，块注释使用三引号作为注释符。块注释通常用作文档注释。

单元 1
测试题

单元 2 Python 语法基础

单元知识 ▶ 目标

1. 了解 Python 数据类型的概况
2. 熟悉 Python 变量的定义和使用
3. 熟悉 Python 运算符的优先级
4. 掌握 Python 的基础数据类型
5. 掌握 Python 的常用运算符

单元技能 ▶ 目标

1. 能够进行变量的定义和使用
2. 能够使用恰当的数据类型表示数据
3. 能够使用运算符进行常用的数据运算
4. 能够使用多个运算符组合进行运算

单元思政 ▶ 目标

1. 培养学生做有规则意识、能团结协作的数字时代新人
2. 培养学生发挥个体优势、坚守人生主线的意识

单元 2　Python 语法基础

单元重点

　　程序设计的基本执行语句为表达式，表达式的构成元素主要包括变量、数据类型和运算符。变量通过唯一性标识引用数据，以便程序中使用和修改数据。数据类型为不同规格、不同用途的数据提供了标准化的存储模板，配套了数据操作的基本方法。运算符提供了数据操作的基础操作方法，运算符与不同数据类型的变量相结合，即构成了表达式。

　　本单元将向大家介绍 Python 的变量定义与应用、基本数据类型、运算符及表达式，学习者应该重点掌握 Python 的数值、字符串、列表等数据类型，及算术运算符、关系运算符、赋值运算符和逻辑运算符等核心运算符。相信大家学习了本单元知识后，能够通过不同类型的变量和形式多样的运算符的自由组合，实现逻辑丰富的表达式。本单元技能图谱，如图 2-1 所示。

图 2-1　本单元技能图谱

案例资源

	综合案例
■ 成绩统计 ■ 成绩概览 □ 三角形边长检查	案例 1　商品基本信息处理

小明和好朋友合作在电商平台上经营了一家小店铺，开展电子商务实践活动，他们时常找林老师咨询网店运营中碰到的一些问题。为了更方便地分析网店的运营数据，他们想借助 Python 程序完成自动化分析处理，于是找林老师咨询如何开始编写一个 Python 程序来处理商品信息，如图 2-2 所示。

（a）小明来电　　　　　　　　　　（b）商品信息处理思路

图 2-2　商品信息处理

为了帮助小明解决眼前的困难，林老师对商品信息处理提出了一些建议，具体包括以下三个步骤：

第一步，利用内置的输入函数 input( ) 录入商品数据；

第二步，根据录入数据的差异，有选择地将数据转化为字符串 str、整型 int、浮点型 float、列表 list 等数据类型进行存储；

第三步，利用算术运算符、赋值运算符、关系运算符、逻辑运算符等对不同类型的数据进行操作，实现基础的商品信息处理。

那么，小明要完成林老师交给的任务，需要掌握哪些知识呢？主要离不开 Python 语言的变量、数据类型、运算符的使用。程序设计的基本执行语句为表达式，表达式的构成元素主要包括变量、数据类型和运算符。变量通过唯一性标识引用数据，以便程序中使用和修改数据。数据类型为不同规格、不同用途的数据提供了标准化的存储模板，配套了数据操作的基本方法。运算符提供了数据操作的基础操作方法，运算符与不同数据类型的变量相结合，即构成了表达式。Python 中基本数据类型包含整型 int、浮点型 float、布尔类型 bool，及字符串 str、列表 list 等组合数据类型。运算符主要包含算术运算符、赋值运算符、关系运算符、逻辑运算符、成员运算符、身份运算符等，另外运算符具备优先级以确定多个运算符组合在一起时的运算顺序。

2.1 变 量

▶▶ 2.1.1 标识符

2.1.1
预习视频

经过单元 1 的学习，我们了解到在 Python 程序中使用的变量、函数、类型等都需要有一个名字，而这些名字就是标识符。标识符广泛地用于标志函数名、变量名、类型名等各种需要用名称表示的情形中。

标识符是一个有效字符序列，在 Python 语言中，构成标识符的规则为：以大小写字母、下划线 "_" 和数字组成，且不能以数字作为开头，此外，Python 语言的关键字不能作为标识符。

在命名标识符来表示 Python 语言相关内容的名称时，应尽量起有意义的名字，这样会提高程序的可阅读性。如标识符是由多个单词构成的有意义名称，则可以采用以下两种方式改善阅读性：

calculateAverageScore（第二个单词开始的首字母大写）；

calculate_average_score（单词之间用下划线分隔开）。

这些命名规范并不是强制的，只是相互认同以提高程序代码的阅读性。

在 Python 语言中由系统预先定义的标识符称为关键字（又称为保留字），它们在程序开发中有特殊的含义，不能作为他用。常见的关键字有 35 个，具体如下：

False	None	True	and	as	assert	async
await	break	class	continue	def	del	elif
else	except	finally	for	from	global	if
import	in	is	lambda	nonlocal	not	or
pass	raise	return	try	while	with	yield

当我们在定义标识符的时候，必须符合命名规则，否则会导致系统报错。我们的程序就像一个小社会，如果所有的个体都遵守约定的规则，则社会和谐稳定发展；如果肆意破坏规则，则会扰乱正常秩序。

2.1.1
考考你

可以合法定义的标识符举例如下：

Float、_time、int2、Date、one_two。

不合法定义的标识符举例如下：

float、2time、@email_name。

2.1.2
预习视频

2.1.2　变量引用

变量是存储在内存中的值，这就意味着在创建变量时会在内存中开辟一个空间。基于变量的数据类型，解释器会分配指定内存，并决定什么数据可以被存储在内存中。因此，变量可以指定不同的数据类型，这些变量可以存储整数，小数或字符等。

Python 中的变量不需要独立声明，变量的赋值操作是变量声明和定义的过程。每个变量在内存中创建，包括变量的标识、名称和数据等信息。

每个变量在使用前都必须赋值，只有赋值以后该变量才会被创建。等号 "=" 用来给变量赋值。等号 "=" 运算符左边是一个变量名，等号 "=" 运算符右边是存储在变量中的值。例如：

```
>>> student_no = 1001      # 整型变量
>>> name = " 张三 "         # 字符串变量
>>> average_score = 95.3   # 浮点型变量
>>> print(student_no, name, average_score)
1001 张三 95.3
```

2.1.2
考考你

以上代码中，1001，"张三"，95.3 分别赋值给 student_no，name，average_score 变量。

2.2　数据类型

在 Python 语言中，基础数据类型包含数值、字符串、布尔类型、列表、元组、字典和集合。尺有所短，寸有所长，当个体找到最需要它的地方时，总能迸发出迷人的光彩，在使用数据类型时也同样如此，根据应用情境使用恰当的数据类型则能够达到事半功倍的效果。其中，数值、字符串、列表和布尔类型使用最为频繁，在本单元中，我们能初步认识它们，后续还将在其他单元进行详细介绍。

2.2.1
预习视频

2.2.1　数值

数字数据类型用于存储数值，他们是不可改变的数据类型。这里主要介绍数字类型的整型、浮点型和复数型数据，其他类型将在后续单元中逐步介绍。Python 语言主要的基本数据类型，如图 2-3 所示。

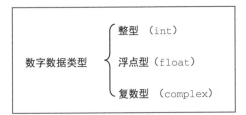

图 2-3　Python 语言的数字数据类型

一些数字类型的实例，如表 2-1 所示。

表 2-1　数字类型实例

int	float	complex
10	0.0	3.14j
100	15.20	45.j
−786	−21.9	9.322e−36j
080	32.3+e18	.876j
−0490	−90.	−.6545+0J
−0x260	−32.54e100	3e+26J
0x69	70.2−E12	4.53e−7j

定义和使用数字类型的示例代码如下：

```
>>> num_int = 10
>>> type(num_int)
<class 'int'>
>>> num_float = 9.5
>>> type(num_float)
<class 'float'>
>>> num_complex = 3+4j
>>> type(num_complex)
<class 'complex'>
>>> print(num_int, num_float, num_complex)
10 9.5 (3+4j)
```

2.2.1
考考你

2.2.2　字符串

在 Python 语言中，字符串是用引号对括起来的若干有效字符构成的字符序列，它是编程语言中表示文本的数据类型。字符串里面的字符可以是英文、中

2.2.2
预习视频

文及其他文字字符，比如以下就是一个字符串：

```
>>> s = "Hello World!"
>>> print(type(s))    # 输出变量 s 的类型名
<class 'str'>
>>> print(s)          # 输出完整字符串
Hello World!
```

Python 的字符串列表索引有 2 种取值顺序：

（1）从左到右索引默认以 0 开始，最大范围是字符串长度少 1。

（2）从右到左索引默认以 -1 开始，最大范围是字符串开头。

如果你需要取得一段子串的话，可以用到变量 [头下标 : 尾下标]，就可以截取相应的字符串，其中下标是从 0 开始算起，可以是正数或负数，下标可以为空，表示取到头或尾。当使用以冒号分隔的字符串，Python 返回一个新的对象，结果包含了以这对偏移标识的连续的内容，左边界字符包含在内，右边界字符不包含在内。比如：

```
>>> s = 'Hello World!'
>>> print(s[0])       # 输出字符串中的第一个字符
H
>>> print(s[6:11])    # 输出字符串中第七个至第十一个之间的字符串
World
>>> print(s[6:-1])    # 输出字符串中第七个字符开始至倒数第二个之间的字符串
World
>>> print(s[6:])      # 输出从第七个字符开始的字符串
World!
```

2.2.2
考考你

另外，字符串还能进行连接和重复操作，加号 "+" 是字符串连接运算符，星号 "*" 是重复操作。比如：

```
>>> s = 'Hello World!'
>>> print(s * 2)      # 输出字符串两次
Hello World!Hello World!
>>> print(s + "TEST") # 输出连接的字符串
Hello World!TEST
```

▶▶ 2.2.3 列表

在实际的编程中，我们通常会遇到两类数据：一类是零散的，相互间没有联系的单个数据，适合于用某一类型的变量来描述；另一类是相互间有联系的一组

2.2.3
预习视频

数据，则适合用列表（list）来描述。

所谓列表，是指一组存在联系数据的有序集合，可以用一个统一的列表名和下标来唯一地确定列表中的元素，其元素支持字符、数字、字符串、列表等类型。列表用"[ ]"将元素有序组织起来，元素之间以逗号分隔，其格式如下：

VAR = [元素 1, 元素 2, …, 元素 n]

下面是一些列表的定义：

```
>>> list1 = [ 1001, ' 张三 ', 95.3 ]
>>> print(list1)              # 输出完整列表
[ 1001, ' 张三 ', 95.3 ]
>>> print(type(list1))
<class 'list'>
```

列表中元素的引用格式如下：

列表名 [元素下标]

其中，元素下标表示元素在列表中的位置，若数组的大小是 n，则从列表头部开始引用元素的下标取值范围是 $0 \sim n-1$，下标的值可以是整型常量或变量，也可以是整型的常量表达式或含变量的表达式。Python 语言中还提供了从尾部开始引用的索引方式，其下标取值范围为 $-n \sim -1$，其中，-1 表示最后一个元素。下面是一个列表引用的实例：

```
>>> list1 = [ 1001, ' 张三 ', 95.3 ]
>>> print(list1[0])          # 输出列表的第一个元素
1001
>>> print(list1[-1])         # 输出列表的倒数第一个元素
95.3
```

列表中值的分割也可以用到变量 [头下标 : 尾下标]，可以截取相应的列表，从左到右索引默认以 0 开始，从右到左索引默认以 -1 开始，下标可以为空，表示取到头或尾。

```
>>> list1 = [ 1001, ' 张三 ', 95.3 ]
>>> print(list1[1:3])        # 输出第二个至第三个的元素
[ ' 张三 ', 95.3 ]
>>> print(list1[2:])         # 输出从第三个开始至列表末尾的所有元素
[ 95.3 ]
```

另外，列表也有连接和重复操作，加号"+"是列表连接运算符，星号"*"是重复操作。实例代码如下：

```
>>> list1 = [ 1001, ' 张三 ', 95.3 ]
>>> list2 = [ 1002, ' 李四 ', 86.7 ]
>>> print(list1 * 2)                    # 列表重复两次组合成一个新列表
[ 1001, ' 张三 ', 95.3, 1001, ' 张三 ', 95.3 ]
>>> print(list1 + list2)                # 输出组合的列表
[ 1001, ' 张三 ', 95.3, 1002, ' 李四 ', 86.7 ]
```

2.2.3
考考你

在 Python 语言中，列表是一个动态的有序序列，可以进行元素的添加和删除操作。通过 append( ) 函数可以在列表尾部添加新元素，pop( ) 函数用于从列表删除元素，通过元素下标指定弹出的元素，无参数时默认弹出最后一个元素。实例代码如下：

```
>>> list1 = [ 1001, ' 张三 ', 95.3 ]
>>> print(type(list1))
<class 'list'>
>>> list3 = [' 张三 ', ' 李四 ']
>>> list3.append(' 王五 ')
>>> print(list3)
[' 张三 ', ' 李四 ', ' 王五 ']
>>> list3.pop( )
' 王五 '
>>> print(list3)
[' 张三 ', ' 李四 ']
>>> list3.pop(0)
' 张三 '
>>> print(list3)
[' 李四 ']
```

2.2.4
预习视频

▶▶ 2.2.4 布尔

Python 的布尔类型（bool）用于逻辑运算，布尔类型包含两个值：True（真）或 False（假），当某个表达式判断条件成立时，其布尔值为 True，反之为 False。在 Python 语言中，以下数值会被认为 False：

（1）为 0 的数字，包括 0，0.0；

（2）空字符串，包括 ' '，" "；

（3）表示空值的 None；

（4）空集合，包括 ( )，[ ]，{ }。（补充说明：( ) 表示元组，[ ] 表示数组，{ }

表示字典）

其他的值都被认为 True。代码示例如下：

>>> bool(0)

False

>>> bool(0.0)

False

>>> bool(−1)

True

>>> bool('')

False

>>> bool('False')

True

>>> bool(None)

False

>>> bool([ ])

False

>>> bool([0])

True

2.2.4
考考你

2.3　运算符

程序中各类数据的运算是通过运算符来实现的。由运算符和运算对象所组成的有序序列称为表达式，表达式通常具有表达式值。

一般地，运算符所涉及的运算对象为 1 个时，称为单目运算符，比如逻辑非运算符 "not"；运算符所涉及的运算对象为 2 个时，称为双目运算符，比如加法运算符 "+"、等于运算符 "=="等。

Python 语言提供了丰富的运算符和由之构成的表达式，本节要学习的重要运算符，如表 2-2 所示。

表 2-2　Python 语言中的重要运算符

运算符类别	运算符
算术运算符	+、−、*、/、%、**、//

续表

运算符类别	运算符
关系运算符	==、!=、>、<、>=、<=
赋值运算符	=、+=、-=、*=、/=、%=、**=、//=
逻辑运算符	and、or、not
成员运算符	in、not in
身份运算符	is、is not
位运算符	&、|、^、~、<<、>>

2.3.1
预习视频

▶▶ **2.3.1 算术运算符**

基本算术运算符通常用于处理数学表达式的运算，其用法和功能与数学中的规定基本保持一致。它不仅支持常见的四则运算，还支持求余、取整、幂等运算。

基本算术表达式的一般格式是：

运算对象 1　基本算术运算符　运算对象 2

以下假设变量 a 为 10，变量 b 为 21，算术运算表达式的运算功能，如表 2-3 所示。

表 2-3　算术运算实例

运算符	描述	实例
+	加 - 两个对象相加	a + b 输出结果 31
-	减 - 得到负数或是一个数减去另一个数	a - b 输出结果 -11
*	乘 - 两个数相乘或是返回一个被重复若干次的字符串	a * b 输出结果 210
/	除 - x 除以 y	b / a 输出结果 2.1
%	取模 - 返回除法的余数	b % a 输出结果 1
**	幂 - 返回 x 的 y 次幂	a ** b 为 10 的 21 次方，输出结果 1000000000000000000000
//	取整除 - 返回商的整数部分	b // a 输出结果 2, 另 9.0 // 2.0 输出结果 4.0

算术运算符的一个典型应用如下。

【典型应用 1——成绩统计】

应用说明：键盘依次输入 Java、C++ 和 Python 三门课程的成绩，统计其总分和平均分。本应用要求用户输入：三个科目成绩；输出：总分和平均分，代码如下。

```
score_java = int(input('Java 成绩：'))              #input 为输入函数，详见提示
score_cpp = int(input('C++ 成绩：'))
score_python = int(input('Python 成绩：'))
total = score_java + score_cpp + score_python
print(' 总成绩为：', total)
average1 = total / 3                              # 算术除法
print(' 算术除法求得平均成绩：{0:.2f}'.format(average1))  # 保留两位小数
average2 = total // 3                             # 整除
print(' 整除除法求得平均成绩：', average2)
```

2.3.1
考考你

程序运行效果，如图 2-4 所示。

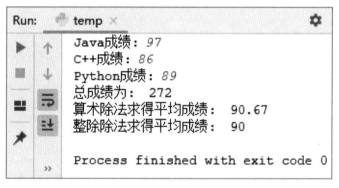

图 2-4　成绩统计

▶ 2.3.2　关系运算符

关系运算符是对两个运算对象之间进行比较的运算符。由关系运算符和两个运算对象构成的表达式称为关系表达式，其一般格式为：

运算对象 1　关系运算符　运算对象 2

关系表达式的运算结果是 bool 类型，只有两个结果 True 或 False。

2.3.2
预习视频

Python 语言提供了 6 种关系运算符，以下假设变量 a 为 10，变量 b 为 20，关系运算实例，如表 2-4 所示。

表 2-4　关系运算实例

运算符	描述	实例
==	等于 – 比较对象是否相等	(a == b) 返回 False
!=	不等于 – 比较两个对象是否不相等	(a != b) 返回 True
>	大于 – 返回 a 是否大于 b	(a > b) 返回 False
<	小于 – 返回 a 是否小于 b	(a < b) 返回 True

续表

运算符	描述	实例
>=	大于等于 – 返回 a 是否大于等于 b	(a >= b) 返回 False
<=	小于等于 – 返回 a 是否小于等于 b	(a <= b) 返回 True

2.3.2
考考你

关系运算的一个应用：学生信息存放在列表中，通过关系运算符检查各属性，筛选出满足指定条件的学生。实现代码如下：

```
>>> student = [20180215, ' 张三 ', 18, ' 男 ', ' 浙江 ']
>>> student[0] >= 20180201
True
>>> student[0] < 20180301
True
>>> student[2] >= 18
True
>>> student[3] == ' 男 '
True
>>> student[-1] != ' 浙江 '
False
```

2.3.3 赋值运算符

1. 赋值运算符

2.3.3
预习视频

赋值运算符是指为变量指定数值的符号，最基本的赋值运算符是"="。由赋值运算符和运算对象构成的表达式称为赋值表达式，它的一般格式为：

变量 = 运算对象

其中，运算符的左侧必须是一个变量，不能是常量、表达式等最终只有值的数据。变量的数据类型由运算符右侧的运算对象的数据类型决定。

赋值表达式通常只用于为变量赋值。比如：

a = 2

但赋值表达式的值就是变量的值，也能作为运算对象参与其他表达式的运算，比如：

a = 2

b = 3

c = a + b   # c 的值为 2+3 之和 5

学一学

当赋值语句左边的变量个数为多个时会进行解包处理，就是将容器里面的元素逐个取出。例如 a, b = 1, 2 语句，相应地将 1 赋值给 a，2 赋值给 b，与语句 a, b = [1, 2] 的效果类似。需要注意的是，只有等号左右两边的元素个数相等才能进行解包。

2. 复合赋值运算符

在赋值运算符前面加上其他运算符后，就能构成复合赋值运算符。它的一般格式为：

变量名　算术运算符 = 运算对象

它等价于以下格式：

变量名 = 变量名　算术运算符　运算对象

在程序中，使用这种复合赋值运算符，一方面可以简化程序，另一方面也能提高编译的效率，使程序产生效率较高的目标代码。大部分的双目运算符都可以和赋值运算符结合为复合赋值运算符。

由基本算术运算符构成的复合赋值运算符，具体如表 2-5 所示。

表 2-5　算术复合赋值运算

运算符	复合赋值表达式	含　义
+=	a += b	a = a + b
-=	a -= b	a = a - b
*=	a *= b	a = a * b
/=	a /= b	a = a / b
%=	a %= b	a = a % b
//=	a //= b	a = a // b
**=	a **= b	a = a ** b

复合赋值运算符和运算对象构成了复合赋值表达式。复合赋值表达式通常也只用作赋值运算，比如：

a = 1

b = 2

a += b　　　　　　　#将 b 和 a 相加后赋值给 a，即 1+2=3，所以 a 的值更新为 3

2.3.3
考考你

2.3.4
预习视频

2.3.4 逻辑运算符

逻辑运算符是另一种可以产生逻辑值结果的运算符，但参与逻辑运算的运算对象都应该是逻辑值。在 Python 语言中，逻辑运算符有 3 个，分别是双目运算符的与运算 "and" 和或运算 "or"，单目运算符的非运算 "not"。

逻辑运算符和运算对象构成了逻辑表达式。三类逻辑表达式的一般格式为：

运算对象 1　and　运算对象 2

运算对象 1　or　运算对象 2

not　运算对象

以下假设变量 a 为 10，变量 b 为 20，逻辑运算规则，如表 2-6 所示。

表 2-6　逻辑运算实例

运算符	描述	实例
and	布尔"与" – 如果运算对象 1 和运算对象 2 都为 True，则返回 True，否则返回 False	(a and b) 返回 True
or	布尔"或" – 如果运算对象 1 和运算对象 2 都为 False，则返回 False，否则返回 True	(a or b) 返回 True
not	布尔"非" – 如果运算对象为 True，则返回 False，反之返回 True	not a 返回 False

逻辑运算的一个典型应用如下。

【典型应用 2——成绩概览】

应用说明：学生成绩信息存放在列表中，通过逻辑运算符检查各科成绩，筛选出满足指定条件的学生。本应用要求用户输入：3 个 0 ~ 100 范围内的正整数，表示 3 门课程成绩；输出：3 门课程的成绩水平，代码如下。

```
scores = [ ]
scores.append(int(input('Python:')))
scores.append(int(input('Java:')))
scores.append(int(input('C:')))
print(' 三门课程中至少有一门课程是优秀。',
      scores[0] >= 90 or scores[1] >= 90 or scores[2] >= 90)
print(' 三门课程都及格了。', scores[0] >= 60 and scores[1] >= 60 and
      scores[2] >= 60)
print(' 三门课程中至少及格了一门。',
      not (scores[0] < 60 and scores[1] < 60 and scores[2] < 60))
```

程序运行的效果，如图 2-5 所示。

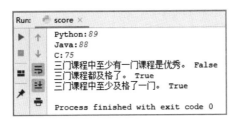

图 2-5　成绩概览运行效果

2.3.4
考考你

2.3.5　成员运算符

成员运算符用于检查一个对象是否为某一组合数据的成员，其产生的结果为逻辑值。基本的组合数据类型如字符串、列表、元组等，都可以使用成员运算符。

成员运算符和两个运算对象构成了表达式，其一般格式为：

运算对象 1　in　运算对象 2

运算对象 1　not in　运算对象 2

其中，运算对象 2 应为组合数据类型。以下假设变量 a 为 1，变量 b 为 5，变量 c 为 [1,2,3]，成员运算规则，如表 2-7 所示。

2.3.5
预习视频

表 2-7　成员运算实例

运算符	描述	实例
in	如果在指定的组合数据中找到值则返回 True，否则返回 False	a in c，返回 True；b in c，返回 False
not in	如果在指定的组合数据中没有找到值则返回 True，否则返回 False	a not in c，返回 False；b not in c，返回 True

2.3.5
考考你

成员运算在字符串和列表的成员检查中应用较多，代码如下：

```
>>> 'good' in 'good job'          # 'good' 是 'good job' 的子字符串
True
>>> 'bad' not in 'good job'       # 'bad' 不是 'good job' 的子字符串
True
>>> 'egg' in ['apple', 'pear', 'banana']
False
```

2.3.6　身份运算符

身份运算符用于判断两个标识符是不是引用自一个对象，其产生的结果为

2.3.6
预习视频

逻辑值。

身份运算符和两个运算对象构成了表达式，其一般格式为：

运算对象 1　is　运算对象 2

运算对象 1　is not　运算对象 2

身份运算规则，如表 2-8 所示，表中 id(变量) 函数用于获取变量引用的对象内存地址。

表 2-8　身份运算实例

2.3.6
考考你

运算符	描述	实例
is	is 是判断两个标识符是不是引用自一个对象	x is y，类似 id(x) == id(y)，如果引用的是同一个对象则返回 True，否则返回 False
is not	is not 是判断两个标识符是不是引用自不同对象	x is not y，类似 id(x) != id(y)。如果引用的不是同一个对象则返回 True，否则返回 False

通过身份运算检查变量是否引用同一个对象时的效果如下：

```
>>> a = [1, 2, 3]
>>> b = a[:]
>>> b                    #列表 b 的值与列表 a 相同
[1, 2, 3]
>>> b is a               #b 与 a 不是同一个对象
False
>>> b is not a
True
```

2.3.7
预习视频

▶▶ ### 2.3.7　运算符优先级

生活中，我们做事情要分清轻重缓急，当手上的事务繁多时，就要明确事情的优先级，重要、紧急的事情优先做，不重要、不紧急的事情可先搁置。同样的道理，Python 语言为我们提供了丰富的运算符，而这些运算符往往会同时出现，形成混合表达式，这个时候先执行哪个运算符，就取决于该运算符的运算优先级。

下面先简要叙述一些运算符优先级的判断方式：

①通常来说，单目运算符的优先级高于双目运算符，双目运算符的优先级高于三目运算符。

②在基本算术运算符中，"*、/、%、//"优先级高于"+、-"。

③在关系运算符中，">、>=、<、<="优先级高于"==、!="。

④通常来说，算术运算符优先级高于关系运算符，关系运算符的优先级高于逻辑运算符。

⑤赋值运算符和复合赋值运算符的优先级最低。

在混合表达式中，除了优先级之外，当优先级相同的情况下，一般的表达式都是按从左到右顺序依次执行运算。

为加强可读性，和数学表达式一样，混合表达式中可以添加括号对"（　）"，在括号对内的运算优先级高于其他任何运算符，括号对既可并行使用，也可嵌套使用，但需要注意配对关系，不然，系统会提示错误。比如：

(3+4)*(5-6)　　# 先运算括号内的加法和减法，后运算乘法

常见运算符的优先级，具体如表 2-9 所示。

表 2-9　常见运算符优先级

优先级	运算符	描述
1	**	指数（最高优先级）
2	~、+、-	按位翻转、一元加号和减号
3	*、/、%、//	乘、除、求余数和取整除
4	+、-	加法、减法
5	>>、<<	右移、左移运算符
6	&	位 'AND'
7	^、|	位运算符
8	<=、<、>、>=	比较运算符
9	==、!=	等于运算符
10	=、%=、/=、//=、-=、+=、*=、**=	赋值运算符
11	is、is not	身份运算符
12	in、not in	成员运算符
13	not、and、or	逻辑运算符

其中，优先级级别数字越小代表运算优先级越高，越优先执行。还有部分运算符没有详细列出来，比如位运算符等。

运算符优先级的一个典型应用如下。

【典型应用 3——三角形边长检查】

应用说明：三角形的两边之和大于第三边，根据上述原理进行三角形边长检查。输入 3 个正整数，表示 3 条线段长度，判断是否能够组成一个三角形。本应用要求用户输入：3 个正整数；输出：三条边长是否能构成三角形的结果，代码如下。

```
a = int(input('a:'))
b = int(input('b:'))
c = int(input('c:'))
result = a+b>c and a+c>b and b+c>a          # 运算符优先级
print(' 三条边长是否能构成三角形的结果是 (True 为是，False 为否 ) : ', result)
```

程序运行的效果，如图 2-6 所示。

2.3.7
考考你

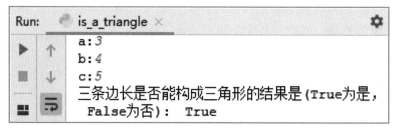

图 2-6   三角形组成判断

2.4 【案例】商品基本信息处理

2.4.1
案例视频

▶▶ 2.4.1   案例要求

【案例目标】 将商品的名称、进价、数量、售价和折扣率录入程序中，之后计算折扣价，并将上述商品的信息依次保存到列表中。

【案例效果】 本案例程序运行的效果，如图 2-7 所示。

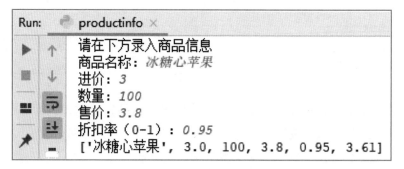

图 2-7   商品基本信息处理

【具体要求】 本案例的实现过程应满足以下要求。

1. 创建工程并配置环境

（1）限制 1. 工程名：Unit02_E01。

（2）限制 2. 创建 Python 源文件：productinfo.py。

2. 录入商品信息

（1）定义一个空的列表变量，用于存放商品信息。

（2）依次接收键盘上输入的商品名称、进价、数量、售价和折扣率数据。

（3）将录入的数据转化为合适的数据类型。

（4）将转化后的数据添加到列表末尾。

3. 折扣价计算与存储

（1）将售价和折扣率从商品信息变量中取出，并相乘计算出折扣价。

（2）将折扣价数据添加到商品信息列表末尾。

4. 输出结果

打印存放商品信息的列表变量。

2.4.2　实现思路与代码

【实现思路】　本案例实现的参考思路如下。

1. 按实验要求创建工程并配置环境

2. 录入商品信息

（1）定义一个空的列表变量 product，用于存放商品信息。

（2）依次用 input( ) 函数接收键盘上输入的商品名称、进价、数量、售价和折扣率数据。

（3）由于录入的数据都为 str 类型，所以部分数据需进一步转换为合适的数据类型，其中，商品数量信息转换为 int 类型，商品的进价、售价和折扣率数据都转换为 float 类型。

（4）用列表的 append 方法将转换后的数据添加到列表末尾。

3. 折扣价计算与存储

（1）使用列表的下标索引将售价和折扣率从商品信息变量中取出，并相乘计算出折扣价。

（2）用列表的 append 方法将折扣价数据添加到商品信息列表末尾。

4. 输出结果

用 print( ) 函数直接打印存放商品信息的列表变量 product。

【实现代码】　本案例实现的参考代码如下。

```
product = [ ]
print(' 请在下方录入商品信息 ')
product.append(input(' 商品名称：'))
product.append(float(input(' 进价：')))
```

```
product.append(int(input(' 数量：')))
product.append(float(input(' 售价：')))
product.append(float(input(' 折扣率（0-1）：')))
discouted_price = product[-2] * product[-1]        # 计算折扣价
product.append(discouted_price)
print(product)
```

✍ 单元小结

在本单元中，我们学习了 Python 语言的数据类型、运算符。主要的知识点如下：

1. 标识符是由字母、数字、下划线 "_" 组成的字符序列，且首位字符只能是字母或下划线。

2. 标识符是严格区分大小写字母的。

3. 常用的基本数据类型包括：整型 int、浮点型 float、列表类型 list、字符串类型 str、布尔类型 bool。

4. 由运算符和操作对象所组成的有序序列称为表达式，表达式都有表达式值。

5. 除运算符 "/" 用于两个运算对象的算术除法，整除运算符 "//" 用于两个运算对象的整除运算，整除运算符也能够对小数进行整除计算。

6. 复合赋值运算符的变量参与赋值运算符右侧的表达式，所以必须先有初值。

7. 在 Python 语言中，关系运算和逻辑运算的结果只有 True 和 False，分别表示逻辑值 "真" 和逻辑值 "假"。

8. 逻辑运算表达式的两个运算对象需要是逻辑值，在 Python 语言中，非 0 的数值、非空的组合数据都表示逻辑值 "真"，数值 0、空字符串、空列表等表示的是逻辑值 "假"。

9. 赋值运算符的优先级是最低的。

10. 通常来说，单目运算符比双目运算符的优先级高，双目运算符比三目运算符的优先级高；算术运算符比关系运算符的优先级高，关系运算符比逻辑运算符的优先级高。

单元 2
测试题

单元 3　流程控制

单元 3　流程控制

单元重点

　　程序设计的流程控制主要包括三种结构：顺序、选择和循环结构。顺序结构根据语句出现的先后顺序处理事务，是最简单的结构。选择结构根据给定条件的判断结果来控制程序的流程，根据不同的判断结果进行差异化处理。循环结构可以减少源程序重复书写的工作量，用来描述重复执行某段算法的问题，这是程序设计中最能发挥计算机特长的程序结构。

　　本单元将向大家介绍 Python 灵活、高效的顺序结构、选择结构和循环结构，学习者应该重点掌握 Python 双选择结构和多选择结构的代表性语句应用、while 循环和 for 循环结构的典型语句应用。相信大家学习了本单元知识后，能够通过顺序结构、选择结构和循环结构的自由组合，实现程序逻辑丰富的功能。本单元技能图谱，如图 3-1 所示。

图 3-1　本单元技能图谱

案例资源

	综合案例
☐ 水仙花数计算 ■ 体重水平评估 ☐ 月份天数计算 ☐ 抛硬币实验 ■ 选手评分 ☐ 冒泡排序 ☐ 素数判定	案例 1　商品销量数据分组 案例 2　店铺销量数据分组统计

小明和好朋友合作在电商平台上经营了一家小店铺，开展电子商务实践活动，他们时常找林老师咨询网店运营中碰到的一些问题。这几天，网店刚进行了一次促销活动，他们想统计一下整体利润率，但是交易的数据量有点大，于是找林老师咨询如何高效地统计利润率，如图 3-2 所示。

（a）小明来电　　　　　　　　　　　　（b）利润率统计思路

图 3-2　利润率统计

为了帮助小明解决眼前的困难，林老师对利润率批量计算提出了一些建议，具体包括以下三个步骤：

第一步，利用循环和列表快速、有效地存储商品的销售记录；

第二步，利用选择结构语句，根据是否有促销，以及促销方案的类型，计算出最终的商品成交价格；

第三步，利用循环结构，累加计算出总销售额和总成本，将总销售额与总成本的差额除以总成本，计算出最终的利润率。

那么，小明要完成林老师交给的任务，需要掌握哪些知识呢？主要离不开 Python 语言的选择、循环结构使用。Python 语言的选择结构有三种基本情况：第一种是以 if 语句为代表的单分支选择结构，第二种是以 if-else 语句为代表的双分支选择结构，第三种是以 if-elif-else 语句为代表的多分支选择结构。选择结构可以根据条件判断情况选择执行不同分支路径。在选择结构中，需要对条件判断表达式进行判断，根据判断的结果决定选择哪一个分支路径去执行，而条件判断表达式大多情况下是关系表达式或逻辑表达式。Python 语言的循环结构通常用来处理需要执行多次，每次内容相同或相近的任务，典型的循环结构语句包括 while 循环和 for 循环。while 循环结构根据判定条件决定是否多次执行某些处理，而 for 循环则是通过依次访问序列型数据进行循环控制。

3.1　选择结构

选择是人生路上的常客，全面信息化的社会尤其如此，媒体上传播着各色文化和信息，这种情况下只有客观判断处理，并做出正确的价值选择，才能少走弯路。程序是用来处理实际工作、生活问题的，同样面临着选择需求，选择语句允许程序根据当前所处的状态执行不同功能的语句。Python 语言中的选择语句可以分为单分支语句、双分支语句和多分支语句三种，而且这几种选择语句可以自由嵌套组合。

▶▶ 3.1.1　单分支选择

3.1.1
预习视频

判断程序运行中可能会遇到这样的情况：当逻辑判断条件 P 满足时就执行语句 A ；而当判断条件 P 不满足时就会跳过语句 A。处理这样的情况，我们可以使用单分支选择语句：if 语句，其格式如下：

if 条件判断表达式 P:
　　语句 A

例如：

```
if age >= 18:
    print(" 成年人 ")
```

3.1.1
考考你

注意，在 Python 语言中，程序结构的控制通过缩进的方式来实现。缩进的方式通常是 4 个空格或 1 个 Tab。如上面的分支结构中，相对于 if 语句缩进的语句都归属于该分支，即满足条件时要执行的代码，一旦结束缩进则表示退出该分支。

▶▶ 3.1.2　双分支选择

程序运行中可能会遇到这样的情况：当逻辑判断条件 P 满足时就执行语句 A ；而当条件 P 不满足时就执行语句 B。处理这样的情况，我们可以使用双分支选择语句：if-else 语句，其格式如下：

if 条件判断表达式 P:
　　语句 A
else:
　　语句 B

3.1.2
预习视频

例如：

if age >= 18:

　　print(" 成年人 ")

else:

　　print(" 未成年人 ")

另外，如果把 if 和 else 放在一行，则可以组合成条件运算符进行使用。当逻辑判断条件 P 满足时就执行语句 A；而当判断条件 P 不满足时就执行语句 B。其格式如下：

语句 A　if　条件判断表达式 P　else　语句 B

例如：

print(' 成年人 ' if age >= 18 else ' 未成年人 ')

双分支选择结构的一个典型应用如下。

【典型应用 1——水仙花数计算】

应用说明：水仙花数是指一个三位数，它的每个位上的数字的 3 次幂之和等于它本身；检查用户输入的三位数，明确它是否为水仙花数。本应用要求用户输入：一个三位整数；输出：数字是否为水仙花数。代码如下：

```
number = int(input(' 请输入一个三位整数：'))
a = number % 10                    # 输入数字的个位
b = number // 10 % 10              # 输入数字的十位
c = number // 100                  # 输入数字的百位
if a**3 + b**3 + c**3 == number:
    print(f' 数字 {number} 是水仙花数。')
else:
    print(f' 数字 {number} 不是水仙花数。')
```

程序运行的效果，如图 3-3 所示。

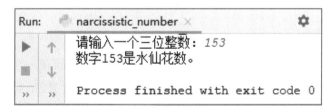

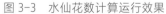

图 3-3　水仙花数计算运行效果

3.1.2
考考你

3.1.3
预习视频

▶▶　3.1.3　多分支选择

　　虽然 if 语句和 if-else 语句能处理单分支和双分支选择结构的情况，但实际问题中往往所涉及的分支很多，分支情况也要根据具体问题具体分析。分支结构关系比较复杂，这就需要采用多分支的选择语句。在 Python 语言中，引入了 elif 语句来实现多分支选择，elif 在 if 和 else 语句中间使用，可以同时有多个 elif 分支。当条件 P1 满足时，则执行语句 A；而条件 P1 不满足时，如果满足 elif 分支的条件 P2，则执行语句 B；依次按顺序检查 elif 分支条件，满足则执行对应分支的语句，直至遍历所有 elif；如果有 else 分支，当前面所有分支的条件都不满足时，则执行 else 分支的语句 X，否则直接结束分支判断。其格式如下：

```
if  条件判断表达式 P1:
    语句 A
elif  条件判断表达式 P2:
    语句 B
...
else:
    语句 X
```

如：

```
if age <= 18:
    print(" 未成年 ")
elif age <= 30:
    print(" 青年 ")
if age <= 60:
    print(" 中年 ")
else:
    print(" 老年 ")
```

多分支语句的一个典型应用如下。

【典型应用 2——体重水平评估】

　　应用说明：身体质量指数（BMI），是衡量人体肥胖程度的一个标准。BMI 的值在 18.5 ～ 24 时属于正常体重的范围。BMI 计算公式为：BMI= 体重（千克）除以身高（米）的平方。应用根据用户输入的身高和体重信息，评估其体重水平。本应用要求用户输入：两行信息，第一行是身高，第二行是体重；输出：体重水平评估结果，即体重偏轻 / 正常 / 超标。代码如下：

```
height = float(input(' 身高（米）: '))
weight = float(input(' 体重（千克）: '))
bmi = weight / height ** 2              # 计算身体质量指数 BMI
if bmi < 18.5:
    print(' 体重偏轻 ')
elif bmi < 24:
    print(' 体重正常 ')
else:
    print(' 体重超标 ')
```

程序运行的效果，如图 3-4 所示。

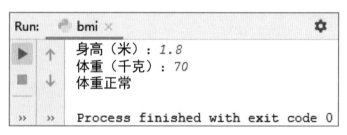

图 3-4　体重水平评估

3.1.4　嵌套选择

在前面几小节学习的 if、elif 和 else 语句的分支中，语句体中都可以被嵌入一套完整的 if、elif 及 else 语句。嵌入分支中的语句，从属于该分支，代码级别相对于该分支低一个层级。使用嵌套选择语句时，一定要注意控制不同级别代码块的缩进量，低级别代码块相对于高级别代码块增加一级缩进。其格式如下：

3.1.4
预习视频

```
if 条件判断表达式 P:
    if 条件判断表达式 P1:
        语句 A1
    else:
        语句 A2
else:
    if 条件判断表达式 P2:
        语句 B1
    else:
        语句 B2
```

分支语句嵌套的一个典型应用如下。

【典型应用 3——月份天数计算】

应用说明：根据输入的年份和月份信息，计算出该月份总共有多少天，并输出。本应用要求用户输入：两行信息，第一行是年份，第二行是月份；输出：计算所得对应月份的天数。代码如下：

```python
year = int(input(' 年份：'))
month = int(input(' 月份：'))
months_of_30days = [4, 6, 9, 11]
if month == 2:
    if (year % 4 == 0 and year % 100 != 0) or \
        year % 400 == 0:
        days_of_month = 29
    else:
        days_of_month = 28
else:
    if month in months_of_30days:
        days_of_month = 30
    else:
        days_of_month = 31
print(f' 该月份有 {days_of_month} 天。')
```

程序运行的效果，如图 3-5 所示。

3.1.4
考考你

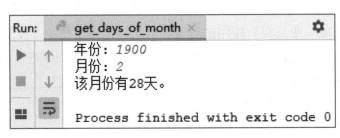

图 3-5　月份天数计算运行效果

3.2 【案例】商品销量数据分组

我们学习了这部分知识后，就可以利用选择结构来解决一些实际问题了，比如对商品销量数据进行分组。

3.2.1
案例视频

▶▶ 3.2.1　案例要求

【案例目标】 用户通过键盘输入一个销量数值，根据数值所在的区间，进行组别判断。

【相关解释】 对于销量的多寡，划定了三个区间，分别为 [0, 100)、[100, 1000) 和 [1000, ∞)，依次判定销量级别为"低""中"和"高"。

例如：销量 1000 落在 [1000, ∞)，判定其销量级别为"高"。

【案例效果】 本案例程序运行的效果，如图 3-6 所示。

图 3-6　销量数据分组

【具体要求】 本案例的实现过程应满足以下要求。

1. 创建工程并配置环境

（1）限制 1. 工程名：Unit03_E01。

（2）限制 2. 创建源码文件：get_quantity_level.py。

2. 获取用户输入的数值

（1）要求用户输入数值，提示语句"请输入销量数值："。

（2）将获取的用户输入数值转换为整型数据。

3. 判断输入的数值是否合法

（1）用户输入数值的范围应大于等于 0。

（2）合法则进入下一步，不合法则显示提示"输入的不是大于等于 0 的数字！"，然后结束程序。

4. 判断输入的销量数据所属销量级别

（1）由于上一步已经完成数值合法检查，数值已经大于等于 0，所以这里进一步判断销量数据是否小于 100。如果是则打印"销量级别：低"，并结束程序；如果否则进行下一步流程。

（2）由于上一步条件不满足，数值必然大于等于 100，所以这里进一步判断销量数据是否小于 1000。如果是则打印"销量级别：中"，并结束程序；如果否则进行下一步流程。

（3）由于前两步条件均不满足，数值必然大于等于 1000，所以这里无须再判断销量数据，直接打印"销量级别：高"，并结束程序。

▶▶ **3.2.2　实现思路与代码**

【实现思路】　本案例实现的参考思路如下。

1. 按实训要求创建工程并配置环境

2. 获取用户输入的数值

（1）使用 input( ) 方法获取用户输入的数值，提示语句"请输入销量数值："。

（2）通过 int(变量) 将获取的用户输入转换为整型数据。

3. 判断输入的数值是否合法

（1）用户输入的数值范围应大于等于 0。

（2）合法则进入下一步，不合法则显示提示"输入的不是大于等于 0 的数字！"，然后结束程序，通过 if-else 双分支结构实现。

4. 判断输入的销量数据所属销量级别

（1）由于上一步已经完成数值合法检查，所以这部分代码应该使用嵌套分支结构来实现，并且分支情形超过两种，应该在该分支嵌套一个多分支结构。

（2）由于数值已经大于等于 0，所以这里进一步判断销量数据是否小于 100。如果是则打印"销量级别：低"，并结束程序；如果否则进行下一步流程。

（3）由于上一步条件不满足，数值必然大于等于 100，所以这里进一步判断销量数据是否小于 1000，应该选用 elif 进行进一步判断。如果是则打印"销量级别：中"，并结束程序；如果否则进行下一步流程。

（4）由于前两步条件均不满足，数值必然大于等于 1000，所以这里无须再判断销量数据，可以使用 else 分支实现，直接打印"销量级别：高"，并结束程序。

【实现代码】　本案例实现的参考代码如下。

```
quantity = int(input(' 请输入销量数值： '))
if quantity < 0:                          # 输入不合法，提示
    print(' 输入的不是大于等于 0 的数字! ')
else:                                     # 输入合法，进行数据分组
    if quantity < 100:
        print(' 销量级别：低 ')
    elif quantity < 1000:
        print(' 销量级别：中 ')
    else:
        print(' 销量级别：高 ')
```

3.3　循环结构

重复是生活的主题，有人在重复中迷失初心，有人在重复中坚守，后者往往能够成就不平凡的事业，愚公移山、精卫填海时刻述说着重复的神奇力量。重复对程序也很重要，它通过循环结构来实现。循环结构允许程序多次循环执行相同或相近的任务。在 Python 语言中，循环可以分为 while 循环和 for 循环两种语句。

▶▶ 3.3.1　while 语句

while 循环语句是 Python 所提供的两种循环语句之一，while 循环使用的一般格式为：

while　条件判断表达式 c:

　　语句 s

3.3.1
预习视频

其中，条件判断表达式 c 返回 True/False 的布尔型值，语句 s 是每一次循环需要执行的任务。语句 s 相对于 while 语句缩进一个层级，如果为复合语句，只要保持缩进就属于语句 s，一旦结束缩进则后续的语句不再属于语句 s。while 语句的执行流程：程序首先判断作为循环条件 c 的值是否为 True，若为 True 则执行语句 s，如此往复，直至条件判断值为 False，退出 while 循环语句。

例如，求 1～100 的所有整数之和，实现代码如下：

```
sum_, i = 0, 1              #i为循环变量，即控制循环次数的变量
while i <= 100:             #i从1渐增到100，每次增1，共100次循环
    sum_ += i              # 每次循环，sum 都累加当前 i 的值
    i += 1                 # 每次循环，i 都累加 1
print(' 和为：', sum_)       # 打印计算结果
```

while 循环的一个典型应用如下。

【典型应用 4——抛硬币实验】

应用说明：模拟抛硬币 10000 次，观测硬币出现正面和反面次数。本应用要求无须用户输入，输出：硬币正反面朝上的次数。实现代码如下：

```
import random                # 导入随机模块
i = 0
possible_set = [' 正面 ', ' 反面 ']
```

3.3.1
考考你

```
count1, count2 = 0, 0                        # 抛硬币结果计数
while i < 10000:
    result = random.choice(possible_set)     # 模拟随机抛硬币
    if result == ' 正面 ':                    # 统计抛硬币结果
        count1 += 1
    else:
        count2 += 1
    i += 1                                   # 抛硬币次数增 1
print(f' 正面朝上次数：{count1}')
print(f' 反面朝上次数：{count2}')
```

程序运行的效果，如图 3-7 所示。

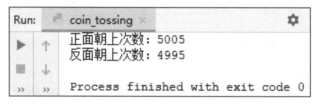

图 3-7   抛硬币实验运行效果

3.3.2   for 语句

3.3.2
预习视频

for 语句是 Python 语言中频繁使用的一种循环语句，用于对一个序列进行按顺序逐个访问。一般格式如下：

for 变量 var in 序列 seq：

    语句 s

在该结构中，for 循环每次从序列 seq 取出一个元素，用变量 var 引用该元素，之后执行语句 s，如此一轮循环结束之后，再次从序列 seq 中取下一个元素，如此往复直到序列 seq 中所有元素都被访问过之后循环结束。序列 seq 指的是由多个元素组合而成的有序组合，通常可以用下标访问，列表和字符串都是序列的一种。变量 var 是依次从序列中取出的元素，比如当序列 seq 为列表 [1,3,5,7,9] 时，第一轮循环变量 var 的值为 1，第二轮循环变量 var 的值为 3，依次类推。变量 var 在 for 循环结构中有效，可以在语句 s 中使用。语句 s 相对于 for 语句缩进一个层级，如果为复合语句，只要保持缩进就属于语句 s，一旦结束缩进则后续的语句不再属于语句 s。

for 语句执行的过程如下：

①先判断序列 seq 是否还有没访问的元素。

②如果是则用变量 var 引用序列 seq 的下一个元素，否则循环结束，转到⑤。

③执行语句 s，语句中可以使用变量 var。

④转到① 继续执行。

⑤循环结束，执行 for 语句下面的一个语句。

例如，根据列表中存放的费用数据求得总费用，实现代码如下：

```
total = 0                           # 定义累计量并赋初值
costs = [3.0, 3.5, 7.0, 4.5, 5.0]   # 费用数据列表
for cost in costs:                  # 循环访问费用数据
    total += cost                   # 累加费用，注意缩进
print(' 总费用：', total)            # 打印总费用
```

另外，for 语句经常与内置的 range( ) 函数结合使用，该函数可以用来生成数列，其生成数列的方式，如表 3–1 所示。

表 3–1　range( ) 函数描述与实例

格式	描述	实例
range(x)	生成一个从 0 到 x-1 且步进为 1 的数列，如 0, 1, ⋯, x-1	range(5) 生成的数列为：0, 1, 2, 3, 4
range(a, b)	生成一个从 a 到 b-1 且步进为 1 的数列，如 a, a+1, ⋯, b-1	range(1, 5) 生成的数列为：1, 2, 3, 4
range(a, b, s)	生成一个从 a 到 b-1 且步进为 s 的数列，如 a, a+s, ⋯, a+n*s (<=b-1)	range(1, 5, 2) 生成的数列为：1, 3

 学一学

　　while 语句与 for 语句虽然都是循环语句，但是其循环的方式存在较大差异。while 语句根据条件是否满足，判断是否执行循环语句；而 for 语句根据迭代访问的序列是否遍历完成来判断是否执行循环语句。

例如，使用 for-range 组合，根据列表中存放的费用数据求总费用，实现代码如下：

```
total = 0                           # 定义累计量并赋初值
costs = [3.0, 3.5, 7.0, 4.5, 5.0]   # 费用数据列表
length = len(costs)                 # 计算列表元素个数
for i in range(length):             # 此处得到的 range 数列为 0,1,2,3,4
    total += costs[i]               # 累加第 i 个费用
print(' 总费用：', total)            # 打印总费用
```

for 循环的一个典型应用如下。

【典型应用 5——选手评分】

应用说明：对于输入的 7 位评委的评分，去掉一个最高分和一个最低分，以剩余的 5 位评委评分的平均值作为选手最终得分。本应用要求用户输入：依次输入 7 位评委的评分，每个评分占 1 行；输出：选手最终得分。代码如下：

3.3.2
考考你

```python
total, max_score, min_score = 0, 0, 10        # 定义初始值
for i in range(7):                            # 依次处理 7 位评委分数
    score = float(input(f' 请输入第 {i + 1} 位评委评分：'))
    if score > max_score:                     # 满足条件时更新最大值
        max_score = score
    if score < min_score:                     # 满足条件时更新最小值
        min_score = score
    total += score                            # 累加评分
print(f' 选手的得分为：{(total − max_score − min_score) / 5:.2f}')
```

程序运行的效果，如图 3-8 所示。

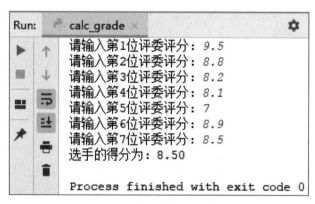

图 3-8　选手评分运行效果

▶▶ 3.3.3　嵌套循环

3.3.3
预习视频

在解决某些复杂问题时，若在 while 或 for 循环语句的循环体内又包含另一个循环语句，就形成了嵌套循环。这三种循环语句之间可相互嵌套，构成多层的嵌套逻辑结构，外层的循环称为外循环，内层的循环称为内循环。同嵌套选择一样，理论上 Python 支持多级循环嵌套，但从可读性角度考虑，建议嵌套循环不宜超过三层。

下例可以通过嵌套循环输出一个三角形形式的九九乘法口诀表，效果如下：

$1 \times 1=1$

$2 \times 1=2 \quad 2 \times 2=4$

$3 \times 1=3 \quad 3 \times 2=6 \quad 3 \times 3=9$

$4 \times 1=4 \quad 4 \times 2=8 \quad 4 \times 3=12 \quad 4 \times 4=16$

$5 \times 1=5 \quad 5 \times 2=10 \quad 5 \times 3=15 \quad 5 \times 4=20 \quad 5 \times 5=25$

$6 \times 1=6 \quad 6 \times 2=12 \quad 6 \times 3=18 \quad 6 \times 4=24 \quad 6 \times 5=30 \quad 6 \times 6=36$

$7 \times 1=7 \quad 7 \times 2=14 \quad 7 \times 3=21 \quad 7 \times 4=28 \quad 7 \times 5=35 \quad 7 \times 6=42 \quad 7 \times 7=49$

$8 \times 1=8 \quad 8 \times 2=16 \quad 8 \times 3=24 \quad 8 \times 4=32 \quad 8 \times 5=40 \quad 8 \times 6=48 \quad 8 \times 7=56 \quad 8 \times 8=64$

$9 \times 1=9 \quad 9 \times 2=18 \quad 9 \times 3=27 \quad 9 \times 4=36 \quad 9 \times 5=45 \quad 9 \times 6=54 \quad 9 \times 7=63 \quad 9 \times 8=72 \quad 9 \times 9=81$

实现代码如下：

```
for row in range(1, 10):                          # 依次打印 1~9 行，col 为行号
    for col in range(1, row+1):                   # 打印第 x 行时，打印 1~x 列，
                                                  #   col 为列号
        print(f'{row}x{col} = {row*col}', end = '\t')   # 打印 row 行 col 列
    print( )                                      # 打印完第 row 行，换行
```

乘法口诀表共有 9 行，可用循环变量 row 来记录行数（1~9 行），第 1 行，有 1 个乘法算式；第 2 行，有 2 个乘法算式；第 row 行便有 row 个乘法算式。对于确定的第 row 行，如何来输出这 row 个算式呢？这又是一个重复处理的问题，可用内循环来解决。内循环变量设为 col，col 的变化从 1 到 row。该程序巧妙的是，循环变量 row 和 col 正巧是每个乘法算式的被乘数和乘数。

嵌套循环的一个典型应用如下。

【典型应用 6——冒泡排序】

应用说明：对多个数组成的数列进行升序排列。本应用无须用户输入，输出：排序后的数列。例如要对数列 [4, 18, 9, 3, 7] 进行升序排序，方法和过程如图 3-9 所示。

原始数据	4	18	9	3	7
第1次排序：	4	9	3	7	18
		下次待比较数据			最大置右
第2次排序：	4	3	7	9	18
		下次待比较数据		最大2个置右	
第3次排序：	3	4	7	9	18
		下次待比较数据		最大3个置右	
第4次排序：	3	4	7	9	18
	确定最小		最大4个置右		

图 3-9 冒泡排序过程

第 1 次排序，排序对象是原始数据 [4, 18, 9, 3, 7]，排序结果是找出待排序数据中的最大者 18 置于最右端，并确定下次排序的对象是 [4, 9, 3, 7]。

第 2 次排序，排序对象是原始数据 [4, 9, 3, 7]，排序结果是找出待排序数据中的最大者 9 置于右 2 位置，并确定下次排序的对象是 [4, 3, 7]。

第 3 次排序，排序对象是原始数据 [4, 3, 7]，排序结果是找出待排序数据中的最大者 7 置于右 3 位置，并确定下次排序的对象是 [3, 4]。

第 4 次排序，排序对象是原始数据 [3, 4]，排序结果是找出待排序数据中的最大者 4 置于右 4 位置，并确定下次排序的对象是 [3]，请注意，当只剩下一个数据时，就无须进行下一次排序，整个冒泡排序过程结束。

根据上述算法思路，代码实现如下：

```python
data = [4, 18, 9, 3, 7]          # 待排序数据
length = len(data)               # 计算排序对象的元素个数
# 打印排序前数据
print(' 排序前：', end = '')
for x in data:
    print(f'{x:4d}', end = '')
print( )
# 进行排序
for i in range(length − 1):          # 总共进行 length-1 轮排序
    for j in range(length − i − 1):  # 每轮排序进行 length-i-1 次比较
        if data[j] > data[j + 1]:    # 比较相邻两个数值，顺序不对则进行交换
        data[j], data[j + 1] = data[j + 1], data[j]
# 打印排序后数据
print(' 排序后：', end = '')
for x in data:
    print(f'{x:4d}', end = '')
print( )
```

程序运行的效果，如图 3-10 所示。

3.3.3
考考你

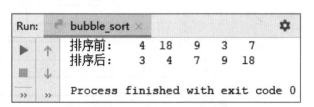

图 3-10 冒泡排序运行效果

▶ 3.3.4　break 与 continue 语句

在循环结构的运行过程中，除了循环变量可以控制循环执行之外，有时也会通过 break 语句进行循环中断控制。break 语句，被称为中断语句，其使用的格式为：

3.3.4
预习视频

break

break 语句的作用是结束整个循环，然后执行循环语句下面的一条语句，通常应用在各类循环语句中。

例如，以下代码使得 for 循环实际上只打印了 2 次变量 i 的值。

```
>>> for i in range(5):
        if i == 2:
            break
        print(i)
0
1
```

需要特别注意的是，break 语句若用在两层循环的内层循环，则遇到该语句时，程序只跳出内层循环，而外层循环则继续执行。

在循环结构的运行过程中，除了 break 语句可以影响正常的循环流程之外，有时也会通过 continue 语句进行循环中继控制。continue 语句，被称为中继语句（或短路语句），其使用的格式为：

3.3.4
考考你

continue

continue 语句的作用是中止本次循环，继续下一次循环。通常应用在各类循环语句中。例如，以下代码使得 for 循环实际上只打印了 i 为奇数时的值。

```
>>> for i in range(5):
        if i % 2 == 0:
            continue
        print(i)
1
3
```

▶ 3.3.5　循环 else 子语句

Python 语言中有种特别的 else 语句，该 else 语句与循环结构相结合。循环结构的 else 分支，只有在循环正常结束后才会被执行，如果使用 break 跳出了循环，就不会执行 else 分支。

3.3.5
预习视频

for 循环的 else 语句格式如下：

for 变量 var in 序列 seq:

    语句 s1

else:

    语句 s2

while 循环的 else 语句格式如下：

while 条件判断表达式 c:

    语句 s1

else:

    语句 s2

例如，以下代码使用 for-else 循环结构实现了年龄是否超限的检查。

```python
ages = [19, 20, 18, 19, 18]        # 年龄列表
age_limit = 20                     # 最大允许年龄
for age in ages:                   # 遍历年龄列表
    if age > age_limit:            # 年龄超过限值时退出循环
        print(' 年龄超限! ')
        break
else:                              # 分支在循环正常结束时被执行
    print(' 所有人的年龄都符合要求! ')
```

此处最大允许年龄 age_limit 为 20，列表中所有年龄数据都没有超过该限值，循环中 if 分支的条件不满足，不会触发 break 提前退出，所以代码将在循环结束后进入 else 分支，打印 "所有人的年龄都符合要求!"。相反，假设此处的最大允许年龄 age_limit 设为 18，则会进入 if 分支打印 "年龄超限!"，并且触发 break 提前结束循环，else 分支将不会被执行。上例使用 for-else 循环结构来实现，while-else 循环结构的实现与此类似。

学一学

    else 语句不仅可以配套循环结构使用，也是选择语句的常用关键字。在使用循环 else 语句时，需要特别注意代码缩进格式，缩进格式错误可能实现的是完全不一样的程序逻辑。

循环 else 语句的一个典型应用如下。

【典型应用 7——素数判定】

应用说明：素数是指在大于 1 的自然数中，除了 1 和它本身以外不再有其他因数的自然数，检查一个输入的大于 1 的自然数是否为素数。本应用要求用户输入：大于 1 的自然数；输出：素数判定结果。代码如下：

```
number = int(input(' 请输入大于 1 的自然数：'))
for i in range(2, int(number**0.5)+1):
    if number % i == 0:
        print(f'{number} 不是素数！')
        break
else:
    print(f'{number} 是素数！')
```

程序运行的效果，如图 3-11 所示。

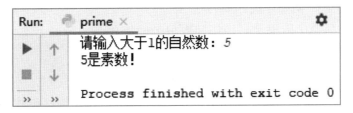

图 3-11　素数判定运行效果

3.3.5
考考你

3.4　【案例】店铺销量数据分组统计

▶▶ 3.4.1　案例要求

【案例目标】　程序读取文件中的数据，根据指定规则进行分组，并统计各分组数量。

【案例效果】　本案例程序运行的效果，如图 3-12 所示。

3.4.1
案例视频

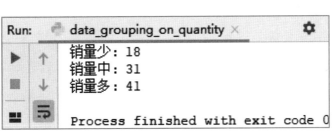

图 3-12　销量数据分组统计

【具体要求】 本案例的实现过程应满足以下要求。

1. 创建工程并配置环境

（1）限制 1. 解压包：将 Unit03_E02.zip 素材包解压到工作空间，形成工作环境。

（2）限制 2. 工程名：Unit03_E02。

（3）限制 3. 数据文件：data.csv。

（4）限制 4. 源码文件：data_grouping_on_quantity.py。

2. 读取文件中数据

（1）解压所得源码文件中已经完成了数据读取工作，数据存放在 data 变量中。

（2）数据存放在一个列表中，每个元素代表一类商品的数据；每类商品的数据也分别用一个列表存放，该列表包含两个元素：第一个元素为商品类别编号，第二个元素为商品销量。

3. 实现数据分组统计

（1）定义分组标签，初始化统计值为 0。

（2）通过 for 循环遍历数据，每轮循环取出的数据包含一个商品类别的编号和销售量。

（3）用变量分别引用商品类别编号和商品销量。

（4）用多分支结构分别判断商品销量的范围：如果小于 0，则打印数据异常提醒；如果在 [0, 100) 这个区间内，则将销量少的类别计数加 1；如果在 [100, 1000) 这个区间内，则将销量中类别计数加 1；如果在 [1000, ∞) 这个区间内，则将销量多的类别计数加 1。

4. 输出结果

（1）用一个 for 循环进行 3 次相似内容打印。

（2）每轮循环在控制台打印"销量 x :"+统计后该分组的数值。

（3）语句中的 x 表示分组标签，可能为少、中和多，每个分组打印一行。

3.4.2 实现思路与代码

【实现思路】 本案例实现的参考思路如下。

1. 按实验要求创建工程并配置环境

2. 读取文件中数据

（1）解压所得源码文件已经完成了数据读取工作，数据存放在 data 变量中。

（2）数据存放在一个列表中，每个元素代表一类商品的数据；每类商品的数据也分别用一个列表存放，该列表包含两个元素：第一个元素为商品类别编号，第二个元素为商品销量。

（3）实现这部分功能的代码如下：

```
import pandas as pd              # 导入 Pandas 模块
# 读取整理数据
data = pd.read_csv('data.csv')
data = data.values.tolist( )
```

3. 实现数据分组统计

（1）定义分组标签 labels，初始化统计值列表 counts，每个元素的值为 0。

（2）通过 for 循环遍历数据 data，每轮循环取出的数据用变量 item 引用，item 为一个列表，两个元素依次表示商品类别编号和商品销量。

（3）使用变量 category 和 quantity 分别引用这两个数据，以供后续流程使用。

（4）用多分支结构分别判断商品销量的范围：如果小于 0，则打印数据异常提醒，提醒格式如 "f' 数据异常：品类 {category}，销量 {quantity}'"；如果销量在 [0, 100) 这个区间内，则将销量少的类别计数 counts[0] 加 1；如果销量在 [100, 1000) 这个区间内，则将销量中的类别计数 counts[1] 加 1；如果销量在 [1000, ∞) 这个区间内，则将销量多的类别计数 counts[2] 加 1。

4. 输出结果

（1）用一个 for 循环进行 3 次相似内容打印，可以用 range(3) 来实现。

（2）每轮循环在控制台打印：f' 销量 {labels[i]}：{counts[i]}'。

（3）语句中的 {labels[i]} 表示分组标签，可能为少、中和多，{counts[i]} 表示分组统计的数值，每个分组打印一行。

【实现代码】　本案例实现的参考代码如下。

```
import pandas as pd              # 导入 Pandas 模块


# 读取整理数据
data = pd.read_csv('data.csv')
data = data.values.tolist( )
'''
数据存放在一个列表中，每个元素代表一类商品的数据
每类商品的数据也分别用一个列表存放，该列表包含两个元素
第一个元素为商品类别编号，第二个元素为商品销量
数据效果如下：
[[10, 2657],
 [11, 929],
```

```
    ...
    [98, 1356],
    [99, 84]]
    '''


# 将销量数据划分为三个区间：
# 分别为 [0, 100)、[100, 1000) 和 [1000, ∞ )
# 评定的销量级别为 " 低 "" 中 " 和 " 高 "
counts = [0, 0, 0]                          # 归属不同级别的商品计数
labels = [' 少 ', ' 中 ', ' 多 ']            # 级别标签


# 进行销量分组统计
for item in data:
    category, quantity = item               # 拆分一个商品类别的两列
    if quantity < 0:                        # 数据异常处理
        print(f' 数据异常：品类 {category}，销量 {quantity}')
    elif quantity < 100:                    # 销量少
        counts[0] += 1
    elif quantity < 1000:                   # 销量中
        counts[1] += 1
    else:                                   # 销量多
        counts[2] += 1


# 打印统计结果
for i in range(3):
    print(f' 销量 {labels[i]}：{counts[i]}')
```

单元小结

在本单元中，我们学习了 Python 语言的流程控制结构。主要的知识点如下：

1．Python 具有三种程序基本控制结构，即顺序结构、选择结构和循环结构。

2．在 Python 的选择结构和循环结构中，通过严格的缩进格式来控制结构。

3．选择结构分为单分支、双分支和多分支三种结构。

4．分支结构涉及的关键字包含 if、elif 和 else，多分支中引入的 elif 关键字，不能写成 else if。

5．if-else 写成一行组成三元运算，语句 A if 条件 else 语句 B，满足条件时执行语句 A，不满足条件时，执行语句 B。

6．循环结构分为 while 循环和 for 循环两种。

7．for 循环语句每轮循环访问序列中的一个元素，遍历所有元素后结束循环。

8．break 语句的作用是终止整个循环，然后执行循环语句下面的一条语句。

9．continue 语句的作用是中止本次循环，继续下一次循环。

10．循环 else 语句仅在循环正常结束时被执行，通过 break 退出循环时，else 语句不会被执行。

11．Python 支持多级循环嵌套，但从可读性角度考虑，建议不超过三层。

单元 3
测试题

单元 4　序列数据类型

单元知识 ▶ 目标

1. 了解序列的概念及类型
2. 掌握列表的特点及操作
3. 掌握元组的特点及操作
4. 掌握字符串的特点及操作

单元技能 ▶ 目标

1. 能够使用序列的通用操作处理数据
2. 能够使用列表函数操作列表数据
3. 能够使用元组函数操作元组数据
4. 能够使用字符串函数操作字符数据

单元思政 ▶ 目标

1. 培养学生的循序渐进，遵守秩序的行为准则
2. 培养学生面对问题要找到节省时间等成本的最佳方案的处理思维

单元 4 序列数据类型

单元重点

序列是 Python 中最基本的数据结构。所谓序列，指的是一块可存放多个值的连续内存空间，这些值按一定顺序排列，可通过每个值所在位置的编号（称为索引）访问它们。序列中第一个索引是 0，第二个索引是 1，依次类推。Python 语言中有 6 个序列的内置类型，其中最常用的是字符串、列表和元组。所有序列类型都可以进行一些通用的操作，包括索引、切片、相加、相乘、检查成员等。此外，Python 语言中也内置了确定序列的长度以及确定最大和最小的元素等函数供使用。

本单元内容主要包括序列数据类型概述，以及列表、元组、字符串的具体使用。大家学习了本单元知识后，能够通过不同的序列数据类型和序列的操作，实现丰富的数据功能。本单元技能图谱，如图 4-1 所示。

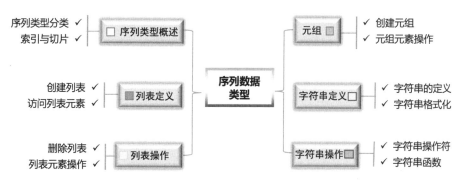

图 4-1　本单元技能图谱

案例资源

	综合案例
■回文数判断	案例 1　店铺商品销售量和销售额统计
■学生成绩统计	
□学生身高统计	
■凯撒密码加密	
■字母大小写转换	

最近一段时间，店铺生意很好。小明想综合每日所有的销售记录，统计一下店铺里各类商品的销售量和销售额，但是，商品的销售数据有点多，因此，他们找林老师咨询该如何高效地统计商品的销售量和销售额，如图 4-2 所示。

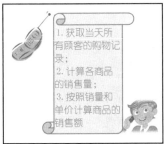

（a）请林老师帮助   （b）基本学习要求

图 4-2　商品销售数量统计

为了帮助小明解决眼前的困难，林老师对销售量和销售额的统计提出了一些建议，具体包括以下三个步骤：

第一步，利用循环和列表，快速、有效地存储当天所有顾客的购物记录，并统一存放在一个大的列表中；

第二步，利用 count( ) 函数，计算出列表中当日的各类商品的出现次数即销售量；

第三步，利用其他函数，按照各类商品的销售量和单价列表，计算出各类商品的总销售额。

那么，小明要完成上面的任务，需要掌握哪些知识呢？主要离不开 Python 序列数据类型的使用。Python 序列的应用非常广泛，所谓序列，指的是一块可存放多个值的连续内存空间，可通过索引来访问序列中的每个值。常用的序列类型包括字符串、列表和元组。这些序列支持以下几种通用操作：索引、切片、相加、相乘和其他序列相关的内置函数。每种序列类型都有自己的特点。列表将所有元素都放在一对中括号 "[ ]" 里，相邻元素之间用逗号分隔，它支持索引、切片等序列的通用操作。此外，列表还有很多自己的处理函数，包括 append( )、remove( )、reverse( )、index( ) 等函数。由于列表的元素是可以修改的，所以列表是可变序列。而元组是不可以修改的数据序列。元组的所有元素都放在一对小括号 "( )" 中，相邻元素之间用逗号分隔。字符串是指用引号引起来的文本。与元组一样，字符串是不可修改的序列类型，所有对字符串的操作会产生新的字符串，而不会对已有的字符串产生改变。字符串也有很多自己的处理函数，包括 title( )、strip( )、find( )、replace( )、count( ) 等函数。

4.1　序列数据类型概述

所谓序列，指的是一块可存放多个值的连续内存空间，这些值按一定顺序排列，可通过每个值所在位置的编号（称为索引）访问它们。

为了更形象地认识序列，我们可以将它看作一家旅店，店中的每个房间就如同序列存储数据的一个个内存空间，每个房间所特有的房间号就相当于索引。也就是说，通过房间号（索引）我们可以找到这家旅店（序列）中的每个房间（内存空间）。我们的日常生活和工作，也需要像序列类型的数据结构一样，有组织、有顺序，凡事循序渐进，维持良好的秩序，避免造成混乱的局面。

4.1.1　常用序列类型

Python 语言中有 6 个序列的内置类型，包括列表、元组、字符串、Unicode 字符串、buffer 对象和 xrange 对象。但最常见的是列表、元组和字符串。所有序列类型都有几种通用的操作，包括索引、切片、相加、相乘、检查成员等。此外，Python 语言中还提供了一些内置函数，可用于实现与序列相关的一些常用操作，如计算序列长度，找出序列中的最大或最小元素等，具体序列操作内置函数和操作，如表 4-1 所示。

4.1.1
预习视频

表 4-1　Python 序列操作内置函数

函数	作用
len( )	计算序列的长度，即返回序列中包含多少个元素
max( )	找出序列中的最大元素
min( )	找出序列中的最小元素
list( )	将序列转换为列表
str( )	将序列转换为字符串
sum( )	计算元素和
sorted( )	对元素进行排序
reversed( )	反向序列中的元素
X1+X2	连接序列 X1 和 X2，生成新的序列
X*n	序列 X 重复 n 次，生成新的序列

注：sum( ) 函数需要序列内元素为数字类型，若出现字符串类型将提示错误

4.1.1
考考你

例如，定义一个序列，通过序列内置的函数，分别输出该序列的类型、序列的长度、序列的最大值和最小值、序列中元素总和、对序列进行排序等。代码如下：

```
>>> a = [1,2,3,6,5,4]              # 列表 a
>>> type(a)                        # 输出列表 a 的数据类型
<class 'list'>
>>> len(a)                         # 输出列表 a 的长度
6
>>> max(a)                         # 输出列表 a 的最大值
6
>>> min(a)                         # 输出列表 a 的最小值
1
>>> sum(a)                         # 输出列表 a 的所有元素和
21
>>> sorted(a)                      # 输出列表 a 的排序结果
[1, 2, 3, 4, 5, 6]
>>> b = ["a","b","c"]              # 列表 b
>>> a+b                            # 连接列表 a 和 b
[1, 2, 3, 6, 5, 4, "a", "b", "c"]
>>> b*3                            # 将列表 b 重复 3 次
["a", "b", "c", "a", "b", "c", "a", "b", "c"]
```

这样，就通过 Python 的内置函数，完成了对序列的一系列操作。

4.1.2 索引与切片

1. 索引

4.1.2
预习视频

序列中的每一个元素都有自己的位置编号（索引），可以通过偏移量索引来读取数据。从起始元素开始，索引从 0 开始递增。第一个元素，索引为 0 ；第二个元素，索引为 1，依次类推，如图 4-3 所示。我们可以通过索引得到序列中对应的元素。

图 4-3 序列索引示意图

除此之外，Python 语言中还支持索引是负数的。负数索引表示从最后一个元素开始计数，最后一个元素索引为 -1，倒数第二个为 -2，依次类推，如图 4-4 所示。

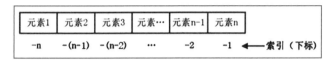

图 4-4　负数索引示意图

注意，在使用负数作为序列中各元素的索引时，是从 -1 开始的，而不是从 0 开始的。

Python 语言中无论是采用正数索引，还是负数索引，都可以访问序列中的任何元素。

以字符串为例，访问 "Python 语言" 的首元素和尾元素，代码如下：

>>> str = "Python 语言 "
>>> str[0],"==",str[-8]
P == P
>>> str[7],"==",str[-1]
言 == 言

这样，就同时通过正数索引和负数索引，访问了序列的首尾元素。

2. 切片

通过 [索引] 可以访问序列中的单个数据。如果想要访问序列中一定范围内的一部分元素，则可以通过切片操作实现。切片操作是访问序列中元素的另一种方法，它会生成一个新的序列。

序列实现切片操作的语法格式如下：

sname[start : end : step]

其中，各个参数的含义分别是：

sname：表示序列的名称；

start：表示切片的开始索引位置（包括当前位置），如果此参数不指定，则会默认为 0，也就是从序列的开头进行切片；

end：表示切片的结束索引位置（不包括当前位置），如果此参数不指定，则默认为序列的长度；

step：表示在切片过程中，隔几个存储位置（包含当前位置）取一次元素，也就是说，如果 step 的值大于 1，则在进行切片取序列元素时，会 "跳跃式" 地取元素。如果省略设置 step 的值，则最后一个冒号就可以省略。

注意：如果 "[ ]" 里只有一个值，那么就是访问单个数据。如果 "[ ]" 里有冒号分隔的两个值，就访问连续的一部分数据，这就叫作切片。

以字符串为例，访问"Python 语言"中的一部分元素，代码如下：

```
>>> str = "Python 语言 "    # 定义序列
>>> str[:2]                 # 取索引区间为 [0,2]（不包括索引 2 处的字符）的字符串
Py
>>> str[:-2]                # 索引值可以为负，取索引区间为 [0,-2]（不包括索
                              引 -2 处的字符）的字符串
Python
>>> str[::2]                # step 为 2，即隔 1 个字符取一个字符，区间是整个
                              字符串
Pto 语
>>> str[:]                  # 取整个字符串，此时 [ ] 中只需一个冒号即可
Python 语言
>>> str[-1:0:-1]            # 如果 step 为负数，则表示逆向切片
言语 nohty
```

【典型应用 1——回文数判断】

应用说明：设 n 是一个任意自然数。若将 n 的各位数字反向排列所得自然数 n1 与 n 相等，则称 n 为回文数。例如：12321,1221 都是回文数。本应用要求用户输入一个任意位数的自然数；判断该数字是否满足回文数的要求，并输出是否为回文数作为结果。实现代码如下：

```
a = input(' 请输入一个自然数 :')
b = a[::-1]                 # 倒序输出
if a == b:                  # 判断是否相等
    print(a,' 是回文数 ')
else:
    print(a,' 不是回文数 ')
```

程序运行的效果，如图 4-5 所示。

4.1.2
考考你

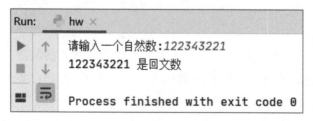

图 4-5   回文数判断运行效果

4.2　列　表

▶ 4.2.1　列表的定义

列表是一种序列，也是最常用的 Python 数据类型。它是由一系列按照指定顺序排列的元素组成。列表中的元素不需要有联系，甚至不需要是同一种类型的数据。

4.2.1
预习视频

从形式上看，列表会将所有元素都放在"[ ]"里面，相邻元素之间用逗号分隔，格式如下：

[element1, element2, element3, …, elementn]

格式中，element1, …, elementn 表示列表中的元素个数没有限制，只要是 Python 语言支持的数据类型就可以。

下面两个都是列表的例子：

>>> [2,3,5,7,9,11]

>>> ["Jan","Feb","Mar"]

从内容上看，列表可以存储整数、小数、字符串、列表、元组等任何类型的数据，并且同一个列表中元素的类型也可以不同。比如：

4.2.1
考考你

>>> ["http://www.baidu.com", 1, [2,3,4] , 3.0]

可以看到，列表中同时包含字符串、整数、列表、浮点数等类型。

另外，由于列表的数据类型是 list，所以我们可以直接用 list 来指代列表。

▶ 4.2.2　创建列表

在 Python 语言中，创建列表的方法有两种：一种是使用"[ ]"直接创建，另一种是使用 list( ) 函数创建。下面分别进行介绍。

4.2.2
预习视频

1. 使用"[ ]"直接创建列表

使用"[ ]"创建列表后，一般使用"="将它赋值给某个变量，具体格式如下：

listname = [element1 , element2 , …, elementn]

其中，listname 表示变量名，element1, …, elementn 表示列表元素。

例如，下面定义的列表都是合法的：

>>> num = [1, 2, 3, 4, 5, 6, 7]

>>> name = ["Python", "http://www.baidu.com"]

>>> program = ["C 语言 ", "Python", "Java"]

另外，使用此方式创建列表时，列表中的元素可以有多个，也可以一个都没有，例如：

>>> emptylist = [ ]

这表明，emptylist 是一个空列表。

2. 使用 list ( ) 函数创建列表

除了使用 "[ ]" 直接创建列表外，Python 语言还提供了一个内置的函数 list( )，使用它可以将其他数据类型转换为列表类型。示例代码如下：

4.2.2
考考你

```
# 将字符串转换成列表
>>> list1 = list("hello")
>>> list1
['h', 'e', 'l', 'l', 'o']
# 将元组转换成列表
>>> tuple1 = ('Python', 'Java', 'C++', 'JavaScript')
>>> list2 = list(tuple1)
>>> list2
['Python', 'Java', 'C++', 'JavaScript']
# 将字典转换成列表
>>> dict1 = {'a':100, 'b':42, 'c':9}
>>> list3 = list(dict1)
>>> list3
['a', 'b', 'c']
# 将区间转换成列表
>>> range1 = range(1, 6)
>>> list4 = list(range1)
>>> list4
[1, 2, 3, 4, 5]
# 创建空列表
>>> list( )
[ ]
```

4.2.3
预习视频

▶▶ 4.2.3 访问列表元素

列表是 Python 序列的一种，我们可以使用索引（index）访问列表中的某个元素（得到的是一个元素的值），也可以使用切片访问列表中的一组元素（得到的是一个新的子列表）。

使用索引访问列表元素的格式为：

listname[i]

其中，listname 表示列表名，i 表示索引。列表的索引可以是正数，也可以是负数。

使用切片访问列表元素的格式为：

listname[start : end : step]

例如，通过索引和切片的方式，对列表中的元素进行访问，代码如下：

```
>>> data = list("Python 语言程序设计基础 ")    #将字符串转换为列表
>>> data                                        #输出列表
['P', 'y', 't', 'h', 'o', 'n', ' 语 ', ' 言 ', ' 程 ', ' 序 ', ' 设 ', ' 计 ', ' 基 ', ' 础 ']
# 使用索引访问列表中的某个元素
>>> data[3]                                     # 使用正数索引
h
>>> data[-4]                                    # 使用负数索引
设
# 使用切片访问列表中的一组元素
>>> data[9: 14]                                 # 使用正数切片
[' 序 ', ' 设 ', ' 计 ', ' 基 ', ' 础 ']
>>> data[9: 14: 2]                              # 指定步长
[' 序 ', ' 计 ', ' 础 ']
data[-6: -1]                                    # 使用负数切片
[' 程 ', ' 序 ', ' 设 ', ' 计 ', ' 基 ']
```

4.2.3
考考你

▶▶ 4.2.4　删除列表

对于已经创建的列表，如果不再使用，则可以使用 del 关键字将其删除。

在实际开发中并不经常使用 del 来删除列表，因为 Python 语言自带的垃圾回收机制会自动销毁无用的列表，即使开发者不手动删除，Python 语言程序也会自动将其回收。

4.2.4
预习视频

del 关键字的语法格式为：

del listname

其中，listname 表示要删除列表的名称。

例如，Python 语言删除列表，代码如下：

```
>>> intlist = [1, 45, 8, 34]
>>> intlist
```

4.2.4
考考你

[1, 45, 8, 34]

>>> del intlist

>>> intlist

NameError: name 'intlist' is not defined

4.2.5 列表元素添加

在实际开发中，经常需要对 Python 列表进行更新，包括向列表中添加元素、修改列表中元素以及删除元素。本节先来学习如何向列表中添加元素。如果想在列表中添加元素，可以使用下面 3 种专门的方法。

1. 用 append ( ) 函数添加元素

append( ) 函数用于在列表的末尾追加元素，该方法的语法格式如下：

listname.append(obj)

4.2.5
预习视频

其中，listname 表示要添加元素的列表；obj 表示添加到列表末尾的数据，它既可以是单个元素，也可以是列表、元组等。

例如：

```
>>> l = ['Python', 'C++', 'Java']
# 追加元素
>>> l.append('PHP')
>>> l
['Python', 'C++', 'Java', 'PHP']
# 追加元组，整个元组被当成一个元素
>>> t = ('JavaScript', 'C#', 'Go')
>>> l.append(t)
>>> l
['Python', 'C++', 'Java', 'PHP', ('JavaScript', 'C#', 'Go')]
# 追加列表，整个列表也被当成一个元素
>>> l.append(['Ruby', 'SQL'])
>>> l
['Python', 'C++', 'Java', 'PHP', ('JavaScript', 'C#', 'Go'), ['Ruby', 'SQL']]
```

从以上代码中可以看到，当给 append( ) 函数传递列表或者元组时，此方法会将它们视为一个整体，作为一个元素添加到列表中，从而形成包含列表和元组的新列表。

2. 用 extend ( ) 函数添加元素

extend( ) 函数也是在列表的末尾追加元素，它和 append( ) 函数的不同之处在于：extend( ) 函数不是把列表或者元组视为一个整体，而是把它们包含的元素逐个添加到列表中。

extend( ) 函数的语法格式如下：

listname.extend(obj)

其中，listname 指的是要添加元素的列表；obj 表示添加到列表末尾的数据，它既可以是单个元素，也可以是列表、元组等，但不能是单个的数字。

例如：

```
>>> l = ['Python', 'C++', 'Java']
# 追加元素
>>> l.extend('C')
>>> l
['Python', 'C++', 'Java', 'C']
# 追加元组，元组被拆分成多个元素
>>> t = ('JavaScript', 'C#', 'Go')
>>> l.extend(t)
>>> l
['Python', 'C++', 'Java', 'C', 'JavaScript', 'C#', 'Go']
# 追加列表，列表也被拆分成多个元素
>>> l.extend(['Ruby', 'SQL'])
>>> l
['Python', 'C++', 'Java', 'C', 'JavaScript', 'C#', 'Go', 'Ruby', 'SQL']
```

3. 用 insert( ) 函数添加元素

append( ) 和 extend( ) 函数只能在列表末尾追加元素，如果希望在列表中间某个位置插入元素，那么可以使用 insert( ) 函数。

insert( ) 函数的语法格式如下：

listname.insert(index , obj)

其中，index 表示指定位置的索引。insert( ) 函数会将 obj 插入 listname 列表第 index 个元素的位置。

当插入列表或者元组时，insert( ) 函数也会将它们视为一个整体，作为一个元素插入列表中，这一点和 append( ) 函数是一样的。

例如：

```
>>> l = ['Python', 'C++', 'Java']
# 插入元素
```

4.2.5
考考你

```
>>> l.insert(1, 'C')
>>> l
['Python', 'C', 'C++', 'Java']
# 插入元组，整个元组被当成一个元素
>>> t = ('C#', 'Go')
>>> l.insert(2, t)
>>> l
['Python', 'C', ('C#', 'Go'), 'C++', 'Java']
# 插入列表，整个列表被当成一个元素
>>> l.insert(3, ['Ruby', 'SQL'])
>>> l
['Python', 'C', ('C#', 'Go'), ['Ruby', 'SQL'], 'C++', 'Java']
# 插入字符串，整个字符串被当成一个元素
>>> l.insert(0, "http://c.biancheng.net")
>>> l
['http://c.biancheng.net', 'Python', 'C', ('C#', 'Go'), ['Ruby', 'SQL'], 'C++', 'Java']
```

提示，insert( ) 函数主要是用来在列表的中间位置插入元素，如果仅仅希望在列表的末尾追加元素，那更建议使用 append( ) 函数和 extend( ) 函数。

在列表中插入元素有多种方式，且不同添加方法的时间和空间效率都不一样，因此，我们在不同的应用下要懂得选择最合适高效的方法。在生活中，当我们面对问题时，也应寻找最节约时间和精力的方案来处理。

▶▶ 4.2.6　列表元素删除

4.2.6
预习视频

在 Python 语言列表中删除元素主要可分为以下 3 种场景：

根据目标元素所在位置的索引进行删除，可以使用 del 关键字或者 pop( ) 函数；

根据元素本身的值进行删除，可使用列表（list 类型）提供的 remove( ) 函数；

将列表中所有元素全部删除，可使用列表（list 类型）提供的 clear( ) 函数。

1. 用 del 关键字删除元素

del 是 Python 语言中的关键字，专门用来执行删除操作，它不仅可以删除整个列表，还可以删除列表中的某些元素。

del 可以删除列表中的单个元素，格式为：

del listname[index]

其中，listname 表示列表名，index 表示待删除元素的索引。

del 也可以删除中间一段连续的元素，格式为：

del listname[start: end]

其中，start 表示起始索引，end 表示结束索引。del 会删除从索引 start 到 end 之间的元素，不包括 end 位置的元素。

例如，使用 del 删除单个列表元素：

```
>>> lang = ["Python", "C++", "Java", "PHP", "Ruby", "MATLAB"]
# 使用正数索引
>>> del lang[2]
>>> lang
['Python', 'C++', 'PHP', 'Ruby', 'MATLAB']
# 使用负数索引
>>> del lang[-2]
>>> lang
['Python', 'C++', 'PHP', 'MATLAB']
```

例如，使用 del 删除一段连续的元素：

```
>>> lang = ["Python", "C++", "Java", "PHP", "Ruby", "MATLAB"]
>>> del lang[1: 4]
>>> lang
['Python', 'Ruby', 'MATLAB']
>>> lang.extend(["SQL", "C#", "Go"])
>>> del lang[-5: -2]
>>> lang
['Python', 'C#', 'Go']
```

2. 用 pop ( ) 函数删除元素

pop( ) 函数用来删除列表中指定索引处的元素，具体格式如下：

listname.pop(index)

其中，listname 表示列表名，index 表示待删除元素的索引。如果不写 index 参数，则默认会删除列表中的最后一个元素，类似于数据结构中的"出栈"操作。

例如：

```
>>> nums = [40, 36, 89, 2, 36, 100, 7]
>>> nums.pop(3)
>>> nums
[40, 36, 89, 36, 100, 7]
>>> nums.pop( )
```

>>> nums

[40, 36, 89, 36, 100]

3. 用 remove（ ）函数删除元素

除了根据索引删除元素外，Python 语言中还提供了 remove( ) 函数，该函数会根据元素本身的值来进行删除操作。

需要注意的是，remove( ) 函数只会删除第一个和指定值相同的元素，而且必须保证该元素是存在的，否则会引发 ValueError 错误。

例如：

>>> nums = [40, 36, 89, 2, 36, 100, 7]

第一次删除 36

>>> nums.remove(36)

>>> nums

[40, 89, 2, 36, 100, 7]

第二次删除 36

>>> nums.remove(36)

>>> nums

[40, 89, 2, 100, 7]

删除 78

>>> nums.remove(78)

>>> nums

运行结果：

[40, 89, 2, 100, 7]

ValueError: list.remove(x): x not in list

4.2.6
考考你

最后一次删除，因为 78 不存在而报错，所以我们在使用 remove( ) 函数删除元素时最好提前判断一下。

4. 用 clear（ ）函数删除列表中的所有元素

clear( ) 函数用来删除列表中的所有元素，即清空列表，示例代码如下：

>>> url = list("http://c.biancheng.net/python/")

>>> url.clear( )

>>> url

[ ]

4.2.7
预习视频

4.2.7 列表元素修改

Python 语言中提供了两种修改列表（list）元素的方法，我们可以每次修改单个元素，也可以每次修改一组元素（多个）。

1. 修改单个元素

修改单个元素非常简单，直接对元素赋值即可。例如：

```
>>> nums = [40, 36, 89, 2, 36, 100, 7]
>>> nums[2] = -26                    # 使用正数索引
>>> nums[-3] = -66.2                 # 使用负数索引
>>> nums
[40, 36, -26, 2, -66.2, 100, 7]
```

使用索引得到列表元素后，通过 "=" 赋值就改变了元素的值。

2. 修改一组元素

Python 语言支持通过切片语法给一组元素赋值。在进行这种操作时，如果不指定步长（step 参数），Python 语言就不要求新赋值的元素个数与原来的元素个数相同。这意味着该操作既可以为列表添加元素，也可以为列表删除元素。

下面的代码演示了如何修改一组元素的值：

```
>>> nums = [40, 36, 89, 2, 36, 100, 7]
# 修改第 1~4 个元素的值（不包括第 4 个元素）
>>> nums[1: 4] = [45.25, -77, -52.5]
>>> nums
[40, 45.25, -77, -52.5, 36, 100, 7]
```

如果对空切片（slice）赋值，就相当于插入一组新的元素：

```
>>> nums = [40, 36, 89, 2, 36, 100, 7]
# 在第 4 个位置插入元素
>>> nums[4: 4] = [-77, -52.5, 999]
>>> nums
[40, 36, 89, 2, -77, -52.5, 999, 36, 100, 7]
```

使用切片语法赋值时，Python 语言不支持单个值，例如，下面的写法就是错误的：

```
>>> nums[4: 4] = -77
```

但是如果使用字符串赋值，Python 语言就会自动把字符串转换成序列，其中的每个字符都是一个元素，例如：

```
>>> s = list("Hello")
>>> s[2:4] = "XYZ"
>>> s
['H', 'e', 'X', 'Y', 'Z', 'o']
```

4.2.7
考考你

使用切片语法时也可以指定步长（step 参数），但这个时候就要求所赋值的新元素的个数与原有元素的个数相同，例如：

```
>>> nums = [40, 36, 89, 2, 36, 100, 7]
# 步长为 2，为第 1、第 3、第 5 个元素赋值
>>> nums[1: 6: 2] = [0.025, -99, 20.5]
>>> nums
[40, 0.025, 89, -99, 36, 20.5, 7]
```

4.2.8　列表查找元素

4.2.8
预习视频

Python 列表（list）提供了 index( ) 函数和 count( ) 函数，它们都可以用来查找元素。

1. index( ) 函数

index( ) 函数用来查找某个元素在列表中出现的位置（也就是索引），如果该元素不存在，则会导致 ValueError 错误，所以在查找之前最好使用 count( ) 函数判断一下。

index( ) 函数的语法格式为：

listname.index(obj, start, end)

其中，listname 表示列表名，obj 表示要查找的元素，start 表示起始位置，end 表示结束位置。

start 和 end 参数用来指定检索范围：

start 和 end 可以都不写，此时会检索整个列表；

如果只写 start 不写 end，那么表示检索从 start 到末尾的元素；

如果 start 和 end 都写，那么表示检索 start 和 end 之间的元素。

index( ) 函数会返回元素所在列表中的索引值。

index( ) 函数使用举例：

```
>>> nums = [40, 36, 89, 2, 36, 100, 7, -20.5, -999]
# 检索列表中的所有元素
>>> nums.index(2)
3
# 检索 3 到 7 之间的元素
>>> nums.index(100, 3, 7)
5
# 检索 4 之后的元素
>>> nums.index(7, 4)
```

6

检索一个不存在的元素

\>>> nums.index(55)

ValueError: 55 is not in list

2. count( ) 函数

count( ) 函数用来统计某个元素在列表中出现的次数，基本语法格式为：

listname.count(obj)

其中，listname 表示列表名，obj 表示要统计的元素。

如果 count( ) 函数返回 0，就表示列表中不存在该元素。因此，count( ) 函数也可以用来判断列表中的某个元素是否存在。

count( ) 函数用法示例：

\>>> nums = [40, 36, 89, 2, 36, 100, 7, −20.5, 36]

统计元素出现的次数

\>>> print("36 出现了 %d 次 " % nums.count(36))

36 出现了 3 次

判断一个元素是否存在

\>>> if nums.count(100):

\>>> print(" 列表中存在 100 这个元素 ")

\>>> else:

\>>> print(" 列表中不存在 100 这个元素 ")

列表中存在 100 这个元素

【典型应用 2——学生成绩统计】

应用说明：用户不断输入学生的成绩，并存储在列表中，如果输入完毕，以 −1 作为结束。本应用将所有学生成绩存储在列表中，并计算其中的最高分，最低分和平均分。代码如下：

```
score = [ ]
while(True):
    grade = int(input(" 请输入学生成绩 :"))
    if grade! = −1:
        score.append(grade)
    else:
        print(" 成绩录入完毕 , 一共有 ",len(score)," 个学生 ")
        break
```

```
for i in range(0,len(score)):
    print(" 学生 ",i+1," 成绩为 :",score[i],end = ",")
print(" 最高分为 :",max(score))
print(" 最低分为 :",min(score))
print(" 平均分为 :",(sum(score)/len(score)))
```

程序运行的效果，如图 4-6 所示。

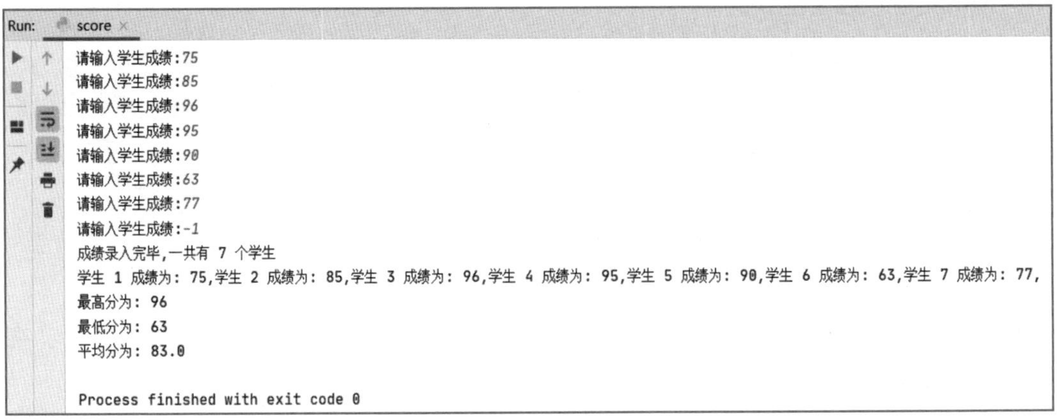

```
Run:    score ×
    请输入学生成绩:75
    请输入学生成绩:85
    请输入学生成绩:96
    请输入学生成绩:95
    请输入学生成绩:90
    请输入学生成绩:63
    请输入学生成绩:77
    请输入学生成绩:-1
    成绩录入完毕,一共有 7 个学生
    学生 1 成绩为: 75,学生 2 成绩为: 85,学生 3 成绩为: 96,学生 4 成绩为: 95,学生 5 成绩为: 90,学生 6 成绩为: 63,学生 7 成绩为: 77,
    最高分为: 96
    最低分为: 63
    平均分为: 83.0

    Process finished with exit code 0
```

图 4-6　学生成绩统计运行效果

【典型应用 3——学生身高统计】

应用说明：中小学生每个学期都要体检，体检中要量身高，因为身高可以反映学生的生长状况。现在，一个班学生的身高已经量好了，需要输出其中超过平均身高的数据。本应用需要用户输入一行学生身高的数据，其中以空格进行分隔，每个数据都是正整数，将该行身高数据存储在列表中。判断其中超过平均值的身高，并输出。代码如下：

```
data = input(" 请输入一行身高数据，以空格进行分隔：")
heightList = list(map(int,data.split( )))
sum = 0
for i in range(0,len(heightList)):
    sum = sum+heightList[i]
aver = int(sum/len(heightList))
print(" 平均身高为：",aver," 超过平均身高的有：",end = " ")
for i in range(0,len(heightList)):
    if(heightList[i]>aver):
        print(heightList[i],end = " ")
```

程序运行的效果，如图 4-7 所示。

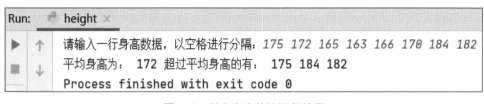

图 4-7　学生身高统计运行效果

4.3　元　组

4.3.1　元组的定义

元组（tuple）是 Python 语言中另一个重要的序列结构，与列表类似，元组也是由一系列按特定顺序排列的元素组成。

元组和列表（list）的不同之处在于：

列表的元素是可以更改的，包括修改元素值、删除和插入元素，所以列表是可变序列；

而元组一旦被创建，它的元素就不可更改了，所以元组是不可变序列。

因此，元组可以看作不可变的列表。通常情况下，元组用于保存程序中恒定不变的内容。现实中，作为祖国年轻的一代，我们应该心怀坚定不变的责任担当与理想信念，脚踏实地、努力学习、勇于拼搏、为社会做出贡献。

从形式上看，元组的所有元素都放在一对小括号中，相邻元素之间用逗号分隔，格式如下：

(element1, element2, …, elementn)

其中，element1, …, elementn 表示元组中的各个元素，个数没有限制，只要是 Python 语言支持的数据类型就可以。

从存储内容上看，元组可以存储整数、实数、字符串、列表等任何类型的数据，并且在同一个元组中，元素的类型可以不同，例如：

("Python", 1, [2,'a'], ("abc",3.0))

在这个元组中，有多种类型的数据，包括整形、字符串、列表等。

另外，我们都知道，列表的数据类型是 list，那么元组的数据类型是什么呢？我们不妨通过 type() 函数来查看一下：

```
>>> type( ("c.biancheng.net",1,[2,'a'],("abc",3.0)) )
<class 'tuple'>
```

从以上代码中可以看到，元组是 tuple 类型，这也是很多教程中用 tuple 指代元组的原因。

4.3.2
预习视频

▶▶ 4.3.2　创建元组

Python 语言提供了两种创建元组的方法：一种是使用 "( )" 直接创建，另一种是使用 tuple( ) 函数创建。下面一一进行介绍。

1. 使用 "( )" 直接创建元组

通过 "( )" 创建元组后，一般使用 "=" 将它赋值给某个变量，具体格式为：

tuplename = (element1, element2, …, elementn)

其中，tuplename 表示变量名，element1 ~ elementn 表示元组的元素。

例如，下面的元组都是合法的：

\>>> num = (7, 14, 21, 28, 35)

\>>> course = (" 百度网址 , "http://www.baidu.com")

\>>> abc = ("Python", 19, [1,2], ('c',2.0))

在 Python 语言中，元组通常都是使用一对小括号将所有元素包围起来的，但小括号不是必需的，只要将各元素用逗号隔开，Python 语言就会将其视为元组。示例代码如下：

\>>> site = "baidu 网址 ", "http://www.baidu.com"

\>>> site

('baidu 网址 ', 'http://www.baidu.com')

需要注意的是，当创建的元组中只有一个字符串类型的元素时，该元素后面必须要加逗号，否则 Python 解释器会将它视为字符串。示例代码如下：

最后加上逗号

\>>> a = (" http://www.baidu.com ",)

\>>> type(a)

<class 'tuple'>

\>>> a

(' http://www.baidu.com ',)

最后不加逗号

\>>> b = ("http://www.baidu.com ")

\>>> type(b)

<class 'str'>

\>>> b

http://www.baidu.com

从代码中可以看出，只有变量 a 才是元组，后面的变量 b 是一个字符串。

2. 使用 tuple ( ) 函数创建元组

除了使用 "( )" 创建元组外，Python 语言还提供了一个内置函数 tuple( )，用来将其他数据类型转换为元组类型。

tuple( ) 函数的语法格式如下：

tuple(data)

其中，data 表示可以转化为元组的数据，包括字符串、range 对象等。

例如：

将字符串转换成元组

>>> tup1 = tuple("hello")

>>> tup1

('h', 'e', 'l', 'l', 'o')

将列表转换成元组

>>> list1 = ['Python', 'Java', 'C++', 'JavaScript']

>>> tup2 = tuple(list1)

>>> tup2

('Python', 'Java', 'C++', 'JavaScript')

将字典转换成元组

>>> dict1 = {'a':100, 'b':42, 'c':9}

>>> tup3 = tuple(dict1)

>>> tup3

('a', 'b', 'c')

将区间转换成元组

>>> range1 = range(1, 6)

>>> tup4 = tuple(range1)

>>> tup4

(1, 2, 3, 4, 5)

创建空元组

>>> tuple( )

4.3.2
考考你

▶▶ 4.3.3　访问元组元素

和列表一样，我们可以使用索引访问元组中的某个元素（得到的是一个元素的值），也可以使用切片访问元组中的一组元素（得到的是一个新的子元组）。

4.3.3
预习视频

使用索引访问元组元素的格式为：

tuplename[i]

其中，tuplename 表示元组名字，i 表示索引值。元组的索引既可以是正数，也可以是负数。

使用切片访问元组元素的格式为：

tuplename[start : end : step]

其中，start 表示起始索引，end 表示结束索引，step 表示步长。

例如：

4.3.3
考考你

```
>>> data = tuple("Python 语言程序设计基础 ")    # 将数据转换为元组
# 使用索引访问元组中的某个元素
>>> data[3]                                   # 使用正数索引
h
>>> data[-4]                                  # 使用负数索引
设
# 使用切片访问元组中的一组元素
>>> data[9: 14]                              # 使用正数切片
(' 序 ',' 设 ',' 计 ',' 基 ',' 础 ')
>>> data[9: 14: 2]                           # 指定步长
(' 序 ',' 计 ',' 础 ')
>>> data[-6: -1]                             # 使用负数切片
(' 程 ',' 序 ',' 设 ',' 计 ',' 基 ')
```

▶▶ 4.3.4　修改元组

4.3.4
预习视频

前面提到，元组是不可变序列，元组中的元素不能被修改，所以我们只能创建一个新的元组去替代旧的元组。

例如，对元组进行重新赋值：

```
>>> tup = (100, 0.5, -36, 73)
>>> tup
(100, 0.5, -36, 73)
# 对元组进行重新赋值
>>> tup = (' 百度网址 ', 'http://www.baidu.com')
>>> tup
(' 百度网址 ', 'http://www.baidu.com')
```

另外，还可以通过连接多个元组（使用 "+" 可以拼接元组）的方式向元组中添加新元素，例如：

```
>>> tup1 = (100, 0.5, –36, 73)
>>> tup2 = (3+12j, –54.6, 99)
>>> tup1+tup2
(100, 0.5, –36, 73, (3+12j), –54.6, 99)
>>> tup1
(100, 0.5, –36, 73)
>>> tup2
((3+12j), –54.6, 99)
```

从上述代码中可以看到，使用 "+" 拼接元组以后，tup1 和 tup2 的内容没有发生改变，这说明生成的是一个新的元组。

4.3.4
考考你

4.3.5　删除元组

当创建的元组不再使用时，可以通过 del 关键字将其删除，例如：

```
>>> tup = (' 百度网址 ', 'http://www.baidu.com')
>>> tup
(' 百度网址 ', 'http://www.baidu.com')
>>> del tup
>>> tup
NameError: name 'tup' is not defined
```

4.3.5
预习视频

Python 自带垃圾回收功能，会自动销毁不用的元组，所以一般不需要通过 del 来手动删除。

4.3.5
考考你

4.4　字符串

4.4.1　字符串的定义

字符串也是一种序列，它是最常用的 Python 数据类型。字符串就是一连串的字符。在 Python 语言中，用引号引起来的都是字符串，这里的引号既可以是单引号 ''，也可以是双引号 " "。下面两个都是字符串：

4.4.1
预习视频

>>> 'Python is the best'

>>> "Programming is fun"

引号必须成对出现，如果一个字符串的开始用了单引号，那么在结束的地方也必须使用单引号。如果单引号或双引号是字符串的内容之一，那就可以使用另外一种引号来作为字符串的括号：

>>> "It's amazing"

>>> 'He said，"You are so cool!"'

Python 语言中的字符串也是一种序列，因此，前面介绍的对序列的所有操作，对字符串也都是可行的。比如用加号"+"可以连接两个字符串，用 len( ) 可以得到字符串的长度，用切片可以得到子字符串或复制整个字符串。除此之外，字符串还有一些自己的特点和操作。

字符串是不可修改的数据，因此不能对已有的字符串进行修改。

在 Python 语言开发过程中，经常需要对字符串进行一些特殊处理，比如拼接字符串、截取字符串、格式化字符串等，这些操作无须开发者自己设计实现，只需调用相应的字符串方法即可。

▶▶ 4.4.2　字符串格式化

自 Python 2.6 版本开始，字符串类型（str）提供了 format( ) 函数对字符串进行格式化，下面就来学习此方法。

format( ) 函数的语法格式如下：

str.format(args)

在此方法中，str 用于指定字符串的显示样式；args 用于指定要进行格式转换的项，如果有多项，则它们之间要用逗号进行分割。

学习 format( ) 函数的难点在于要搞清楚 str 显示样式的书写格式。在创建显示样式模板时，需要使用"{ }"和"："来指定占位符，其完整的语法格式为：

{ [index][: [[fill] align] [sign] [#] [width] [.precision] [type]] }

注意，格式中用"[ ]"括起来的参数都是可选参数，既可以使用，也可以不使用。各参数的含义如下：

index：指定后边设置的格式要作用到 args 中第几个数据，数据的索引从 0 开始。如果省略此选项，则会根据 args 中数据的先后顺序自动分配。

fill：指定空白处填充的字符。注意，当填充字符为逗号且作用于整数或浮点数时，该整数（或浮点数）会以逗号分隔的形式输出，如（1000000 会输出 1,000,000）。

align：指定数据的对齐方式，具体的对齐方式，如表 4-2 所示。

表 4-2　align 参数及含义

align 参数	含义
＜	数据左对齐
＞	数据右对齐
=	数据右对齐，同时将符号放置在填充内容的最左侧，该选项只对数字类型有效
^	数据居中，此选项需和 width 参数一起使用

sign：指定有无符号数，此参数的值以及对应的含义，如表 4-3 所示。

表 4-3　sign 参数及含义

sign 参数	含义
+	正数前加正号，负数前加负号
−	正数前不加正号，负数前加负号
空格	正数前加空格，负数前加负号
#	对于二进制数、八进制数和十六进制数，使用此参数，各进制数前会分别显示 0b、0o、0x 前缀；反之则不显示前缀

width：指定输出数据时所占的宽度。

precision：指定保留的小数位数。

type：指定输出数据的具体类型，如表 4-4 所示。

表 4-4　type 占位符类型及含义

type 类型值	含义
s	对字符串类型格式化
d	十进制整数
c	将十进制整数自动转换成对应的 Unicode 字符
e 或者 E	转换成科学计数法后，再格式化输出
g 或者 G	自动在 e 和 f（或 E 和 F）中切换
b	将十进制数自动转换成二进制表示，再格式化输出
o	将十进制数自动转换成八进制表示，再格式化输出
x 或者 X	将十进制数自动转换成十六进制表示，再格式化输出
f 或者 F	转换为浮点数（默认小数点后保留 6 位），再格式化输出
%	显示百分比（默认显示小数点后 6 位）

4.4.2
考考你

在实际开发中，数值类型有多种显示需求，比如货币形式、百分比形式等，使用 format( ) 函数可以将数值格式化为不同的形式。示例代码如下：

```
# 以货币形式显示
>>> " 货币形式：{:,d}".format(1000000)
货币形式：1,000,000
# 科学计数法表示
>>> " 科学计数法：{:E}".format(1200.12)
科学计数法：1.200120E+03
# 以十六进制表示
>>> "100 的十六进制：{:#x}".format(100)
100 的十六进制：0x64
# 输出百分比形式
>>> "0.01 的百分比表示：{:.0%}".format(0.01)
0.01 的百分比表示：1%
```

4.4.3
预习视频

4.4.3　字符串操作符

字符串常用的操作符，如表 4-5 所示。

表 4-5　type 字符串操作符

运算符	描述
+	字符串连接
*	重复输出字符串
[ ]	通过索引获取字符串中的字符
[:]	截取字符串中的一部分，遵循左闭右开原则，str[0:2] 是不包含第 3 个字符的
in	成员运算符 - 如果字符串中包含给定的字符则返回 True
not in	成员运算符 - 如果字符串中不包含给定的字符则返回 True
r/R	原始字符串 - 所有的字符串都是直接按照字面的意思来使用，没有转义特殊或不能打印的字符。原始字符串除在字符串的第一个引号前加上字母 r（可以大小写）以外，有着与普通字符串几乎完全相同的语法

字符串操作的实例如下：

```
>>> a = "Hello"
>>> b = "Python"
>>> "a + b 输出结果：", a + b
a + b 输出结果：HelloPython
```

```
>>> "a * 2 输出结果: ", a * 2
a * 2 输出结果: HelloHello
>>> "a[1] 输出结果: ", a[1]
a[1] 输出结果: e
>>> "a[1:4] 输出结果: ", a[1:4]
a[1:4] 输出结果: ell
>>> if ("H" in a):
>>> print("H 在变量 a 中 ")
>>> else:
>>> print("H 不在变量 a 中 ")
H 在变量 a 中
>>> if ("M" not in a):
>>> print("M 不在变量 a 中 ")
>>> else:
>>> print("M 在变量 a 中 ")
M 不在变量 a 中
>>> r'\n'
\n
>>> R'\n'
\n
```

4.4.3
考考你

4.4.4　字符串函数

字符串常用的函数，如表 4-6 所示。

表 4-6　字符串常用函数

字符串常用函数	解释
S.title( )	字符串 S 首字母大写
S.lower( )	字符串 S 变小写
S.upper( )	字符串 S 变大写
S.strip( )、S.rstrip( )、S.lstrip( )	删除前后空格，删除右空格，删除左空格
S.find(sub[, start[, end]])	在字符串 S 中查找 sub 子串首次出现的位置
S.replace(old, new)	在字符串 S 中用 new 子串替换 old 子串
S.join(X)	将序列 X 合并成字符串
S.split(sep=None)	将字符串 S 拆分成列表
S.count(sub[, start[, end]])	计算 sub 子串在字符串 S 中出现的次数

4.4.4
预习视频

1. 查找子串

find( ) 函数用于检索字符串中是否包含目标字符串，如果包含，则返回第一次出现该字符串的索引；反之，则返回 –1。

find( ) 函数的语法格式如下：

str.find(sub[,start[,end]])

此格式中各参数的含义如下：

str：表示原字符串；

sub：表示要检索的目标字符串；

start：表示开始检索的起始位置，如果不指定，则默认从头开始检索；

end：表示结束检索的结束位置，如果不指定，则默认一直检索到结尾。

尝试用 find( ) 函数检索 "www.baidu.com" 中首次出现 "." 的位置索引，示例代码如下：

>>> str = "www.baidu.com"

>>> str.find('.')

3

可以手动指定起始索引的位置

>>> str = "www.baidu.com"

>>> str.find('.',4)

9

也可以手动指定起始索引和结束索引的位置

>>> str = "www.baidu.com"

>>> str.find('.',4,–4)

–1

位于索引（4，–4）之间的字符串为 "baidu"，由于其不包含 "."，因此，find( ) 函数的返回值为 –1。

Python 语言除了可以查找子串在哪里外，还可以帮你数一下子串出现的次数。这要用到字符串的 count( ) 函数。count( ) 函数用于检索指定字符串在另一字符串中出现的次数，如果检索的字符串不存在，则返回 0，否则返回出现的次数。

count( ) 函数的语法格式如下：

str.count(sub[,start[,end]])

此方法中各参数的具体含义如下：

str：表示原字符串；

sub：表示要检索的字符串；

start：指定检索的起始位置，也就是从什么位置开始检测，如果不指定，则默认从头开始检索；

end：指定检索的结束位置，如果不指定，则表示一直检索到结尾。

尝试用 count( ) 函数计算 "www.baidu.com" 中 "." 出现的次数，示例代码如下：

```
>>> str = "www.baidu.com"
>>> str.count('.')
2
```

2. 修改大小写

在 Python 语言中，为了方便对字符串中的字母进行大小写转换，字符串变量提供了 3 种函数，分别是 title( )、lower( ) 和 upper( )。

title( ) 函数用于将字符串中每个单词的首字母转为大写，其他字母全部转为小写。转换完成后，此函数会返回转换得到的新的字符串。如果字符串中没有需要被转换的字符，就会将字符串原封不动地返回。

title( ) 函数的语法格式如下：

str.title( )

其中，str 表示要进行转换的字符串。

```
>>> str = "john johnson"
>>> str.title( )
John Johnson
```

title( ) 函数将每个单词的首字母转为大写，其他的都为小写，并返回新的字符串。

```
>>> str = "I LIKE JOHN"
>>> str.title( )
I Like John
```

lower( ) 函数用于将字符串中的所有大写字母都转换为小写字母，转换完成后，该函数会返回新得到的字符串。如果字符串中原本就都是小写字母，就会返回原字符串。

lower( ) 函数的语法格式如下：

str.lower( )

其中，str 表示要进行转换的字符串。

```
>>> str = "I LIKE C"
>>> str.lower( )
i like c
```

upper( ) 函数的功能和 lower( ) 函数恰好相反，它用于将字符串中的所有小写字母转换为大写字母，和以上两种方法的返回方式相同，即：如果转换成功，则返回新字符串；反之，则返回原字符串。

upper( ) 函数的语法格式如下：

str.upper( )

其中，str 表示要进行转换的字符串。

>>> str = "i like C"

>>> str.upper( )

I LIKE C

需要注意的是，以上三种函数都仅限于将转换后的新字符串返回，而不会修改原字符串。

3. 删除两端的空格

用户输入数据时，很有可能会无意中输入多余的空格，或者在一些场景中，字符串前后不允许出现空格和特殊字符，此时就需要去除字符串中的空格和特殊字符。这里的特殊字符，指的是制表符 "\t"、回车符 "\r"、换行符 "\n" 等。

在 Python 语言中，字符串变量提供了三种函数来删除字符串中多余的空格和特殊字符，它们分别是：

strip( ) 函数：删除字符串前后（左右两侧）的空格或特殊字符。

lstrip( ) 函数：删除字符串前面（左边）的空格或特殊字符。

rstrip( ) 函数：删除字符串后面（右边）的空格或特殊字符。

注意，Python 语言的 str 是不可变的（不可变的意思是指，字符串一旦形成，它所包含的字符序列就不能发生任何改变），因此，这三个方法只是返回字符串前面或后面空白被删除之后的副本，并不会改变字符串本身。

strip( ) 函数用于删除字符串左右两侧的空格和特殊字符，该方法的语法格式为：

str.strip([chars])

其中，str 表示原字符串，[chars] 用来指定要删除的字符，可以同时指定多个，如果不手动指定，则默认会删除空格以及制表符、回车符、换行符等特殊字符。

>>> str = "　www.baidu\t\n\r"

>>> str.strip( )

www.baidu.com

>>> str.strip(" ,\r")

www.baidu.com\t\n

分析以上代码的运行结果可知，通过 strip( ) 函数虽然能够删除字符串左右两侧的空格和特殊字符，但不会真正改变字符串本身。

lstrip( ) 函数用于去掉字符串左侧的空格和特殊字符。该方法的语法格式如下：

str.lstrip([chars])

其中，str 和 chars 参数的含义，分别同 strip( ) 语法格式中的 str 和 chars 完全相同。

>>> str = " www.baidu.com \t\n\r"

>>> str.lstrip( )

www.baidu.com \t\n\r

rstrip( ) 函数用于删除字符串右侧的空格和特殊字符，其语法格式为：

str.rstrip([chars])

str 和 chars 参数的含义和前面二种函数语法格式中的参数完全相同。

>>> str = " www.baidu.com \t\n\r"

>>> str.rstrip( )

www.baidu.com

4. 替换字符串中的字符

在 Python 语言中，可以通过 replace( ) 函数对原字符串中的字符进行替换。replace( ) 函数可把字符串中的 old（旧字符串）替换成 new（新字符串）。如果指定第三个参数 max，则替换不超过 max 次。该函数的语法格式如下：

str.replace(old, new[, max])

此函数中，各参数的具体含义如下：

old：将被替换的子字符串；

new：新字符串，用于替换 old 子字符串；

max：可选字符串，替换不超过 max 次。

以下实例展示了 replace( ) 函数的使用方法：

>>> str = "this is string example...wow!!!"

>>> str.replace("is", "was", 3)

thwas was string example...wow!!!

从以上代码中可以看到，str 中两处 is 都被替换成了 was。

5. 字符串的分割和合并

split( ) 函数可以实现将一个字符串按照指定的分隔符切分成多个子串，这些子串会被保存到列表中（不包含分隔符），作为函数的返回值反馈回来。该函数的基本语法格式如下：

str.split(sep,maxsplit)

此函数中各部分参数的含义分别是：

str：表示要进行分割的字符串；

sep：用于指定分隔符，可以包含多个字符。此参数默认为 None，表示所有空字符，包括空格、换行符 "\n"、制表符 "\t" 等。

maxsplit：可选参数，用于指定分割的次数，最后列表中子串的个数最多为
maxsplit+1。如果不指定或者指定为 –1，则表示分割次数没有限制。

在 split( ) 函数中，如果不指定 sep 参数，就不能指定 maxsplit 参数。

例如，定义一个保存百度网址的字符串，然后用 split( ) 函数根据不同的分隔符进
行分隔，代码如下：

```
>>> str = " 百度网址 >>> http://www.baidu.com"
>>> list1 = str.split( )          # 采用默认分隔符进行分割
>>> list1
[' 百度网址 ', '>>>', 'http://www.baidu.com']
>>> list2 = str.split('>>>')      # 采用多个字符进行分割
>>> list2
[' 百度网址 ', ' http://www.baidu.com']
>>> list3 = str.split('.')        # 采用 . 号进行分割
>>> list3
[' 百度网址 >>> http://www', 'baidu', 'com']
>>> list4 = str.split(' ',4)      # 采用空格进行分割，并规定最多只能分割成 4 个子串
>>> list4
[' 百度网址 ', '>>>', 'http://www.baidu.com']
>>> list5 = str.split('>')        # 采用 > 字符进行分割
>>> list5
[' 百度网址 ', '', '', ' http://www.baidu.com']
```

需要注意的是，在未指定 sep 参数时，split( ) 函数默认采用空字符进行分割，但当
字符串中有连续的空格或其他空字符时，都会被视为一个分隔符对字符串进行分割。

join( ) 也是非常重要的字符串函数，它是 split( ) 函数的逆方法，用来将列表（或元
组）中包含的多个字符串连接成一个字符串。

使用 join( ) 函数合并字符串时，它会将列表（或元组）中多个字符串采用固定
的分隔符连接在一起。例如，字符串"www.baidu.com"就可以看作通过分隔符".将
['www','baidu','com'] 列表合并为一个字符串的结果。

join( ) 函数的语法格式如下：

newstr = str.join(iterable)

此方法中各参数的含义如下：

newstr：表示合并后生成的新字符串；

str：用于指定合并时的分隔符；

iterable：做合并操作的原字符串数据，允许以列表、元组等形式提供。

将列表中的字符串合并成一个字符串，代码如下：

>>> list = ['www','baidu','com']

>>> '.'.join(list)

www.baidu.com

【典型应用 4——凯撒密码加密】

应用说明：在密码学中，凯撒密码（caesar cipher）是一种简单且广为人知的加密技术。它是一种替换加密的技术，明文中的所有字母都在字母表上向后（或向前）按照一个密钥进行偏移后被替换成密文。例如，当密钥为 3 时，所有的字母 A 都将被替换成 D，B 替换成 E，依次类推。本应用接收两行输入：第一行为待加密的明文，第二行为密钥 k；输出：加密后的密文。代码如下：

```python
s = input(" 请输入待加密的字符串：")
mod = int(input(" 请输入密钥："))
a = "abcdefghijklmnopqrstuvwxyz"
A = "ABCDEFGHIJKLMNOPQRSTUVWXYZ"
for i in s:
    if 'a' <= i <= 'z':
        c = a.find(i)
        print(a[(c+mod+26)%26],end = '')
    elif 'A' <= i <= 'Z':
        c = A.find(i)
        print(A[(c+mod+26)%26],end = '')
    else:
        print(i,end = "")
```

程序运行的效果，如图 4-8 所示。

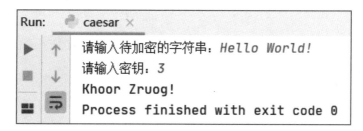

图 4-8　凯撒密码加密运行效果

【典型应用 5——字母大小写转换 】

应用说明：输入一段英文文本，要求将其中的小写字母全部转换成大写字母，大写字母都转换成小写字母，其他的字符不变。本应用接收一段英文字符串作为输入，最后以 "#" 结束；输出：字母大小写转换后的文本。代码如下：

```
s = input(" 请输入一段英文字符串： ")
s = s.replace("#","")
t = ""
for n in s:
    if(n.islower( )):
        t = t+n.upper( )
    elif(n.isupper( )):
        t = t+n.lower( )
    else:
        t = t+n
print(" 字母大小写转换后的英文字符串为： ",t)
```

程序运行的效果，如图 4-9 所示。

4.4.4
考考你

图 4-9　字母大小写转换运行效果

4.5 【案例】店铺商品销售量和销售额统计

我们学习了这部分知识后，就可以利用序列数据类型来解决一些实际问题了，比如统计店铺商品的每日销售量和销售额。

▶▶ 4.5.1　案例要求

【案例目标】 通过键盘输入每日所有用户的购物清单，综合所有用户的数据，统计各类商品每日的销售量和销售额。

4.5.1
案例视频

【相关解释】 店铺出售的商品如下：鸡蛋、牛奶、黄油、面包、橙汁、面条，各自的售价分别为：10，15，22，8，18，6。

【案例效果】 本案例程序运行的效果，如图 4-10 所示。

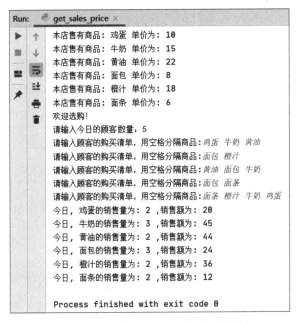

图 4-10　店铺商品销售量和销售额统计

【具体要求】 本案例的实现过程应满足以下要求。

1. 创建工程并配置环境

（1）限制 1. 工程名：Unit04_E01。

（2）限制 2. 源码文件：get_sales_price.py。

2. 输出店铺销售的商品和对应的价格，以供顾客选购

3. 获取今日顾客的数量

（1）要求输入数值，提示语句"请输入今日的顾客数量："。

（2）将获取的用户输入转换为整型数据。

4. 获取每位顾客的购买清单

（1）要求输入购买商品的名字，提示语句"请输入顾客的购买清单，用空格分隔商品："。

（2）将每位顾客的购买清单依次添加至总购买清单中。

5. 计算各类商品的总销售量和总销售额

（1）在总购买清单中，分别计算每类商品名出现的次数，即该商品的总销售量。

（2）将每类商品的总销售量乘以销售单价，即该商品的总销售额。

▶▶ **4.5.2　实现思路与代码**

【实现思路】 本案例实现的参考思路如下。

1. 按实训要求创建工程并配置环境

2. 输出店铺销售的商品和对应的价格，以供顾客选购

通过 for 循环，遍历商品列表 goodsList 中的商品名和 priceList 中的单价，并进行对应的输出。

3. 获取今日顾客的数量

（1）使用 input( ) 函数获取用户输入的顾客数，放在变量 n 中，提示语句"请输入今日的顾客数量 :"。

（2）通过 int(变量) 将获取的用户输入转换为整型数据。

4. 获取每位顾客的购物清单，并将所有顾客的购物清单存放于一个大的列表中

（1）通过 for 循环来实现针对多位顾客的多次输入。

（2）对于每位顾客，输入的提示语句"请输入顾客的购买清单，用空格分隔商品 :"，要求用户输入该顾客所购买的所有商品。使用 input( ) 函数和 split( ) 函数获取输入的购物清单，存放在列表 shoppingList 中。

（3）将每位顾客的购买清单添加至总的购买清单 totalShoppingList 中。

5. 计算各类商品的总销售量和总销售额

（1）对于 goodsList 商品列表中的每种商品，通过 count( ) 函数计算它在总购买清单 totalShoppingList 中出现的次数，即该商品的总销售量。

（2）在 priceList 单价列表中获取每种商品对应的单价，乘以该商品的总销售数量，即该商品的总销售额。

【实现代码】 本案例实现的参考代码如下。

```
goodsList = [" 鸡蛋 "," 牛奶 "," 黄油 "," 面包 "," 橙汁 "," 面条 "]
priceList = [10,15,22,8,18,6]
for i in range(len(goodsList)):
    print(" 本店售有商品 :",goodsList[i]," 单价为 :",priceList[i])
print(" 欢迎选购! ")
n = int(input(" 请输入今日的顾客数量 : "))
totalShoppingList = [ ]
for i in range(n):
    shoppingList = input(" 请输入顾客的购买清单，用空格分隔商品 :").split( )
    totalShoppingList.extend(shoppingList)
```

```
for item in goodsList:
    itemCount = totalShoppingList.count(item)
    priceIndex = goodsList.index(item)
    itemPrice = itemCount*priceList[priceIndex]
    print(" 今日 ,",item," 的销售量为 :",itemCount,", 销售额为 :",itemPrice)
```

单元小结

在本单元中，我们学习了 Python 语言中序列的分类与通用操作，以及具有的序列类型，包括列表、元组和字符串的定义、访问和通用函数。主要的知识点如下：

1. 序列，指的是一块可存放多个值的连续内存空间，这些值按一定顺序排列，可通过每个值所在位置的编号（称为索引）访问它们。第一个索引是 0，第二个索引是 1，依次类推。

2. 常用的序列类型包括字符串、列表和元组。

3. 所有序列类型都支持以下几种通用操作：索引、切片、相加、相乘和其他序列相关的内置函数。

4. 列表是可以修改的数据序列。列表会将所有元素都放在一对中括号 "[ ]" 里，相邻元素之间用逗号分隔。

5. 列表可以存储整数、小数、字符串、列表、元组等任何类型的数据，并且同一个列表中元素的类型也可以不同。

6. 列表作为一种基本的序列类型，它支持索引、切片等序列的通用操作。同时，它还提供了很多函数用于对列表进行处理，比如：append( )、extend( )、insert( )、remove( )、pop( )、reverse( )、index( ) 等函数。

7. 元组是不可以修改的数据序列，即元组一旦被创建，它的元素就不可更改了，因此，元组是不可变序列。元组的所有元素都放在一对小括号 "( )" 中，相邻元素之间用逗号分隔。

8. 元组可以存储整数、实数、字符串、列表等任何类型的数据，并且在同一个元组中，元素的类型可以不同。

9. 元组作为一种基本的序列类型，它支持索引、切片等序列的通用操作。因为元组是不可变序列，所以列表中的那些修改函数，都不能用于元组。元组中的元素不能被修改，我们只能创建一个新的元组去替代旧的元组。

10. 字符串是一连串的字符序列，在 Python 语言中，用引号引起来的都是字符串。

11. 字符串作为一种序列，所有序列的通用操作，对字符串都是可行的。字符串是不可修改的数据，我们对字符串进行运算会产生新的字符串，而不会对已有的字符串产生改变。字符串提供了很多函数用于对字符进行处理，如 title( )、lower( )、upper( )、strip( )、find( )、replace( )、count( ) 等函数。

单元 4
测试题

单元 5 字典与集合

单元知识 ▶ 目标

1. 了解 Python 组合数据类型
2. 熟悉字典的定义及创建
3. 熟悉集合的定义及创建
4. 掌握字典的操作及内置方法
5. 掌握集合的操作及内置方法

单元技能 ▶ 目标

1. 能够创建并操作字典
2. 能够创建并操作集合
3. 能够使用字典的内置方法
4. 能够使用集合的内置方法

单元思政 ▶ 目标

1. 培养学生发现问题、分析问题、解决问题的能力
2. 培养学生钻研、创新、严谨的职业素养

单元 5 字典与集合

单元重点

Python 语言中除了基本数据类型外，还会经常用到的三种组合数据类型分别为序列类型、映射类型和集合类型。序列类型是一个元素向量，元素之间存在先后关系，通过数字序号访问，元组和列表是 Python 语言中典型的序列类型。映射类型是"键－值"数据项的组合，每个元素是一个键值对，字典是 Python 语言中唯一的映射类型。集合类型是一个无序的不重复元素序列。集合内元素是唯一且无序的。

前面单元我们学习了序列数据类型，本单元将向大家介绍字典和集合的创建和使用。学习者应该重点掌握 Python 语言字典的创建、操作和常见的字典方法，集合的创建、操作和常见的集合方法。相信大家学习了本单元知识后，能够通过字典和集合去处理复杂的数据关系和信息统计，实现程序处理数据简洁高效的功能。本单元技能图谱，如图 5-1 所示。

图 5-1 本单元技能图谱

案例资源

	综 合 案 例
■ 单词词频统计 ■ 选课统计 □ 单词去重统计 ■ 语种统计 ■ 必修课统计	案例 1　商品品类销售额统计 案例 2　店铺低销量商品统计

小明的店铺在运营一段时间后，他想统计一下店铺的销售情况，便于为后续的业务调整及拓展提供数据支撑。目前，订单系统里已有相关的销售数据，小明想找出店铺里的明星品类，在后续的促销活动中重点推出明星品类商品。同时，他也想找出店铺的低销量商品，做下架处理，为店铺更好地运营做调整。

小明去订单系统提取了最近的销售数据，他发现数据结构比较复杂，之前学过的知识已经无法处理如此复杂的数据关系了。于是，他找林老师咨询如何才能更高效地处理销售数据，找出自己所需要的数据，如图 5-2 所示。

（a）小明来电　　　　　　　　　（b）解决思路

图 5-2　处理复杂数据

为了帮助小明解决眼前的困难，林老师对数据的结构化处理提出了一些建议，具体包括以下四个步骤：

第一步，利用字典可以解决商品和销售数据的映射关系；

第二步，根据字典操作和字典方法，可以快速找出店铺里的明星品类；

第三步，利用逻辑计算找出月度低销量商品集合；

第四步，利用集合操作符快速找出季度低销量商品。

那么，小明要完成上面林老师交给的任务，需要掌握哪些知识呢？主要离不开 Python 语言的字典和集合的使用。对于复杂数据地处理，基本的数据类型不一定能解决问题。Python 语言提供的字典和集合两种组合数据类型，是解决复杂数据关系的利器。Python 语言中的字典数据类型能够将有映射关系的数据进行结构化处理，再利用字典的操作和内置方法，例如对字典元素进行增加、删除、修改、查找等操作，能够快速地进行数据处理，得出处理结果。Python 语言中的集合数据类型能够将有相同特点的一系列数据组成集合数据，再利用集合的操作和内置方法，例如对多个集合进行求交集、并集、差集、对称差集等，可以快速找到不同集合之间数据的差异和共性。

5.1 字 典

提起字典，我们都会想到人生中的第一本字典——《新华字典》，这一本小小的字典里蕴含了大大的中国文化。字典带我们认识汉字，走入浩瀚如烟的中国文化。我们也在用汉字传播着中华文明。

而在 Python 中，字典是唯一的映射类型的数据结构。它把"键"（key）映射到"值"（value）形成映射关系，通过 key 可以快速找到 value，它是一种"键值对"（key-value）数据结构。

▶▶ 5.1.1 字典的定义

5.1.1
预习视频

字典是一种映射关系的集合，这种映射关系是由"键值对"构成。映射关系中的第一个元素是"键"，第二个元素是"值"，一个键必须对应一个值，不允许一个键对应多个值。在搜索字典时，首先查找键，然后才能通过键找到关联的值，即键映射到值。

字典的创建有两种方式：一种方式是使用"{ }"直接创建；另外一种方式是调用 Python 语言的内置函数 dict( ) 创建。第一种是字典创建常用的方式，下面介绍第一种创建字典的方式。

字典的定义格式如下：

dict1 = {key1: value1, key2: value2, …}

其中，dict1 是字典名，key1 和 value1 是一个键值对，也被称为字典元素。key1 是键，value1 是值，字典的每个键和值之间用冒号分隔。每个键值对即字典元素之间用逗号分隔，所有字典元素包含在花括号中。

例如，下面的语句定义了一个空字典：

empty_dict = { }

例如，下面的语句定义了学生分数字典：

score = {'Math': 80, 'English': 98, 'Science': 66}

例如，下面的语句定义了学生信息字典：

student_info_dict = {'name': 'Ellen', 'age': 20, 'tel': '18012345678', 'hobby': ['sing', 'dance', 'swim'], 'score': {'Math': 80, 'English': 98, 'Science': 66}}

在字典中，"键"必须是不可变的数据类型，通常是字符串、数字或元组类型，不能是列表、字典或集合等可变数据结构。并且，键在同一字典中必须是唯一的。在字典中，"值"可以是任何类型的数据。比如，学生信息字典中键

"hobby" 对应的值可以是列表，键 "score" 对应的值可以是字典。

在字典中，每个字典元素中键的数据类型和值的数据类型可以不一致，并且键值对的顺序也不影响字典搜索的效率。

例如，可以创建下面这个键值不同数据类型的字典：

diff_types = {1:['a','b'],'x':{'apple':5,8:6.6},(5,6):78}

5.1.1
考考你

 学一学

Python 字典除了使用 "{ }" 直接创建外，还能调用 dict( ) 内置函数创建，那么调用 dict( ) 函数该如何创建上面例子中的字典呢? 大家通过课外学习，会发现使用 dict( ) 函数创建字典的语法比较复杂，难以记忆。因此，调用 dict( ) 函数创建字典的方式建议大家了解，使用 "{ }" 直接创建字典的方式建议大家掌握。

▶▶ 5.1.2　通过键访问字典

在列表中，是使用数字作为索引访问列表中的元素；而在字典中，则是通过键作为索引访问字典中的元素。字典元素的访问格式为：

字典名 [键]

键在字典中必须存在且是唯一的。如果键存在，则可以通过键访问字典元素的值；如果键不存在，那么访问字典会出现 KeyError 的异常。

5.1.2
预习视频

例如，想获取学生信息字典的电话号码：

```
>>> student_info_dict
{'name': 'Ellen', 'age': 20, 'tel': '18012345678', 'hobby': ['sing', 'dance', 'swim'],
'score': {'Math': 80, 'English': 98, 'Science': 66}}
>>> student_info_dict['tel']
'18012345678'
```

在字典中，通过键访问值，如果值是列表、字典等数据类型，则可以通过索引继续访问。

例如，想获取学生信息字典的第一个兴趣爱好：

```
>>> student_info_dict['hobby'][0]
'sing'
```

例如，想获取学生信息字典的英语分数：

```
>>> student_info_dict['score']['English']
```

5.1.2
考考你

5.1.3 字典元素的添加

字典是可变对象，也就是说字典在定义后，字典元素是可以动态变化的。在实际程序中，字典会根据业务需求动态地增加、删除、修改字典元素。

字典元素的添加，是在已经定义的字典中继续添加字典元素。所添加的字典元素必然是键值对，字典元素添加的格式为：

字典名 [键] = 值

其中，键就必须是不可变的数据类型，并且和字典中的键没有重复，值可以是任何类型的数据。

例如，在学生信息字典中添加住址：

```
>>> student_info_dict['address'] = 'Hangzhou'
>>> student_info_dict
{'name': 'Ellen', 'age': 20, 'tel': '18012345678', 'hobby': ['sing', 'dance', 'swim'],
'score': {'Math': 80, 'English': 98, 'Science': 66}, 'address': 'Hangzhou'}
>>> print(" 添加地址为： ", student_info_dict['address'])
添加地址为：Hangzhou
```

例如，在学生信息字典中添加历史分数：

```
>>> student_info_dict['score']['History'] = 88
>>> student_info_dict
{'name': 'Ellen', 'age': 20, 'tel': '18012345678', 'hobby': ['sing', 'dance', 'swim'],
'score': {'Math': 80, 'English': 98, 'Science': 66, 'History': 88}, 'address': 'Hangzhou'}
>>> print(" 添加历史分数为： ", student_info_dict['score']['History'])
添加历史分数为：88
```

5.1.4 字典元素的修改

字典元素的修改，必须是修改已定义字典中的字典元素。因为字典元素中的键是不可变对象，所以键不能修改，但其关联的字典元素的值是可以改变的。字典元素修改的格式为：

字典名 [键] = 值

其中，键必须是字典中已存在的，值可以修改为任何类型的数据。

例如，在学生信息字典中修改电话号码：

```
>>> print(" 电话修改前为： ",student_info_dict['tel'])
电话修改前为：18012345678
>>> student_info_dict['tel'] = '19933333333'
```

>>> print(" 电话修改后为：",student_info_dict['tel'])

电话修改后为：19933333333

例如，在学生信息字典中修改数学分数：

>>> print(" 数学分数修改前为：", student_info_dict['score']['Math'])

数学分数修改前为：80

>>> student_info_dict['score']['Math'] = 99.5

>>> print(" 数学分数修改后为：", student_info_dict['score']['Math'])

数学分数修改后为：99.5

字典元素添加和修改操作的一个典型应用如下。

【典型应用 1——单词词频统计】

应用说明：给出一段英文，统计其中英文单词的个数。代码如下：

```
speech = "to be or not to be"
speech_list = speech.split( )
word_count_dict = { }
for word in speech_list:
    if word in word_count_dict:
        word_count_dict[word] += 1
    else:
        word_count_dict[word] = 1
print(" 单词词频统计数据为：", word_count_dict)
```

程序运行的效果，如图 5-3 所示。

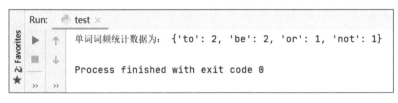

5.1.4
考考你

图 5-3　单词词频统计运行效果

▶▶ 5.1.5　字典元素的删除

字典元素的删除，必须是从已定义字典中删除字典元素，或者清空字典。字典元素的删除有下面几种方式。

1. 删除字典元素

第一种方式是删除字典中的指定元素。语法格式为：

5.1.5
预习视频

del 字典名 [键]

其中，键必须是字典中已存在的，否则会出现 KeyError 的异常。

例如，删除学生信息字典中的年龄：

>>> print(" 年龄删除前为：", student_info_dict['age'])

年龄删除前为：20

>>> del student_info_dict['age']

>>> student_info_dict

{'name': 'Ellen', 'tel': '19933333333', 'hobby': ['sing', 'dance', 'swim'],

'score': {'Math': 99.5, 'English': 98, 'Science': 66, 'History': 88}, 'address': 'Hangzhou'}

例如，删除学生信息字典中的科学分数：

>>> print(" 科学分数删除前为：", student_info_dict['score']['Science'])

科学分数删除前为：66

>>> del student_info_dict['score']['Science']

>>> student_info_dict

{'name': 'Ellen', 'tel': '19933333333', 'hobby': ['sing', 'dance', 'swim'],

'score': {'Math': 99.5, 'English': 98, 'History': 88}, 'address': 'Hangzhou'}

>>> student_info_dict['score']

{'Math': 99.5, 'English': 98, 'History': 88}

2. 清空字典

第二种方式是清空字典，即删除字典中的全部元素。语法格式为：

字典名 .clear( )

例如，清空学生信息字典中的分数字典：

>>> student_info_dict['score']

{'Math': 99.5, 'English': 98, 'History': 88}

>>> student_info_dict['score'].clear( )

>>> student_info_dict

{'name': 'Ellen', 'tel': '19933333333', 'hobby': ['sing', 'dance', 'swim'],

'score': { }, 'address': 'Hangzhou'}

例如，清空学生信息字典：

>>> student_info_dict.clear( )

>>> student_info_dict

{ }

5.1.5
考考你

5.1.6 字典元素的查询

5.1.6
预习视频

字典可以直接通过键访问获取关联的值。但是，如果不知道字典有哪些元素，那么需要如何获取字典元素的键和值呢？我们可以通过遍历方法获取字典的键和值。

例如，我们想获取学生分数字典中的全部元素，代码如下：

```
>>> score = {'Math':80,'English':98,'Science':66}
>>> for k in score:
        print(k,score[k])
Math 80
English 98
Science 66
```

如果想要获取字典所有键的列表，最简单的方法就是使用 for 循环遍历字典，取出字典所有的键，同时也可以根据键的个数计算字典长度。同理，想要获取字典中所有值的列表，以及字典中所有键值对的列表，都可以通过 for 循环遍历字典。代码如下：

```
student = {'name':'Ellen','age':20,'address':'Beijing'}
length = 0
keys_list = [ ]
values_list = [ ]
items_list = [ ]
for key in student:
    length += 1
    keys_list.append(key)
    values_list.append(student[key])
    mytuple = (key, student[key])
    items_list.append(mytuple)
print(" 字典的长度为：",length)
print(" 字典中所有键的列表为：",keys_list)
print(" 字典中所有值的列表为：",values_list)
print(" 字典中所有值的键值对为：",items_list)
```

其实，字典有很多内置的字典方法，可以帮助我们简洁高效的获取字典中的元素。以下这 4 种字典方法会经常用到：

len( )：返回字典长度，即字典中键值对的个数。

items( )：返回字典中键值对元组的列表。

keys( )：返回字典中所有键的列表。

values( )：返回字典中所有值的列表。

student = {'name':'Ellen','age':20,'address':'Beijing'}

print(" 字典的长度为：",len(student))

print(" 字典中所有键的列表为：",list(student.keys( )))

print(" 字典中所有值的列表为：",list(student.values( )))

print(" 字典中所有值的键值对为：",list(student.items( )))

字典内置方法的一个典型应用如下。

【典型应用 2——选课统计】

应用说明：根据学生选课的数据，统计出选中文课的学生。代码如下：

```python
course_dict = {'Alice': ['Math', 'Chinese', 'Logic'],
               'Bill': ['Science', 'History', 'Chinese', 'Finance'],
               'David': ['Statistic', 'English', 'Law']}
ch_list = [ ]
for k,v in course_dict.items( ):
    if 'Chinese' in v:
        ch_list.append(k)
print(" 选上中文课的学生有：",ch_list)
```

程序运行的效果，如图 5-4 所示。

5.1.6
考考你

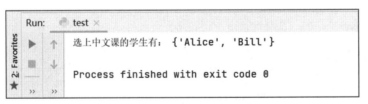

图 5-4　选课统计运行效果

5.2 【案例】商品品类销售额统计

学习了这部分知识后，我们就可以利用字典对复杂的数据进行处理了，比如统计商品品类的销售额，并找出明星品类。

5.2.1　案例要求

【案例目标】 店铺正在运营三个商品品类，分别是"女装""男装"和"鞋子"，这三个品类下有不同的单品。老板希望能找到销售额最高的明星品类，方便店铺后续的推广。但目前只能看到单品的销售数量和销售额，需要利用字典和循环结构计算出这些品类的总销售额，并找出总销售额最高的明星品类。

【案例数据】 表 5-1 是店铺在本月各个单品的销售数量和单品价格的数据。例如：女装品类下的单品连衣裙本月的销售数量是 313 件，单件连衣裙的价格是 180 元。根据这些数据，我们需要用程序计算出各品类在本月的总销售额，并找出明星品类。

表 5-1　本月销售数据

品类	单品	销售数量 / 件	单品价格 / 元
女装	连衣裙	313	180
	风衣	245	320
男装	西装	220	388
	男裤	144	165
鞋子	皮鞋	182	225
	运动鞋	150	120

【案例效果】 本案例程序运行的效果，如图 5-5 所示。

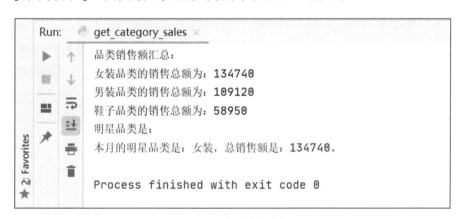

图 5-5　销量数据分组

【具体要求】 本案例的实现过程应满足以下要求。

1. 创建工程并配置环境

（1）限制 1. 工程名：Unit05_E01。

（2）限制 2. 源码文件：get_category_sales.py。

2. 将表格中的数据作为程序输入数据

（1）表格中的品类及其单品数据为初始化数据。

（2）基于这些数据计算出各品类的销售额并找出明星品类。

3. 计算出商品各品类的销售额

（1）单品总销售额 = 销售数量 × 单品价格。

（2）品类销售额 = ∑单品销售额。

4. 找出销售额最大的明星商品品类

（1）比较这三个品类的销售额，将销售额最大的定义为明星品类。

（2）输出明星品类及其对应的销售额。

▶▶ 5.2.2　实现思路与代码

【实现思路】　本案例实现的参考思路如下。

1. 按实训要求创建工程并配置环境

2. 将表格中的数据初始化为字典数据结构

（1）将单品的数量和单价使用字典数据结构表示，形成单品信息字典。

（2）将单品名称作为键，单品信息字典作为值，形成单品字典。

（3）将品类名称作为键，单品字典作为值，构成品类字典，品类字典作为初始数据。

3. 多重遍历嵌套字典，计算品类销售额

（1）初始化品类销售额字典为空。

（2）第一层使用 for 循环遍历品类字典，初始化品类销售额变量为 0。

（3）第二层使用嵌套 for 循环遍历单品字典，取出该单品的数量和单价，计算单品销售额。

（4）跳到第一层循环，将品类下的各单品销售额汇总作为品类销售总额。

（5）将品类作为键，品类销售额作为值添加到品类销售额字典中。

（6）循环结束，品类销售额字典赋值完毕。

4. 从品类销售额字典中找出销售额最大的明星品类

（1）初始化最大销售额变量为 0，初始化明星品类变量为空。

（2）遍历品类销售额字典，使用比较法获取最大销售额及明星品类。

（3）输出明星品类及最大销售额。

【实现代码】　本案例实现的参考代码如下。

```
data = {
    ' 女装 ':{
        ' 连衣裙 ':{' 数量 ':313,' 单价 ':180},
```

```
        ' 风衣 ':{' 数量 ':245,' 单价 ':320}
    },
    ' 男装 ': {
        ' 西装 ': {' 数量 ': 220, ' 单价 ': 388},
        ' 男裤 ': {' 数量 ': 144, ' 单价 ': 165}
    },
    ' 鞋子 ': {
        ' 皮鞋 ': {' 数量 ': 182, ' 单价 ': 225},
        ' 运动鞋 ': {' 数量 ': 150, ' 单价 ': 120}
    }
}
category_result = { }
max_sales = 0
max_sales_key = ""
for key1 in data:
    sum = 0
    for key2 in data[key1]:
        quantity = data[key1][key2][' 数量 ']
        price = data[key1][key2][' 单价 ']
        total = quantity*price
        sum += total
    category_result[key1] = sum
print(" 品类销售额汇总：")
for key in category_result:
    print("%s 品类的销售总额为：%d"%(key,category_result[key]))
print(" 明星品类是：")
for k,v in category_result.items( ):
    if(v>max_sales):
        max_sales = v
        max_sales_key = k
print(" 本月的明星品类是：%s， 总销售额是：%d。"%(max_sales_key,max_sales))
```

5.3 集 合

生活中，我们把具有相同属性的对象的全体称为集合。例如，"中国共产党"是一个集合，由千万个共产党员构成，具有深厚的群众性、先进的思想性和广泛的团结性等属性，正是这些属性使得中国共产党有能力带领中国人民实现民族的伟大复兴。

在 Python 语言中，集合（set）是一种集合类型的数据结构，是一个无序的不重复元素序列。

▶▶ 5.3.1　集合的定义

5.3.1
预习视频

集合是由一组对象组成，对象可以是任何类型，我们也称对象为集合元素。在集合中，元素之间不能重复。集合中的元素没有顺序，因此，集合和字典一样，都是无序的。没有元素的集合是"空集"。集合有两种创建方式。

一种方式是使用"{ }"直接创建，参数类型可以不相同，但参数必须是不可变对象。集合定义如下：

new_set = {value1, value2, value3, …}

需要注意的是，不能通过"{ }"创建一个空集，因为"{ }"是用来创建一个空字典的。

另外一种方式是通过调用 set( ) 构造函数来创建集合。set( ) 构造函数至多只有 1 个参数。如果 set 构造函数没有参数，则会创建一个空集。集合定义如下：

empty_set = set( )

如果 set 构造函数有 1 个参数，那么这个参数必须是可迭代的，如字符串或列表。可迭代对象的元素将生成集合的成员。集合定义如下：

new_set = set(value)

下面是创建集合的几个例子：

```
>>> empty_set = set( )
>>> empty_set
set( )
>>> a_set = {1,'a',2.35,'hello',(5,6)}
>>> a_set
{1, 2.35, (5, 6), 'a', 'hello'}
>>> b_set = set('abcd')
```

```
>>> b_set
{'c', 'd', 'a', 'b'}
>>> c_set = set([1,'a',2.35,'hello',(5,6)])
>>> c_set
{1, 2.35, (5, 6), 'a', 'hello'}
>>> d_set = set([1,1,2,2,2])
>>> d_set
{1, 2}
```

如果定义集合时有重复元素，则集合会自动去重，返回一个无序的不重复元素的集合。

集合创建的一个典型应用如下。

【典型应用 3——单词去重统计】

应用说明：给出一段英文，单词去重后，统计出要学的单词有多少。代码如下：

5.3.1
考考你

```
speech = "to be or not to be"
speech_list = speech.split( )
word_set = set(speech_list)
print(" 单词去重后，要学习的单词有 : ",word_set)
```

程序运行的效果，如图 5-6 所示。

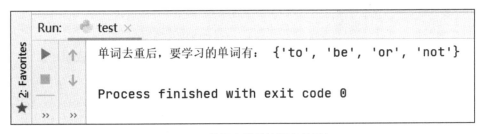

图 5-6　单词去重统计运行效果

5.3.2　集合元素的添加

元素添加到集合有两种方式。

一种是调用集合内置函数 add( ) 添加。add( ) 参数只有一个，并且必须是不可变对象，如数字、字符串和元组。如果以参数为列表、字典、集合等可变对象，则 Python 会出现 TypeError 异常。语法格式如下：

5.3.2
预习视频

```
s.add(x)
```

如果将元素 x 添加到集合 s 中，则元素 x 为不可变对象。如果元素已经在集合中存在，则不进行任何操作。例如：

```
>>> a_set = set(['a','b','c'])
>>> a_set.add('d')
>>> print(a_set)
{'c', 'd', 'a', 'b'}
```

另外一种方式是调用集合内置函数 update( ) 添加。update( ) 参数可以有 0 个、1 个或多个。如果参数有多个，则需要用逗号分隔。参数必须是可迭代的，如列表、元组、字典、集合等。可迭代对象的元素将生成集合的成员。如果参数为不可迭代对象，则 Python 会出现 TypeError 异常。语法格式如下：

s.update(x1, x2, ⋯)

如果将可迭代对象 x1，x2 的元素添加到集合 s 中，则 x1，x2 为字符串、列表等可迭代对象。如果元素已经在集合中存在，则不进行任何操作。例如：

```
>>> b_set = set('AB')
>>> b_set.update('CD')
>>> b_set
{'B', 'A', 'C', 'D'}
>>> b_set.update({1,2})
>>> b_set
{'B', 1, 2, 'D', 'A', 'C'}
>>> b_set.update(['a','b'],[3,4])
>>> b_set
{1, 2, 3, 4, 'C', 'a', 'B', 'D', 'b', 'A'}
>>> b_set.update([1,2,3,4,5])
>>> b_set
{1, 2, 3, 4, 5, 'C', 'a', 'B', 'D', 'b', 'A'}
```

集合元素添加的一个典型应用如下。

【典型应用 4——语种统计】

应用说明：某公司经营国际贸易业务，经常有国外客户到公司洽谈业务，所以公司成立了接待部。接待部总共有 3 人，每人会 3 种外语，统计出该公司可以接待哪些外国友人，而无须外聘人员。代码如下：

```
language_dict = {'Alice': ['English', 'French', 'Spanish'],
                 'Bill': ['Japanese', 'Korean', 'English'],
```

'Claire': ['French', 'Japanese', 'English']}

language_set = set( )

for v in language_dict.values( ):

language_set.update(v)

print(" 该公司能接待外宾的语种有：",language_set)

程序运行的效果，如图 5-7 所示。

5.3.2
考考你

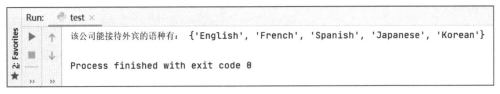

图 5-7　外语统计运行效果

5.3.3　集合元素的删除

5.3.3
预习视频

指定元素从集合中删除有两种方式。

一种是调用集合内置函数 remove( ) 删除。remove( ) 参数只有一个，并且参数是集合中存在的元素。语法格式如下：

s.remove(x)

如果将元素 x 从集合 s 中删除，则元素 x 必须在集合中存在，否则会出现 KeyError 异常。例如：

```
>>> a_set = set(['a','b','c'])
>>> a_set.remove('a')
>>> a_set
{'c', 'b'}
>>> a_set.remove('d')
Traceback (most recent call last):
    File "<stdin>", line 1, in <module>
KeyError: 'd'
```

另外一种方式是调用集合内置函数 discard( ) 删除。discard( ) 参数只有一个，即使参数不在集合中，也不会发生异常。语法格式如下：

s.discard(x)

将元素 x 从集合 s 中删除，代码如下：

```
>>> b_set = set([1,'a',2.34,'hello',(5,6)])
>>> b_set.discard(1)
```

```
>>> b_set
{2.34, (5, 6), 'a', 'hello'}
>>> b_set.discard('b')
>>> b_set
{2.34, (5, 6), 'a', 'hello'}
```

此外，集合还有一个内置函数 pop( )，可随机删除集合中的一个元素。语法格式如下：

s.pop( )

随机删除集合 s 中的一个元素，集合 s 不能为空集，否则会发生 KeyError 异常。例如：

5.3.3
考考你

```
>>> c_set = set('a')
>>> c_set.pop( )
'a'
>>> c_set
set( )
>>> c_set.pop( )
Traceback (most recent call last):
    File "<stdin>", line 1, in <module>
KeyError: 'pop from an empty set'
```

> **💡 学一学**
>
> Python 删除集合元素有多种方式，请回顾 s.remove(x)，s.discard(x)，s.pop( ) 这三种删除集合元素方式的特点。在实际程序运行中，最常用的是 s.remove(x) 函数删除集合元素，这是因为程序需要根据业务做高效且目的明确的事。s.discard(x) 删除不存在的元素是做无用功，影响程序执行效率，s.pop( ) 删除随机元素导致集合不明确。因此，使用 s.remove(x) 删除方式最符合实际需要的。

▶▶ 5.3.4　集合元素的清空

5.3.4
预习视频

集合元素的清空有两种方式。

一种是调用 pop( ) 函数逐个删除元素，我们可以使用 for 循环遍历集合，逐个删除集合中的元素。代码如下：

```
>>> a_set = set('abcd')
>>> for i in range(len(a_set)):
```

```
        a_set.pop( )
>>> a_set
set( )
```

需要特别注意的是，逐个删除元素只能使用 pop( ) 函数，不能使用 remove( ) 函数和 discard( ) 函数，因为后两种方法在 for 循环中删除会出现运行时错误。

另一种是调用 clear( ) 内置函数，删除集合中的所有元素。语法格式如下：

```
s.clear( )
```

清空集合 s，例如：

```
>>> b_set = set('abcd')
>>> b_set
{'c', 'd', 'a', 'b'}
>>> b_set.clear( )
>>> b_set
set( )
```

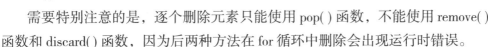

5.3.4
考考你

▶▶ 5.3.5 集合类型的操作符

在数学领域，常见的集合运算包括交集、并集、差集、对称差分等。Python 语言中的集合也符合数学领域的集合运算特性，且每种集合运算都可以通过调用集合运算方法实现。只有两个集合之间才能做集合运算。

5.3.5
预习视频

1. 交集

两个集合的交集是一个新集合，该集合中的每个元素同时是两个集合中的成员，即属于两个集合的成员。Python 语言中求两个集合交集的方法是 intersection( )，其语法格式如下：

a_set.intersection(b_set)

返回集合 a_set 和集合 b_set 的交集。进行交集运算时集合的顺序并不重要。例如：

```
>>> a_set
{'c', 'd', 'a', 'b'}
>>> b_set
{'c', 'e', 'd', 'f'}
>>> a_set.intersection(b_set)
{'c', 'd'}
>>> b_set.intersection(a_set)
{'c', 'd'}
```

2. 并集

两个集合的并集是一个新集合，该集合中的每个元素都至少是其中一个集合的成员，即属于两个集合其中之一的成员。Python 语言中求两个集合并集的方法是 union( )，其语法格式如下：

a_set.union(b_set)

返回集合 a_set 和集合 b_set 的并集，进行并集运算时集合的顺序并不重要。例如：

```
>>> a_set
{'c', 'd', 'a', 'b'}
>>> b_set
{'c', 'e', 'd', 'f'}
>>> a_set.union(b_set)
{'d', 'c', 'f', 'b', 'e', 'a'}
>>> b_set.union(a_set)
{'d', 'c', 'f', 'b', 'e', 'a'}
```

3. 差集

两个集合的差集是一个新集合，该集合中的每个元素只属于其中一个集合，而不属于另外一个集合。Python 语言中求两个集合差集的方法是 difference( )，其语法格式如下：

a_set.difference(b_set)

返回的新集合中的元素，只是 a_set 集合的成员，而不是 b_set 集合的成员。值得注意的是，差集运算的集合顺序是不可交换的。也就是说，a_set.difference(b_set) 与 b_set.difference(a_set) 返回的集合是不同的。例如：

```
>>> a_set
{'c', 'd', 'a', 'b'}
>>> b_set
{'c', 'e', 'd', 'f'}
>>> a_set.difference(b_set)
{'a', 'b'}
>>> b_set.difference(a_set)
{'e', 'f'}
```

4. 对称差集

对称差集返回的是一个新集合，该集合中的每个元素只属于其中任意一个集合，而不能同时属于两个集合。Python 语言中求两个集合求对称差分集合的方法是 symmetric_difference( )，其语法格式如下：

　　a_set.symmetric_difference(b_set)

返回的新集合中的元素，只能属于集合 a_set 或集合 b_set，而不能同时属于 a_set 和 b_set。对称差分中集合的顺序不重要。例如：

```
>>> a_set
{'c', 'd', 'a', 'b'}
>>> b_set
{'c', 'e', 'd', 'f'}
>>> b_set.symmetric_difference(a_set)
{'f', 'b', 'e', 'a'}
>>> a_set.symmetric_difference(b_set)
{'f', 'b', 'e', 'a'}
```

集合操作的一个典型应用如下。

【典型应用 5——必修课统计】

应用说明：根据法律专业 3 个班级学生的选课数据，统计出本专业必修课程的选课情况。其中 3 个班级学生都选的课程为必修课。代码如下：

```
major_course_dict = {'class1': ['Math', 'English', 'Law', 'History'],
                     'class2': ['Science', 'Economics', 'Law', 'English'],
                     'class3': ['Finance', 'Science', 'Law', 'English']}
bixiu_course_set = set(major_course_dict['class1'])
for v in major_course_dict.values( ):
    course_set = set(v)
    bixiu_course_set = bixiu_course_set.intersection(course_set)
print("3 个班级都要上的必修课是：",bixiu_course_set)
```

程序运行的效果，如图 5-8 所示。

5.3.5
考考你

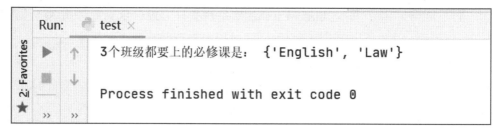

图 5-8　必修课统计运行效果

5.4 【案例】店铺低销量商品统计

5.4.1
案例视频

▶▶ 5.4.1　案例要求

【案例目标】　根据表 5-2 第二季度的销售数据，找出月销量低的商品，将月销量低于 100 件定义为低销量商品，并找出季度低销量商品，其中连续三个月为低销量的商品为季度低销量商品。

表 5-2　第二季度销售数据

月份	商品	月销量 / 件
4 月	连衣裙	95
	衬衫	134
	短裤	14
	T 恤	97
5 月	连衣裙	145
	衬衫	66
	短裤	56
	T 恤	234
6 月	连衣裙	212
	衬衫	109
	短裤	89
	T 恤	96

【案例效果】　本案例程序运行的效果，如图 5-9 所示。

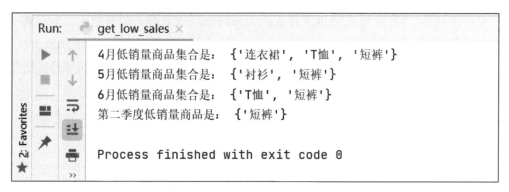

图 5-9   低销量商品统计运行效果

【具体要求】   本案例的实现过程应满足以下要求。

1. 创建工程并配置环境

（1）限制 1. 工程名：Unit05_E02。

（2）限制 2. 源码文件：get_low_sales.py。

2. 将表格中的数据输入程序

（1）表格中显示的是店铺第二季度的销售数据。

（2）基于这些数据找出每月的低销量商品，以及第二季度的低销量商品。

3. 找出月低销量商品的集合

（1）将每月商品销售数量低于 100 件的，定义为月低销量商品。

（2）打印出 4 月、5 月、6 月的低销量商品集合。

4. 找出第二季度低销量商品的集合

（1）将连续三个月为低销量的商品，定义为季度低销量商品。

（2）打印出第二季度低销量商品的集合。

（3）用变量分别引用商品类别编号和商品销量。

5.4.2   实现思路与代码

【实现思路】   本案例实现的参考思路如下。

1. 按实验要求创建工程并配置环境

2. 将表格中的数据输入程序

（1）将表格中每月的销售数据初始化成月销售字典数据。

（2）月销售字典是将商品名作为键，月销售量作为值。

3. 找出月低销量商品的集合

（1）定义一个 get_low_sales_set( ) 函数，入参为月销售字典数据，函数返回为月低销量商品集合。

（2）通过 for 循环遍历月销售字典数据，每轮循环取出商品销售数量。如果商品销售数量小于 100，则将该商品放入本月低销量商品集合。

（3）调用 get_low_sales_set( ) 函数，传入 4 月的商品销售数据，得到 4 月的低销量商品集合并打印。

（4）同（3），获取 5 月及 6 月的低销量商品集合并打印。

4. 找出第二季度低销量商品的集合

（1）4 月、5 月、6 月三个月低销量商品的交集为第二季度的低销量商品。

（2）打印第二季度的低销量商品集合。

【实现代码】 本案例实现的参考代码如下。

```
# 定义获取月低销量商品的函数，入参为月销售数据字典，返回为月低销售数据集合
def get_low_sales_set(sales_data):
    low_sales_set = set( )
    for k in sales_data:
        if sales_data[k] < 100:
            low_sales_set.add(k)
    return low_sales_set
sales_data4 = {' 连衣裙 ': 95, ' 衬衫 ': 134, ' 短裤 ': 14, 'T 恤 ': 97}
sales_data5 = {' 连衣裙 ': 145, ' 衬衫 ': 66, ' 短裤 ': 56, 'T 恤 ': 234}
sales_data6 = {' 连衣裙 ': 212, ' 衬衫 ': 109, ' 短裤 ': 89, 'T 恤 ': 96}
# 获取 4 月的低销量商品集合
set4 = get_low_sales_set(sales_data4)
print("4 月低销量商品集合是：", set4)
# 获取 5 月的低销量商品集合
set5 = get_low_sales_set(sales_data5)
print("5 月低销量商品集合是：", set5)
# 获取 6 月的低销量商品集合
set6 = get_low_sales_set(sales_data6)
print("6 月低销量商品集合是：", set6)
# 获取第二季度的低销量商品集合
set_quarter = set4.intersection(set5).intersection(set6)
print(" 第二季度低销量商品是：", set_quarter)
```

单元小结

在本单元中，我们学习了 Python 语言中的两种数据结构：字典和集合。主要的知识点如下：

1. Python 语言中的字典和集合主要用于处理复杂的数据关系。

2. Python 语言中的字典是映射关系的集合，由键值对组成。

3. 在字典中，可以通过键访问字典元素，键是不可变对象并且是唯一的。

4. 字典的创建有使用花括号直接创建和调用内置函数 dict( ) 创建两种方式。

5. 字典中的元素有查询、添加、修改、删除和清空等操作。

6. 字典有 len( )、items( )、keys( )、values( ) 等内置函数。

7. Python 语言中的集合是一个无序的不重复元素序列，通常将一组有共同特性的数据组成集合。

8. 集合创建有使用花括号直接创建和调用内置函数 set( ) 创建两种方式。

9. 集合元素可以有添加、删除和清空等操作。

10. 集合之间有交集、并集、差集和对称差分等操作。

单元 5
测试题

单元 **6** 函 数

单元知识 ▶ 目标

1. 了解函数的定义和调用
2. 理解实际参数和形式参数的区别
3. 掌握函数参数的传递方法
4. 掌握变量的作用域
5. 掌握匿名函数的使用
6. 掌握内置函数的使用

单元技能 ▶ 目标

1. 能够使用 def+return 定义函数
2. 能够调用函数，并进行参数传递
3. 能够使用 lambda 创建匿名函数
4. 能够使用 Python 内置函数

单元思政 ▶ 目标

1. 培养学生无私奉献、助人为乐的高尚情操
2. 培养学生使用系统论和方法论来统筹安排和
   处理事情的能力

单元 6 函 数

函数是组织好的，可重复使用的，用来实现单一，或相关联功能的代码段。函数能提高应用的模块性和代码的重复利用率。Python 包含很多的内置函数，如 input( ) 函数和 print( ) 函数等。此外，程序员也可以定义和使用自己的函数，就像使用内置函数一样，这将在代码编写的便捷性方面产生一个质的飞跃。

本单元将向大家介绍函数的定义与调用、函数的参数、变量的作用域、函数式编程。学习者应该重点掌握如何去定义和调用函数，以及调用函数的时候参数的几种传递方式。相信大家学习了本单元知识后，能够通过系统内置的函数和用户自己定义的函数，进行自由组合，实现丰富的程序功能。本单元技能图谱，如图 6-1 所示。

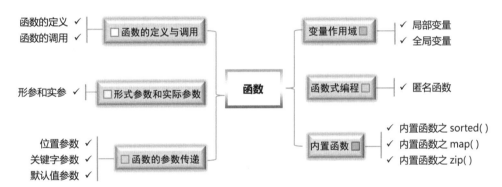

图 6-1 本单元技能图谱

案例资源

	综合案例
■ 斐波那契数列 ■ 素数判断 □ 三角形面积计算 □ 单词长度计算	案例 1 店铺商品销量数量统计 案例 2 店铺商品销量数据排序

小明经营网店已经有一段时间了，在他的努力下，网店的生意越来越好。于是，小明和好朋友想统计一下店铺里各类商品的总销量，并按照总销量对商品进行排序和筛选，从而可以调整后期的进货量和销售方案。由于商品的销售数据有点多，因此，他们找了林老师咨询如何高效地统计各类商品的总销量，如图 6-2 所示。

（a）请林老师帮助　　　（b）商品总销量统计思路

图 6-2　商品销售数量统计

为了帮助小明解决眼前的困难，林老师对商品销量的统计提出了一些建议，具体包括以下三个步骤：

第一步，利用循环和列表，快速、有效地存储当天所有顾客的购物清单；

第二步，定义函数，利用字典计算出当日各类商品的销量；

第三步，利用 Python 语言的内置函数，实现按照销量进行排序和筛选。

那么，小明要完成上面林老师交给的任务，需要掌握哪些知识呢？主要离不开 Python 语言函数的使用。在 Python 语言中，函数的应用非常广泛，我们已经使用过了很多的内置函数，如 input( )、print( ) 等函数。此外，Python 语言还允许用户定义及调用函数，定义函数即给一块语句起一个名字；调用函数即可以在程序中的任何地方通过这个名称去运行这个语句块。并且，在调用函数的时候，我们需要给函数提供相应的参数值。函数的参数传递包括位置参数、关键字参数、默认值参数、不定长参数四种。位置参数是指传入参数的值按照顺序依次复制。关键字参数是指调用参数时可以指定对应参数的名字。默认值参数是指调用方如果没提供对应的参数值，则可以指定默认值参数。不定长参数是指参数个数可以不固定。自定义参数可以实现一些用户需要的特定功能。对于一些常用功能，Python 语言提供了大量内置参数供调用，比如 sorted( )、map( )、zip( ) 等函数。

6.1　函数的定义与调用

通过前面章节的学习，我们已经知道 Python 语言提供了许多内置函数，如 input()、print()、range()、len() 等函数，这些内置函数都可以直接使用。

除了 Python 语言的内置函数以外，我们也可以自己创建函数，即将一段有规律的、可重复使用的代码定义好，给它命名，这就是函数的定义。定义好函数以后，我们就可以使用这个函数，可以在程序的任何地方通过函数名称运行这个语句块，这就是函数的调用。

每个函数都能完成特定的功能，我们在工作中也要像函数一样，做到认真规范、负责任，在集体需要的地方被"调用"，保质保量完成任务，发挥个体作用，为最终解决问题做出贡献。

▶▶ 6.1.1　函数的定义

定义函数，也就是创建一个函数，可以理解为创建一个具有某些用途的工具。定义函数需要用 def 关键字实现，具体的语法格式如下：

def　函数名 (形式参数 1, 形式参数 2, …) :

**　　函数体**

[return 返回值]

6.1.1
预习视频

其中，用 "[ ]" 括起来的为可选择部分，编程时既可以使用，也可以省略。

此语法格式中，各部分含义如下：

def：函数通过 def 关键字定义。

函数名：def 关键字后面跟着函数名，函数名其实就是一个符合 Python 语言语法的标识符，但不建议学习者使用 a、b、c 这类简单的标识符作为函数名，函数名最好能够体现该函数的功能。

形式参数列表：函数名后面是一对圆括号，圆括号之间是函数的形式参数列表，表示该函数可以接收多少个参数，多个参数之间用逗号分隔。注意，在创建函数时，即使函数不需要参数，也必须保留一对空的圆括号。

函数体：另起一行，保持相应的缩进，开始一段实现特定功能的多行语句，即函数体。

函数体的最后，通过 return 返回值来设置一个值作为函数的返回值。注意，return 语句为可选项，可以没有，如果不带 return 语句，则函数没有返回值。也就是说，一个函数，可以有返回值，也可以没有返回值，视实际情况而定。

6.1.1
考考你

例如，定义一个比较字符串大小的函数，函数需要输入两个字符串，函数体中判断两个字符串的大小，最后函数输出较大的字符串。代码如下：

```
>>> def str_max(str1,str2):
>>> str = str1 if str1 > str2 else str2
>>> return str
```

▶▶ 6.1.2　函数的调用

定义函数只给函数确定了名称，指定了函数里包含的参数和代码块。定义函数相当于创建了具有某种用途的工具，而调用函数则相当于使用了该工具。调用函数的基本语法如下：

[返回值] = 函数名 (实际参数 1, 实际参数 2, …)

6.1.2
预习视频

其中，用 "[ ]" 括起来的为可选择部分，编程时既可以使用，也可以省略。

此语法格式中，各部分含义如下：

函数名：指的是要调用的函数的名称。

实际参数列表：实际参数对应当初创建函数时要求传入的各形式参数的值。注意，创建函数有多少个形式参数，那么调用时就需要传入多少个实际参数，且顺序必须和创建函数时一致。即便该函数没有参数，函数名后的圆括号也不能省略。

返回值：如果该函数定义的时候有设置返回值，则我们可以通过一个变量来接收该值，当然也可以不接受，所以此部分为可选项。

例如，我们可以调用上一节定义的 str_max( ) 函数：

```
>>> strmax = str_max("python","shell");
>>> print(strmax)
shell
```

6.1.2
考考你

该例中调用的 str_max( ) 函数，由于当初定义该函数时为其设置了 2 个形式参数，因此这里在调用时就必须传入 2 个实际参数。同时，由于该函数内部还使用了 return 语句，因此，我们可以使用 strmax 变量来接收该函数的返回值，并输出结果。

6.2　函数参数

通常情况下，用户定义函数时都会选择有参数的函数形式。函数参数的作用是传递数据给函数，令其对接收的数据做具体的操作处理。这些参数就像变量一样，只不过它们的值是在我们调用函数的时候定义的，而非在函数本身内赋值。参数在函数定义的圆括号内指定，用逗号分隔。调用函数时，我们以同样的方式提供值。

▶▶ **6.2.1　函数的形式参数和实际参数**

在调用函数时，经常会用到形式参数和实际参数，两者都叫参数。它们之间的区别是：

在定义函数时，函数名后面圆括号中的参数称为形式参数（简称"形参"）。例如：

6.2.1
预习视频

```
#定义函数时，这里的函数参数 obj 就是形式参数
>>> def demo(obj)
>>> print(obj)
```

在调用函数时，函数名后面圆括号中的参数称为实际参数（简称"实参"），也就是函数的调用者给函数的参数。例如：

```
>>> a = "python 语言程序设计 "
#调用已经定义好的 demo ( ) 函数，此时传入的函数参数 a 就是实际参数
>>> demo(a)
```

实参和形参的区别，就如同给剧本选演员，剧本中的角色相当于形参，而演员就相当于实参。

例如，定义一个计算 $y=x^2+1$ 的函数，函数需要输入 x 的值，函数体中计算 $y=x^2+1$ 的值，最后函数输出对应 y 的值。函数定义好以后，调用函数，并计算 x=5 的时候，对应的 y 值。

```
>>> def f(x):           #定义函数
>>> value = x**2+1
>>> return value
>>> y = f(5)            #调用函数
>>> print(y)
```
26

这样，就定义了返回 $y=x^2+1$ 的函数，如果想得到 5^2+1 的值，那么只要执行 f(5) 就可以了。

了解了函数的定义和调用，以及实参和形参的区别，下面我们来看一些典型应用。

【 典型应用 1——斐波那契数列 】

应用说明：斐波那契数列是从第 3 项开始，每一项都等于前两项之和。本应用定义一个计算斐波那契数列的函数，即当 n ≥ 2 时，f(n)=f(n−1)+f(n−2) ; f(0)=0,f(1)=1，求 f(n)(n ≥ 2)。本应用要求用户输入：正整数 n(n ≥ 2)；输出：f(n) 的前 n 项的值。代码如下：

```
def fibs(n):                              # 定义函数
    result = [0,1]                        # 定义数列的前两项
    for i in range(n-2):
        result.append(result[-2]+result[-1])   # 每一项等于前两项的和
    return result                         # 返回数列
n = int(input(" 请输入 n 的值: "))
print(fibs(n))                            # 函数调用
```

程序运行的效果，如图 6-3 所示。

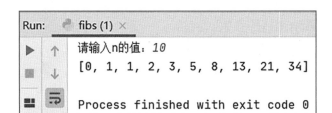

图 6-3　斐波那契数列计算运行效果

【 典型应用 2——素数判断 】

应用说明：质数又称素数。一个大于 1 的自然数，除了 1 和它本身外，不能被其他自然数整除的数叫作质数；否则称为合数（规定 1 既不是质数也不是合数）。本应用定义一个判断素数的函数，检查用户输入的数字，并判断它是否为素数。本应于要求用户输入：正整数 n(n>1)；输出：数字是否为素数。代码如下：

```
def sushu(a):                # 定义函数
    i = 1
    for i in range(2,a):
        if a%i == 0:
            break            # 对于数字 a，如果在 2 到 a-1 之间，存在能够被
                             #   它整除的数，则非素数，跳出循环
    if i == a-1:
        print(a,' 是素数 ')
```

```
    else:
        print(a,' 不是素数 ')
n = int(input(" 请输入 n 的值: "))
sushu(n)                              # 调用函数
```

6.2.1
考考你

程序运行的效果，如图 6-4 所示。

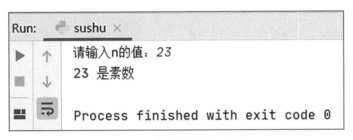

图 6-4 素数判断运行效果

鉴于函数定义中可能包含多个形参，因此，函数调用中也可能包含多个实参。调用函数时，用户向函数传递实参的方式有很多，下面依次来介绍。

6.2.2 位置参数

6.2.2
预习视频

位置参数，有时也称必备参数，指的是必须按照正确的顺序将实参传到函数中。换句话说，调用函数时传入实参的个数必须和定义函数时形参的个数一致，并且按照位置一一对应。

例如，定义一个计算平面上两点之间距离的函数，函数需要输入两个点的 x 轴和 y 轴的坐标，函数体中计算两个点的距离，最后函数输出距离。代码如下：

```
from math import sqrt
def dis(x1,y1,x2,y2):               # 求平面上两点距离
    print("x1 = { },y1 = { },x2 = { },y2 = { }".format(x1,y1,x2,y2))
    return sqrt((x1−x2)**2+(y1−y2)**2)
print(dis(1,3,4,5))
x1 = 1,y1 = 3,x2 = 4,y2 = 5
```

6.2.2
考考你

位置参数要求传入参数的值是按照顺序依次复制过去的，因此，该例按照位置把实参传给形参：1 传给 x1,3 传给 y1,4 传给 x2,5 传给 y2。

6.2.3 关键字参数

6.2.3
预习视频

位置参数要求传入函数的实参必须与形参的数量和位置对应，因此，当参数个数过多时可能导致混乱。为了避免位置参数带来的混乱，调用参数时可以指定对应形参的名字，这是关键字参数。通过此方式指定函数实参时，不再需

要与形参的位置完全一致，只要将参数名写正确即可。

例如，求平面上两点的距离代码如下：

```
from math import sqrt
def dis(x1,y1,x2,y2):                              # 求平面上两点距离
    print("x1 = { },y1 = { },x2 = { },y2 = { }".format(x1,y1,x2,y2))
    return sqrt((x1−x2)**2+(y1−y2)**2)
print(dis(x1 = 1,y2 = 5,y1 = 3,x2 = 4))
x1 = 1,y1 = 3,x2 = 4,y2 = 5
```

程序输出结果：

3.605551275463989

关键字参数要求使用形参的名字来确定输入的参数值，因此，该例按照参数名实参传给形参：1 传给 x1,5 传给 y2,3 传给 y1,4 传给 x2。

学习者也可以把位置参数和关键字参数混合起来使用。

例如：求平面上两点的距离代码如下：

```
from math import sqrt
def dis(x1,y1,x2,y2):                              # 求平面上两点距离
    print("x1 = { },y1 = { },x2 = { },y2 = { }".format(x1,y1,x2,y2))
    return sqrt((x1−x2)**2+(y1−y2)**2)
print(dis(1,3,y2 = 5,x2 = 4))
x1 = 1,y1 = 3,x2 = 4,y2 = 5
```

程序输出结果：

3.605551275463989

注意，如果同时出现两种参数形式，首先应该写的是位置参数，然后是关键字参数。也就是说，如下代码是错误的：

```
# 位置参数必须放在关键字参数之前，下面代码错误
>>> print(dis(1,y1 = 3,4,5))
SyntaxError: positional argument follows keyword argument
```

6.2.3
考考你

▶▶ ## 6.2.4 默认值参数

6.2.4
预习视频

我们都知道，在调用函数时如果不指定某个参数，Python 解释器就会抛出异常。为了解决这个问题，Python 允许为参数设置默认值，即在定义函数时，直接给形参指定一个默认值。这样的话，即便调用函数时没有给拥有默认值的形参传递参数，该参数也可以直接使用定义函数时设置的默认值；如果有提供参数值，那么在调用时会代替默认值。

Python 定义带有默认值参数的函数,其语法格式如下:

def 函数名 (···, 形参 , 形参 = 默认值) :

　　代码块

注意,在使用此格式定义函数时,指定有默认值的形参必须在所有没默认值参数的最后,否则会产生语法错误。

例如,求平面上两点的距离:

```
from math import sqrt
def dis(x1,y1,x2,y2 = 5):                    # 求平面上两点距离
    print("x1 = { },y1 = { },x2 = { },y2 = { }".format(x1,y1,x2,y2))
    return sqrt((x1−x2)**2+(y1−y2)**2)
print(dis(1,3,4))
x1 = 1,y1 = 3,x2 = 4,y2 = 5
```

程序输出结果:

3.605551275463989

该例首先按照位置将实参传给形参:1 传给 x1,3 传给 y1,4 传给 x2。y2 没有对应的参数值,故使用缺省值 5。

如果有明确指定参数值时,则忽略缺省值!

例如,求平面上两点的距离:

```
from math import sqrt
def dis(x1,y1,x2,y2 = 5):                    # 求平面上两点距离
    print("x1 = { },y1 = { },x2 = { },y2 = { }".format(x1,y1,x2,y2))
    return sqrt((x1−x2)**2+(y1−y2)**2)
print(dis(1,3,4,6))
x1 = 1,y1 = 3,x2 = 4,y2 = 6
```

6.2.4
考考你

程序输出结果:

4.242640687119285

该例按照位置将实参传给形参:1 传给 x1,3 传给 y1,4 传给 x2,6 传给 y2。y2 虽然有缺省值 5,但是在调用时给它明确指定了参数,故该值会覆盖缺省值。

6.2.5   不定长参数

如果在定义函数时无法确定参数个数,Python 允许函数涉及可变数量的参数。

在定义函数的时候,形式参数名前加 "*",表示这个参数是元组,元素个数可以是 0 个、1 个或者多个。

例如,定义一个计算输出参数个数的函数,函数输入:至少两个参数;函数

6.2.5
预习视频

输出：参数的个数，并分别计算 (3,7,9) 和 (5,8,1,6,89) 的参数的个数。代码如下：

```
def countnum(a,*b):                      #计算参数个数
    print(b)
    print(len(b)+1)
countnum(3,7,9)
countnum(5,8,1,6,89)
(7, 9)
```

程序输出结果：

3

(8, 1, 6, 89)

程序输出结果：

5

该例中，形参前加"*"，表示对应可变数量的参数，则多余的实参将以元组的形式放在"*"形参中。

在定义函数的时候，形参名前加"**"，表示该参数是字典。指定实参的时候以关键字参数的方式，其中关键字（参数名）为"键"，参数值为"值"。

例如：

6.2.5
考考你

```
def countnum(a,**d):                      #计算参数个数
    print(d)
    print(len(d)+1)
countnum(3,x1 = 9,x2 = 1,x3 = 6,x4 = 89)
{'x1': 9, 'x2': 1, 'x3': 6, 'x4': 89}
```

程序输出结果：

5

该例中形参前加"**"，表示对应可变数量的参数，则多余的实参将以字典的形式放在"**"形参中。

所以，"*"或"**"一般都是加在形参的前面，表示不定长参数，分别用来接收不带变量名的多余参数和带有变量名的多余参数，分别将它们以元组和字典的形式接收进函数。

▶▶ ### 6.2.6 参数的传递顺序

6.2.6
预习视频

在定义函数时，可以混合使用多种参数传递方式，此时要遵循以下规则：

关键字参数应放在位置参数后面；

元组参数应放在关键字参数后面；

字典参数应放在元组参数后面。

即：在调用函数时，首先按位置顺序传递参数，其次按关键字传递参数。多余的非关键字参数传递给元组，多余的关键字参数传递给字典。

【典型应用 3——三角形面积计算】

应用说明：本应用定义一个计算三角形面积的函数，检查用户输入的边长能否构成三角形，如果可以构成，则计算该三角形的面积。本应于要求用户输入：正整数 n(n>1)；输出：三角形的面积。代码如下：

```python
import math
def tri_area(x,y,z = 5.0):              # 定义函数，形参 z 有默认值 5.0
# 海伦公式 p = (x+y+z)/2 S = sqart(p*(p-x)(p-y)(p-z))
    if(x+y>z and x+z >y and z+y>x):
        p = (x+y+z)/2
        temp = p*(p-x)*(p-y)*(p-z)
        S = math.sqrt(temp)
        print(" 三角形三边长为：",x,y,z)
        print(" 三角形面积为：",S)
    else:
        print(" 对不起，您输入的边长大小不能构成三角形! ")
a = float(input(" 请输入第一条边：",))
b = float(input(" 请输入第二条边：",))
tri_area(y = b,x = a)                    # 调用函数，以关键字参数的方式输入两条
                                        #   边长，第三条边长为默认值
```

程序运行的效果，如图 6-5 所示。

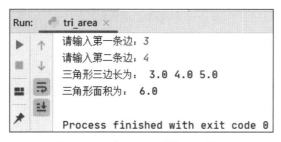

6.2.6
考考你

图 6-5　三角形面积计算运行效果

6.3 【案例】店铺商品销售数量统计

学习了这部分知识后，我们差不多掌握了函数的定义与调用，以及函数的参数传递，下面来对店铺日销售数据进行统计操作。

▶▶ 6.3.1 案例要求

6.3.1
案例视频

【案例目标】 用户通过键盘依次输入今日每位顾客的购物清单，并创建一个函数可对今天售出的商品进行统计，得到每件商品的销售数量。

【相关解释】 假设今天有 3 位顾客，各自的购物清单分别为牛奶、鸡蛋，面包；牛奶、番茄；牛奶、鸡蛋、番茄。则输出今日各商品的销量，结果为：牛奶售出 3 件，鸡蛋售出 2 件，面包售出 1 件，番茄售出 2 件。

【案例效果】 本案例程序运行的效果，如图 6-6 所示。

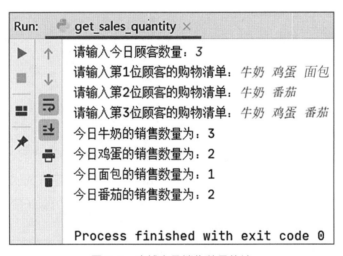

图 6-6 店铺商品销售数量统计

【具体要求】 本案例的实现过程应满足以下要求。

1. 创建工程并配置环境

（1）限制 1. 工程名：Unit06_E01。

（2）限制 2. 源码文件：get_sales_quantity.py。

2. 获取用户输入的顾客数量

（1）要求用户先输入今天的顾客数量，提示语句“请输入今日顾客数量:”。

（2）将用户输入的顾客数量转换为整型数据。

3.判断输入的顾客数量是否合法

（1）用户输入的顾客数量必须为大于 0 的数值。

（2）合法则进入下一步，不合法则提示"输入的顾客数量错误!"，然后结束程序。

4.获取用户输入的顾客购物清单

对于每位顾客，要求用户输入其所购买的所有商品，提示语句"请输入第 x 位顾客的购物清单："。用户输入的顾客购物清单，每个元素必须为商品名称，元素之间用双引号作为分隔符。

5.计算每件商品的销售数量

由于上一步已经完成输入数据的合法性检查，所以这里通过定义的函数，进一步对今日商品的销售数量进行统计，最后输出每种商品的销售数量作为结果，并结束程序。

▶▶ 6.3.2　实现思路与代码

【实现思路】　本案例实现的参考思路如下。

1.按实训要求创建工程并配置环境

2.获取用户输入的顾客数量

（1）使用 input( ) 函数获取用户输入的顾客数量，存放在 customerNum 中，输入的提示语句"请输入今日顾客数量:"。

（2）通过 int(变量) 将获取的用户输入的顾客数量转换为整型数据。

3.判断输入的顾客数量是否合法

（1）用户输入的 customerNum 数值范围应大于等于 0。

（2）合法则进入下一步，不合法则提示"输入的顾客数量错误!"，然后结束程序，通过 if–else 双分支结构实现。

4.获取用户输入的顾客购物清单

（1）通过 for 循环来实现针对多位顾客的多次输入。对于每位顾客，输入的提示语句为"请输入第 x 位顾客的购物清单："，要求用户输入该顾客所购买的所有商品。使用 input( ) 函数和 split( ) 函数获取输入的购物清单，存放在列表 customerList 中。用户输入的购物清单包含多个元素，每个元素必须为商品名称，元素之间用双引号作为分隔符。

（2）定义总列表 totalList，将每位顾客的购物清单以列表元素的形式，加入总列表中。

5.计算每件商品的销售数量

（1）定义计算每种商品日销售数量的函数 getSalesQuantity( )，并传入 totalList 作为参数。

（2）在 getSalesQuantity( ) 函数中，定义字典 salesQuantity 用于存储每件商品及对应的销售数量，其中，商品名称作为字典的 key，销售数量作为字典的 value。从函数的 list 参数中，依次取出每位顾客的购物清单列表，及列表中的每件商品名称，判断商品名称在 salesQuantity 字典中是否已存在，如果已存在，则对应的数量加一；如果不存在，说明是第一次出现该商品，则设置其数量为一。

【实现代码】 本案例实现的参考代码如下：

```
def getSalesQuantity(list):                    # 定义函数
    salesQuantity = { }                        # 定义记录商品销售数量的字典，key 为
                                               #   商品名称，value 是商品销售数量
    for customerList in list:                  # 获得每位顾客的购物列表
        for goods in customerList:             # 取出购物列表中的商品名称
            if goods in salesQuantity.keys( ): # 如果该商品名称在字典的 keys 中已经
                                               #   存在
                salesQuantity[goods] = salesQuantity[goods]+1    # 将该商品数量 +1
            else:                              # 如果该商品名称在字典的 keys 中不存在
                salesQuantity[goods] = 1       # 设置该商品数量为 1
    for item in salesQuantity.items( ):        # 输出结果
        print(" 今日 "+str(item[0])+" 的销售数量为： "+str(item[1]))


customerNum = int(input(" 请输入今日顾客数量： "))
if customerNum<0:                              # 输入不合法，提示
    print(" 输入的用户数量错误! ")
else:                                          # 输入合法
    totalList = [ ]                            # 定义空列表，用于接收所有顾客的购物
                                               #   列表
    for i in range(1,customerNum+1):
        customerList = input(" 请输入第 "+str(i)+" 位顾客的购物清单： ").split( )
        # 输入每位顾客的购物清单
        totalList.append(customerList)         # 添加至 totalList 中
    getSalesQuantity(totalList)                # 调用函数
```

6.4　变量作用域

所谓作用域（scope），是指变量的有效作用范围，即变量可以在哪个范围内使用。有些变量可以在整段代码的任意位置使用，有些变量只能在函数内部使用，有些变量只能在 for 循环内部使用，等等。如同每个人都有自己的工作范围，我们需要在规定的范围内，保质保量地完成工作任务。

变量的作用域由变量的定义位置决定，在不同位置定义的变量，它的作用域是不一样的。我们主要介绍两种变量，即局部变量和全局变量。

▶ 6.4.1　局部变量

在函数内部定义的变量，它的作用域也仅限于函数内部，出了函数就不能使用了，我们将这样的变量称为局部变量（local variable）。

6.4.1
预习视频

要知道，当函数被执行时，Python 会为其分配一块临时的存储空间，所有在函数内部定义的变量，都会存储在这块空间中。而在函数执行完毕后，这块临时存储空间随即被释放并回收，该空间中存储的变量自然也就无法再被使用。

例如：
```
>>> def demo( ):
>>> a = "python"
>>> print(" 函数内部 a = ",a)
>>> demo( )
>>> print(" 函数外部 a = ",a)
函数内部 a = python
NameError Traceback (most recent call last)
<ipython-input-12-114c9af1d45b> in <module>( )
----> 6 print(" 函数外部 a = ",a)
NameError: name 'a' is not defined
```

6.4.1
考考你

从以上代码中可以看到，如果试图在函数外部访问其内部定义的局部变量，Python 解释器会报 NameError 错误，并提示我们没有定义要访问的变量，这也证实了当函数执行完毕后，其内部定义的局部变量会被释放并回收。

▶ 6.4.2　全局变量

除了在函数内部定义变量外，Python 还允许在所有函数的外部定义变量，这

6.4.2
预习视频

样的变量称为全局变量（global variable）。与局部变量不同，全局变量的默认作用域是整个程序，因此，全局变量既可以在各个函数外部使用，也可以在各函数内部使用。

定义全局变量的方式有以下 2 种：

第一种，在函数体外定义的变量，一定是全局变量。例如：

```
>>> a = "python"
>>> def text( ):
>>> print(" 函数体内访问: ",a)
>>> text( )
>>> print(' 函数体外访问: ',a)
函数体内访问: python
函数体外访问: python
```

该例中因变量 a 是在函数体外定义的，所以是全局变量，可以在所有函数的外部使用，也可以在各个函数的内部使用。

第二种，在函数体内定义全局变量。即使用 global 关键字对变量进行修饰后，该变量就会变为全局变量。例如：

6.4.2
考考你

```
>>> def text( ):
>>> global a
>>> a = "python"
>>> print(" 函数体内访问: ",a)
>>> text( )
>>> print(' 函数体外访问: ',a)
函数体内访问: python
函数体外访问: python
```

该例中变量 a 是在函数内部定义的，因为使用了 global 关键字进行修饰，所以是全局变量。它既可以在所有函数的外部使用，也可以在各个函数的内部使用。注意，在使用 global 关键字修饰变量名时，不能直接给变量赋初值，否则会引发语法错误。

▸▸ ### 6.4.3　局部变量与全局变量同名

6.4.3
预习视频

如果局部变量与全局变量同名，则在函数内部会使用局部变量。而在函数外部，由于局部变量不存在，故使用全局变量。例如：

```
>>> def scope( ):
>>> var1 = 1
```

```
>>> print(" 函数内部打印结果 ")
>>> print(var1,var2)
>>> var1 = 10
>>> var2 = 20
>>> scope( )
>>> print(" 函数外部打印结果 ")
>>> print(var1,var2)
函数内部打印结果
1 20
函数外部打印结果
10 20
```

6.4.3
考考你

　　该例中因为变量 var2 是在函数外部定义的，所以是全局变量。因变量 var1 在函数内部和外部都有定义，故此处出现了局部变量和全局变量同名的情况。在同名的情况下，函数内部优先使用局部变量的值，即输出 var1 的值为 1。而在函数外部，因为局部变量 var1 已经不存在，故使用全局变量的值，即输出 var1 的值为 10。

6.5　函数式编程

▶ 6.5.1　匿名函数

6.5.1
预习视频

　　对于定义一个简单的函数，Python 还提供了另外一种方法，即使用 lambda 表达式。lambda 表达式，又称匿名函数，常用来表示内部仅包含 1 行表达式的函数。如果一个函数的函数体仅有 1 行表达式，则该函数就可以用 lambda 表达式来代替。

　　lambda 表达式的语法格式如下：

name = lambda 参数列表 : 表达式

　　该格式中定义的 lambda 表达式，必须使用 lambda 关键字，lambda 关键字后面跟包含一个或多个参数的参数列表，随后紧跟一个冒号，最后是一个表达式。

　　该语法格式转换成普通函数的形式如下：

```
def name(list):
    return 表达式
```

name(list)

从以上语法格式可以发现，使用 def 方法定义此函数，需要 3 行代码，而使用 lambda 表达式仅需 1 行。作为表达式，lambda 通常返回一个值。因此，lambda 常用来编写简单的函数，而 def 则用来处理更强大的任务函数。

如果想设计一个求 2 个数之和的函数，使用 def 普通函数的定义方式，代码如下：

```
>>> def add(x, y):
>>> return x+ y
>>> print(add(3,4))
7
```

由于上面程序中，add( ) 函数内部仅有 1 行表达式，因此，该函数可以直接用 lambda 表达式表示：

```
>>> add = lambda x,y:x+y
>>> print(add(3,4))
7
```

6.5.1
考考你

可以这样理解 lambda 表达式，其就是简单函数（函数体仅是单行的表达式）的简写版本。

Python 中有很多内置函数，如表 6-1 所示，这些函数可以在 Python 解释器中直接运行。

表 6-1　Python 内置函数

Python 内置函数				
abs( )	dict( )	help( )	min( )	setattr( )
all( )	dir( )	hex( )	next( )	slice( )
any( )	divmod( )	id( )	object( )	sorted( )
ascii( )	enumerate( )	input( )	oct( )	bin( )
eval( )	int( )	open( )	str( )	bool( )
exec( )	isinstance( )	ord( )	sum( )	filter( )
issubclass( )	pow( )	super( )	bytes( )	float( )
print( )	tuple( )	format( )	len( )	type( )
chr( )	list( )	range( )	vars( )	zip( )
map( )	reversed( )	max( )	round( )	set( )

6.5.2　内置函数之 sorted( )

sorted( ) 函数用于对字符串、列表、元组、字典等对象进行排序操作。

sorted( ) 函数语法为：

sorted(iterable[,key[, reverse]])

参数说明：

iterable：序列，如字符串、列表、元组等。

key：是用来进行比较的元素，只有一个参数，具体的函数的参数就是取自可迭代对象中，指定可迭代对象中的一个元素来进行排序。

reverse：排序规则，reverse = True 降序，reverse = False 升序（默认）。

返回值：返回重新排序的列表。

例如，对列表进行排序，代码如下：

>>> a = [5,7,6,3,4,1,2]

>>> b = sorted(a)

>>> print(b)

[1, 2, 3, 4, 5, 6, 7]

例如，按照成绩对学生列表进行排序，代码如下：

>>> students = [(' 江幸 ',89, " 女 "), (' 方鹏 ',80, " 男 "), (' 陈可 ', 85, " 女 ")]

>>> print(sorted(students, key = lambda s: s[1]))

[(' 方鹏 ', 80, " 男 "), (' 陈可 ', 85, " 女 "), (' 江幸 ', 89, " 女 ")]

该例中学生列表的元素，第一个分量是姓名，第二个分量是成绩，第三个分量是性别，通过 key 参数的值设置按照第二个分量（成绩的高低）进行排序。

6.5.2
预习视频

6.5.2
考考你

6.5.3　内置函数之 map( )

map( ) 会根据提供的函数对指定序列做映射。

map( ) 函数语法为：

map(function, iterable, …)

参数说明：

function：以参数序列中的每一个元素调用 function( ) 函数

iterable：序列

返回值：返回包含每次 function( ) 函数返回值的新列表或迭代器。

例如：

使用 lambda 匿名函数，求 x^2

>>> print(list(map(lambda x: x ** 2, [1, 2, 3, 4, 5])))

6.5.3
预习视频

6.5.3
考考你

[1, 4, 9, 16, 25]

\# 提供了两个列表，对相同位置的列表数据进行相加

\>\>\> print(list(map(lambda x, y: x + y, [1, 3, 5, 7, 9], [2, 4, 6, 8, 10])))

[3, 7, 11, 15, 19]

6.5.4　内置函数之 zip( )

zip( ) 函数用于将可迭代的对象作为参数，将对象中对应的元素打包成一个个元组，然后返回由这些元组组成的列表或迭代器。如果各个迭代器的元素个数不一致，则返回列表长度与最短的对象相同。

zip( ) 函数语法为：

zip([iterable, …])

参数说明：

iterable：一个或多个序列

返回值：返回元组列表

6.5.4
预习视频

例如：

\>\>\> a = [1,2,3]

\>\>\> b = [4,5,6]

\>\>\> c = [4,5,6,7,8]

\>\>\> print(list(zip(a,b)))

[(1, 4), (2, 5), (3, 6)]

注意，如果各迭代器的元素个数不一样，则返回列表的元素个数与最短的列表一致。

【 典型应用 4——单词长度计算 】

应用说明：对于一个包含多个英文单词的句子，要求拆分句子中的每个单词，并输出每个单词的场次。本应用要求用户输入：一个英文句子；输出：句子中每个单词的长度。代码如下：

```
sentence = input(" 请输入一个英文句子 :")
words = sentence.split( )
lengths = list(map(lambda x:len(x),words))
print(lengths)
```

程序运行的效果，如图 6-7 所示。

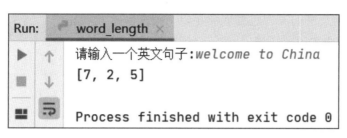

图 6-7   单词长度计算运行效果

　　无论是内置函数，还是自定义函数，又或是匿名函数，我们在面对问题的时候，要形成函数式的思维，系统性地利用一些方法来解决问题，以提高做事的效率。

6.6 【案例】店铺商品销量数据排序

▶▶ 6.6.1   案例要求

　　【案例目标】 6.3【案例】已经计算得到当日所有商品的销售数量，并存放在字典中。本案例需要对字典中所有商品的销售数量，从高到低进行排序。

6.6.1
案例视频

　　【相关解释】 假设今天所有商品的销售数量已经统计好，具体销售数据如下：鸡蛋售出 100 件，面包售出 35 件，番茄售出 42 件，牛奶售出 80 件，黄油售出 17 件，可乐售出 28 件。按照销售数量从高到低对商品进行排序。

　　【案例效果】 本案例程序运行的效果，如图 6-8 所示。

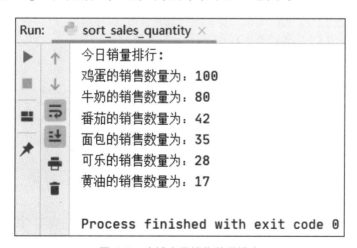

图 6-8   店铺商品销售数量排序

【具体要求】 本案例的实现过程应满足以下要求。

1. 创建工程并配置环境

（1）限制 1. 工程名：Unit06_E02。

（2）限制 2. 源码文件：sort_quantity.py。

2. 输入今日各商品的销售数量

通过 6.3【案例】计算得到各商品的销售数量，并作为本案例的输入。

3. 按照销售数量对各商品进行排序

定义的函数，进一步按照销售数量对商品进行排序，最后输出今日销量排行，并结束程序。

6.6.2 实现思路与代码

【实现思路】 本案例实现的参考思路如下。

1. 按实训要求创建工程并配置环境

2. 获取用户输入的顾客数量

（1）本案例中直接定义今日各商品的销售数量，存放在 salesQuantity 字典中。

（2）可将 6.3【案例】的输出结果作为本案例的输入数据。

3. 按照销售数量对各商品进行排序

（1）定义对商品日销售数量进行排序的函数 sortSalesQuantity( )，并传入 salesQuantity 作为参数。

（2）在 sortSalesQuantity( ) 函数中，调用 Python 内置函数 sorted( )，实现对列表的排序。sorted( ) 函数的三个参数为：iterable 为 salesQuantity.items( )，表示对该商品销量数据字典的 (key,value) 构成的列表进行排序；key lambda e:e[1]，通过匿名函数 lambda( ) 指定按照 iterable 列表中每个元素的 value 进行排序；reverse 为 True，表示按照从大到小的顺序排列。

【实现代码】 本案例实现的参考代码如下：

```
def sortSalesQuantity(dict):

    sortedSalesQuantity = sorted(dict.items( ), key = lambda e: e[1], reverse = True)
    # 按照销售量对商品进行排序
    print(" 今日销量排行 :")

    for item in sortedSalesQuantity:                    # 输出结果
        print(item[0]+" 的销售数量为：" +str(item[1]))


salesQuantity = {" 鸡蛋 ":100," 面包 ":35," 番茄 ":42," 牛奶 ":80," 黄油 ":17," 可乐 ":28}
# 商品及销量数据
sortSalesQuantity(salesQuantity)
```

单元小结

在本单元中，我们学习了 Python 语言中函数的定义与调用、函数的参数传递、变量作用域，函数式编程。主要的知识点如下：

1. 函数是组织好的，可重复使用的，用来实现单一，或相关联功能的代码段。函数能提高应用的模块性和代码的重复利用率。

2. 定义函数：定义函数以 def 关键字开头，后接函数名和圆括号，圆括号之间用于定义函数的参数。函数内容以冒号起始，并且缩进。

3. 函数的结尾以 return [表达式] 结束函数，选择性地返回一个值给调用方。不带表达式的 return 相当于返回 None。

4. 调用函数：函数定义完了以后，可以通过函数名 (参数) 的形式调用函数，使函数发挥真正的作用。

5. 调用函数时的参数传递方式包括以下四种：位置参数、关键字参数、默认值参数、不定长参数。

6. 在函数调用时，位置参数须以正确的顺序传入函数。

7. 在函数调用时，关键字参数使用参数名去匹配参数值。

8. 在函数调用时，默认参数的值如果没有传入，则使用定义时的默认值。

9. 不定长参数即有时候可能需要一个函数能处理比当初声明时更多的参数。

10. 变量的作用域决定了在哪一部分程序你可以访问哪个特定的变量名称。两种最基本的变量作用域是全局变量、局部变量。

11. Python 使用 lambda 来创建匿名函数，格式为 lambda 参数列表：表达式。

12. Python 包含很多内置函数供直接调用，如 sorted( )、map( )、zip( ) 等函数。

单元 6
测试题

单元 **7** 异常处理

单元知识 ▶ 目标

1. 了解 Python 内置异常的类型
2. 熟悉自定义异常的方法
3. 掌握捕获异常的方法
4. 掌握抛出异常的方法

单元技能 ▶ 目标

1. 能够使用 try-except 语句处理异常
2. 能够使用 raise 和 assert 主动抛出异常

单元思政 ▶ 目标

1. 培养学生形式遵守社会规章制度，不做违背
   规矩和公德的事的处事原则
2. 培养学生"人非圣贤，孰能无过。知错能改，
   善莫大焉"的思想品德

单元 7　异常处理

我们在编写程序时，若出现例外情况，系统就会发生异常（Exception）。例如，当你想要读取一个文件时，而那个文件却不存在，怎么办？或者你在程序执行时不小心把它删除了，又怎么办？这些情况可使用异常来进行处理。异常事件可能是写程序时疏忽或者考虑不全造成的错误（如试图除以零），也可能是程序内部隐含的逻辑问题造成的数据错误，或者是程序运行时与系统的规则冲突造成的系统错误等。

在本单元中，大家将学习什么是异常，异常处理机制及语句，如何主动抛出异常。本单元技能图谱，如图 7-1 所示。

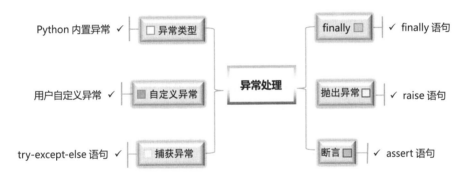

图 7-1　本单元技能图谱

	综 合 案 例
■除数为零内置异常	案例 1　店铺销售数据之异常值处理
■除数为零自定义异常	
□字符串长度判断	
■成绩判断	

小明和好朋友想开发一个系统，用于录入所有的销售记录，方便后期的查询和处理。但是在录入数据的过程中，小明因操作失误而输入了一些错误的数据。对于错误的数据，肯定是不能被存入系统中的，并且要及时提示操作员对错误数据进行改正。因此，他找了林老师咨询该如何识别并纠正这些错误的数据，如图7-2 所示。

（a）小明来电　　　　　　　　　　（b）异常输入处理

图 7-2　异常数据识别

　　为了帮助小明解决眼前的困难，林老师对异常数据的识别提出了一些建议，具体包括以下三个步骤：

　　第一步，获取输入的销售记录数据，并通过 try 对输入语句块进行检测；

　　第二步，如果输入数据中存在错误值，则通过 raise 语句抛出自定义异常；

　　第三步，在 except 中捕获相应的异常，并进行适当的处理。

知识
储备

　　那么，小明要完成上面林老师交给的任务，需要掌握哪些知识呢？主要离不开 Python 中的异常处理。Python 中的异常处理非常实用。异常是一个事件，该事件会在程序执行过程中发生，影响了程序的正常执行。在程序出现错误的时候，则会产生一个异常，若程序没有处理它，则会抛出该异常，程序的运行也随之终止。Python 内置了非常多的异常来标识程序运行过程中可能发生的各类错误。因此，如果你不想在异常发生时结束程序，那么需要通过 try-except 语句来捕获和处理异常。捕获异常成功后，可以进入另外一个处理分支，执行你为其定制的逻辑，使程序不会崩溃。在 Python 程序执行过程中发生的异常都可以通过 try 语句来检测，可以把需要检测的语句放置在 try 块里面，try 块里面的语句发生的异常都会被 try 语句检测到，并抛出异常给 Python 解释器，Python 解释器会寻找能处理这一异常的 except 代码，并把当前异常交给其处理，这一过程称为捕获异常。如果 Python 解释器找不到处理该异常的代码，就会终止该程序的执行。

7.1　异常类型

程序在运行时，如果 Python 解释器遇到一个错误，程序会停止执行，并且提示一些错误信息，这就是异常。一般情况下，在 Python 无法正常处理程序时就会发生一个异常。异常也是 Python 对象，表示一个错误。我们如果不遵守程序编写的规则，在运行的时候就会导致异常，以致程序无法继续正常执行。我们在日常生活中也是如此，如果不遵守学校纪律、社会规章制度，做了违背规矩和公德的事情，那么也会导致"异常"发生，致使我们的学业和工作无法正常开展。

Python 的异常处理能力非常强大，它包含不同类型的异常，对应着不同的错误问题。

7.1.1　Python 内置异常

Python 有很多内置异常，可向用户准确反馈出错信息。BaseException 是所有内置异常的基类，但用户定义的类并不直接继承 BaseException。表 7-1 列出了 Python 中包含的部分内置异常及其对应的问题描述。

7.1.1
预习视频

表 7-1　Python 内置异常

异常名称	描　述
BaseException	所有异常的基类
SystemExit	解释器请求退出
KeyboardInterrupt	用户中断执行（通常是输入 ^C）
Exception	常规错误的基类
StopIteration	迭代器没有更多的值
GeneratorExit	生成器发生异常来通知退出
StandardError	所有的内建标准异常的基类
ArithmeticError	所有的数值计算错误的基类
FloatingPointError	浮点计算错误
OverflowError	数值运算超出最大限制
ZeroDivisionError	除（或取模）零（所有数据类型）
AttributeError	对象没有这个属性
EOFError	没有内建输入，到达 EOF 标记
EnvironmentError	操作系统错误的基类

续表

异常名称	描　述
IOError	输入 / 输出操作失败
OSError	操作系统错误
WindowsError	系统调用失败
ImportError	导入模块 / 对象失败
IndexError	序列中没有此索引（index）
KeyError	映射中没有这个键
MemoryError	内存溢出错误
NameError	未声明 / 初始化对象（没有属性）
UnboundLocalError	访问未初始化的本地变量
RuntimeError	一般的运行时错误
NotImplementedError	尚未实现的方法
SyntaxError	Python 语法错误
IndentationError	缩进错误
TypeError	对类型无效的操作
ValueError	传入无效的参数
UnicodeError	Unicode 相关的错误
UnicodeDecodeError	Unicode 解码时的错误
UnicodeEncodeError	Unicode 编码时错误
Warning	警告的基类

【典型应用 1——除数为零内置异常】

应用说明：程序接收用户输入的被除数和除数，并进行除法计算。如果除数为 0，则发生内置异常 ZeroDivisionError。代码如下：

```
try:
    x = int(input(" 请输入被除数 :"))
    y = int(input(" 请输入除数 :"))
    a = x/y
except ZeroDivisionError:
    print(" 除数为 0，抛出内置异常 ZeroDivisionError")
else:
    print(a)
```

程序运行的效果，如图 7–3 所示。

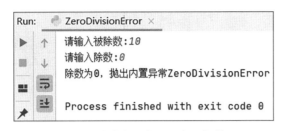

图 7-3　除数为零内置异常运行效果

7.1.1
考考你

7.2　自定义异常

▶▶ ## 7.2.1　用户自定义异常

此外，你也可以通过创建一个新的异常类来拥有自己的异常，异常应该是
通过直接或间接的方式继承自 Exception 类。

7.2.1
预习视频

【典型应用 2——除数为零自定义异常】

应用说明：自定义一个除数为零的异常类 ZeroError，基类为 Exception。程
序接收用户输入的被除数和除数，并判断除数的值，如果除数为 0，则通过 raise
抛出自定义异常 ZeroError。代码如下：

```python
# 自定义除数为零的异常类
class ZeroError(Exception):
    def __init__(self, value):
        Exception.__init__(self)
        self.value = value
try:
    x = int(input(" 请输入被除数 :"))
    y = int(input(" 请输入除数 :"))
    if y == 0:
        raise ZeroError(y)
except ZeroError as e:
    print(" 除数为 ",e.value," 抛出自定义异常 ZeroError")
else:
    a = x/y
    print(a)
```

7.2.1
考考你

程序运行的效果，如图 7-4 所示。

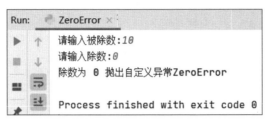

图 7-4　除数为零自定义异常运行效果

7.3　捕获异常

当一个程序发生异常时，代表该程序在执行时出现了非正常的情况，无法
再执行下去。默认情况下，程序是要终止的。如果要避免程序强制退出，则可
以使用捕获异常的方式获取这个异常的名称，再通过其他的逻辑代码让程序继
续运行，这种根据异常做出的逻辑处理叫作捕获异常，并进行异常处理。我们
在日常生活中也应合理地处理问题，万一失误或者其他错误导致"异常"问题发
生，那么我们应能及时发现并予以修正，"人非圣贤，孰能无过。知错能改，善
莫大焉"。

在 Python 程序执行过程中发生的异常，可以通过 try-except 结构来捕获。我
们可以把需要检测的语句放置在 try 块里面，try 块里面的语句发生的异常都会被
try 语句检测到，并抛出异常给 Python 解释器，Python 解释器会寻找能处理这一
异常的 except 代码，并把当前异常交给其处理，这一过程称为捕获异常。如果
Python 解释器找不到处理该异常的代码，那么就会终止该程序的执行。

与 Python 异常相关的关键字，如表 7-2 所示。

表 7-2　Python 异常相关的关键字

关键字	关键字说明
try-except	捕获异常并处理
pass	忽略异常
as	定义异常实例（except MyError as e）
else	如果 try 中的语句没有引发异常，则执行 else 中的语句
finally	无论是否出现异常，都执行的代码
raise	抛出 / 引发异常

▶ 7.3.1　try-except 语句

7.3.1
预习视频

以下为简单的 try-except 的语法：

try:

　　正常的操作

except < 异常名字 >:

　　发生异常，执行这块代码

try 的工作原理是：当开始一个 try 语句后，Python 就在当前程序的上下文中做标记，这样当异常出现时就可以回到这里，try 子句先执行，接下来会发生什么么依赖于执行时是否出现异常。

如果当 try 中的语句执行时发生异常，Python 就跳回到 try 并执行匹配该异常的 except 子句，异常处理完毕，控制流就通过整个 try 语句。

注意，以上语法中，except 后面有带一个异常的名字。所以，try-except 语句可捕获该名字对应类型的指定异常，并进行相应的处理。

你也可以不带任何异常类型使用 except，语法如下：

try:

　　正常的操作

except:

　　发生异常，执行这块代码

注意，以上语法中，except 后面没有带任何异常的名字。所以，try-except 语句会捕获所有发生的异常。但这不是一个很好的方式，因为我们不能通过该程序识别出具体的异常信息。

除了捕获指定的一个异常和捕获所有异常外，try-except 语句也可用于捕获多个异常，具体有两种使用方式。

第一种是一个 except 同时处理多个异常，不区分优先级，语法为：

try:

　　正常的操作

except (< 异常名 1>, < 异常名 2>, …):

　　发生列表中的任意异常，执行这块代码

第二种是区分优先级的，语法为：

try:

　　正常的操作

except < 异常名 1>:

　　发生异常 1，执行这块代码

except < 异常名 2>:

　　发生异常 2，执行这块代码

except < 异常名 3>:

　　发生异常 3，执行这块代码

7.3.1
考考你

　　该种异常处理语法的规则是：执行 try 下的语句，如果引发异常，则执行过程会跳到第一个 except 语句；如果第一个 except 中定义的异常与引发的异常匹配，则执行该 except 中的语句；如果引发的异常不匹配第一个 except，则会搜索第二个 except，允许编写的 except 数量没有限制；如果所有的 except 都不匹配，则异常会传递到下一个调用本代码的最高层 try 代码中。

▶▶ 7.3.2　else 子句

7.3.2
预习视频

　　如果判断完没有某些异常之后还想做其他事，就可以使用下面这样的 else 语句。

　　try:

　　　　正常的操作

except < 异常名字 1>:

发生异常 1，执行这块代码

except < 异常名字 2>:

7.3.2
考考你

发生异常 2，执行这块代码

else:

　　如果没有异常则执行这块代码

　　如果在 try 子句执行时没有发生异常，Python 将执行 else 后的语句（如果有 else 的话），然后控制流通过整个 try 语句。

▶▶ 7.3.3　finally 子句

　　try-finally 语句无论是否发生异常，都将执行 finally 中的代码。

　　try:

　　　　正常的操作

　　finally:

　　　　无论是否发生异常，最终一定会执行的语句

7.3.3
预习视频

　　例如，定义一个异常捕获的 try-except-else-finally 语句。通过 try 语句块，执行用户的操作，如果发生异常，则可在对应的 except 中寻找相应的异常类型进行处理；如果没有发生异常，则执行 else 中的语句。但无论是否发生异常，最终一定会执行 finally 中的语句。代码如下：

```
str1 = 'hello world'
try:
    int(str1)
except IndexError as e:
    print(e)
except KeyError as e:
    print(e)
except ValueError as e:
    print(e)
else:
    print('try 内没有异常 ')
finally:
    print(' 无论异常与否 , 都会执行我 ')
```

7.3.3
考考你

7.4 抛出异常

由上面的内容可知，程序中出现问题的时候，Python 会自动引发异常，并执行相应的处理。那用户能不能主动抛出异常呢？当然也是可以的。

7.4.1 raise 语句

如果要自己主动抛出异常，那么可以使用 raise 语句。raise 语句的语法格式如下：

raise [Exception [, args [, traceback]]]

语句中 Exception 是异常的类型（如 ValueError），参数是一个异常参数值。该参数是可选的，如果不提供，异常的参数是 "None"。最后一个参数是跟踪异常对象，也是可选的（在实践中很少使用）。

7.4.1
预习视频

【典型应用 3——字符串长度判断】

应用说明：自定义一个判断字符串长度的异常类 StrLenError，基类为 Exception。程序接收用户输入的字符串，并判断字符串的长度，如果字符串长度小于 5，则通过 raise 抛出自定义异常 StrLenError。不同的异常可在对应的 except 中寻找相应的异常类型进行处理，如果没有发生异常，则执行 else 中的语句。但无论是否发生异常，最终一定会执行 finally 中的语句。代码如下：

```python
class StrLenError(Exception):
    def __init__(self, length, least):
        self.length = length
        self.least = least
try:
    s = input(' 请输入一个字符串：')
    # 如果长度小于 5，触发自定义的异常
    if len(s) < 5:
        raise StrLenError(len(s), 5)
except EOFError:
    print(' 触发了 EOF 错误 D')
except StrLenError as e:
    print(' 输入的字符串只有 ', e.length, ' 至少需要 ', e.least, ' 个字符 ')
except Exception:
    print(' 不知道什么错误！')
else:
    print('try 内没有异常 ')
finally:
    print(' 有没有异常都会执行这里！')
```

程序运行的效果，如图 7-5 所示。

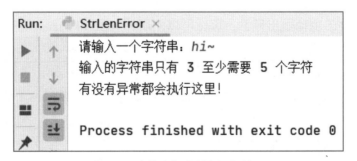

图 7-5　字符串长度判断运行效果

▶▶ 7.4.2　assert 语句

Python 还支持断言 assert 语法。在一套程序完成之前，编程者并不知道程序可能会在哪里报错，或是触发何种条件的报错，因此使用断言语法可以有效地做好异常检测，并适时触发和抛出异常。

assert 的作用类似于 if，后面跟一个表达式，用于判断一个表达式。如果表达式的条件为 True，则正常执行代码；如果表达式的条件为 False，则抛出断言异常，并显示断言异常信息。程序终止，后面的代码不再运行，它抛出的异常类型为 AssertionError。

assert expression 等价于 if not expression: raise AssertionError

assert 断言也可以携带参数：

assert expression [, arguments] 等价于 if not expression: raise AssertionError(arguments)

【典型应用 4——成绩判断】

应用说明：接收输入的数学成绩。通过 assert 断言，判断成绩值如果在 [0,100]，则输出提示为"有效的数学成绩"，否则抛出断言异常 AssertionError。在 except 中捕获断言异常 AssertionError，并输出提示为"无效的数学成绩"。代码如下：

```
def scoreAssert(x):
    try:
        assert 0 <= x <= 100
    except AssertionError:
        print(' 无效的数学成绩 ')
    else:
        print (" 有效的数学成绩，值为：",x)
score = int(input(" 请输入数学成绩："))
scoreAssert(score)
```

程序运行的效果，如图 7-6 所示。

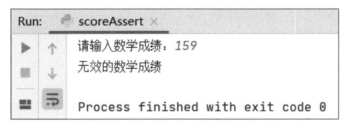

图 7-6　成绩判断运行效果

从以上代码中可以看到，当 assert 语句后的表达式值为 True 时，程序正常执行，不会抛出任何异常；当表达式值为 False 时，程序会触发 AssertionError 断言异常，此时可以使用 try-except 语句捕获并做进一步处理。

无论是通过 raise 语句，还是通过 assert 断言，都可以主动抛出异常。我们

7.4.2
考考你

在日常生活中，如果发现自己做错了事，犯了错误，那么也要主动提出并认错，而不是隐瞒和回避问题。

7.5 【案例】店铺销售数据之异常值处理

7.5.1 案例要求

7.5.1
案例视频

【案例目标】　本案例需要接收用户输入的销售记录，包括商品名称、数量、总价，判断用户输入的数据是否正确，如果错误则抛出异常，并让用户重新输入；如果所有信息均输入正确，则将该销售记录录入系统内。

【相关解释】　假设店铺售卖的商品仅包括鸡蛋、牛奶、面包、番茄和黄油，每位顾客可以选购任意数量的某一件商品，并结算得到总价。程序需要记录每一条销售记录，则首先要判断输入的商品名称是否为存在的商品，然后再判断销售的数量是否为正数，以及总价是否为正数，如输入数据均无误，则将该销售记录录入系统内。如输入数据有误，则抛出异常，并提示用户重新输入。

【案例效果】　本案例程序运行的效果，如图 7-7 所示。

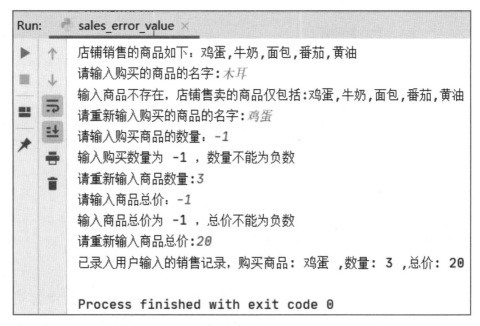

图 7-7　店铺销售数据中的异常值处理

【具体要求】　本案例的实现过程应满足以下要求。

1. 创建工程并配置环境

（1）限制 1. 工程名：Unit07_E01。

（2）限制 2. 源码文件：sales_error_value.py。

2. 获取输入的销售记录，包括商品的名称、购买的数量和总价，并判断是否合法

（1）输入购买的商品名称，并判断是否为店铺中售卖的商品，若非店铺中售卖的商品，则抛出异常。

（2）输入购买的商品数量，并判断是否为正数，若数量 <0，则抛出异常。

（3）输入购买的商品总价，并判断是否为正数，若总价 <0，则抛出异常。

3. 若输入中存在非法数据，则捕获异常，并要求用户重新输入

上一步分别输入了商品的名称、数量和总价，并判断了数据的合法性，若输入了非法数据，均会抛出异常，则可在相应的异常中输出错误提示，并要求用户重新输入。

▶　7.5.2　实现思路与代码

【实现思路】　本案例实现的参考思路如下。

1. 按实训要求创建工程并配置环境

2. 获取输入的销售记录，包括商品的名称、购买的数量和总价，并判断是否合法

（1）分别定义商品名称异常类 NameError，购买数量异常类 AmountError，商品总价异常类 PriceError。

（2）定义店铺中售卖商品的列表，包括鸡蛋、牛奶、面包、番茄、黄油，存放在 goodsList 中。

（3）通过 input( ) 函数分别接收输入的商品名称、数量和总价，分别存放在 goodsName、amount 和 price 中。

（4）分别判断输入的商品名称、数量和总价的合法性。其中，商品名称必须存在于 goodsList，否则为非店铺当前售卖的商品。数量和总价必须为大于 0 的正整数。

3. 若输入中存在非法数据，则捕获异常，并要求用户重新输入

上一步判断数据的合法性，若数据均正确，则可正常录入系统。若数据有误，则通过 raise 抛出相应的自定义异常，并通过 try-except 语句捕获异常，在 except 异常处理中，要求用户重新输入合法的数据。

【实现代码】　本案例实现的参考代码如下：

```
class NameError(Exception):
    def __init__(self, str):
        self.str = str
class AmountError(Exception):
```

```python
    def __init__(self, amount):
        self.amount = amount
class PriceError(Exception):
    def __init__(self, price):
        self.price = price
goodsList = [" 鸡蛋 "," 牛奶 "," 面包 "," 番茄 "," 黄油 "]
print(" 店铺销售的商品如下 : 鸡蛋 , 牛奶 , 面包 , 番茄 , 黄油 ")
goodsname = input(" 请输入购买商品的名字 :")
try:
    if goodsname not in goodsList:
        raise NameError(" 输入商品不存在 , 店铺售卖的商品仅包括 : 鸡蛋 , 牛奶 , 面包 ,
                        番茄 , 黄油 ")
except NameError as e:
    print(e.str)
    goodsname = input(" 请重新输入购买商品的名字 :")
amount = int(input(" 请输入购买商品的数量 : "))
try:
    if amount<0:
        raise AmountError(amount)
except AmountError as e:
    print(" 输入购买数量为 ",e.amount,",  数量不能为负数 ")
    amount = int(input(" 请重新输入商品数量 :"))
price = int(input(" 请输入商品总价 : "))
try:
    if price<0:
        raise PriceError("price")
except PriceError as e:
    print(" 输入商品总价为 ", e.price, ",  总价不能为负数 ")
    price = int(input(" 请重新输入商品总价 :"))
print(" 已录入用户输入的销售记录 , 购买商品 :",goodsname,",
    数量 :",amount,", 总价 :",price)
```

单元小结

在本单元中，我们学习了 Python 中异常的类型，异常的捕获和处理方式，以及如何抛出异常。主要的知识点如下：

1. 异常是一个事件，该事件会在程序执行过程中发生，影响了程序的正常执行。一般情况下，在 Python 无法正常处理程序时就会发生一个异常（异常也是 Python 对象，表示一个错误）。

2. 当 Python 脚本发生异常时，我们需要捕获处理它，否则程序会终止执行。

3. 异常的类型：Python 中包含很多内置异常，可向用户准确反馈出错信息，比如 KeyboardInterrupt、OverflowError、ZeroDivisionError、IndexError 等。

4. 用户可以创建自定义的异常。

5. 异常的捕获：捕捉异常可以使用 try-except 语句。

6. 在 Python 程序执行过程中，把可能发生的异常，需要检测的语句放置在 try 块里面，try 块里面的语句发生的异常都会被 try 语句检测到，并抛出异常给 Python 解释器，Python 解释器会寻找能处理这一异常的 except 代码，并把当前异常交给其处理。

7. 抛出异常：可以使用 raise 语句主动抛出异常。

8. 通过 assert 断言判断一个表达式，表达式条件为 True，则正常执行代码；表达式条件为 False，则抛出断言异常。

单元 7
测试题

单元 8　面向对象

单元知识 ▶ 目标

1. 了解面向对象与面向过程的基本概念
2. 熟悉面向对象的三大特征
3. 掌握实例属性与类属性
4. 掌握实例方法、类方法及静态方法
5. 掌握继承与多态

单元技能 ▶ 目标

1. 能够使用类描述事物
2. 能够编写面向对象的程序
3. 能够使用继承设计程序
4. 能够使用不同类型的属性和方法

单元思政 ▶ 目标

1. 培养学生以组织的视角开展事业，培养立足本职、善于协作的职业精神
2. 培养学生在学习前人经验的基础上，坚持开拓创新的意识

单元 8　面向对象

📍 单元重点

　　程序设计方法主要包括面向对象和面向过程两种。面向对象（object oriented）是指把相关的数据和方法组织为一个整体来看待，从更高的层次来进行系统建模，更贴近事物的自然运行模式。面向对象是一种对现实世界理解和抽象的方法，是计算机编程技术发展到一定阶段后的产物。

　　本单元将向大家介绍面向对象的基本概念及面向对象的三大特性。通过对本单元相关知识的学习，学习者能够了解类与对象的基本概念，并重点掌握类的继承、多态，还能够在程序的开发中使用面向对象程序设计方法，开发出重用性、灵活性、扩展性良好的应用程序。本单元技能图谱，如图 8-1 所示。

图 8-1　本单元技能图谱

📍 案例资源

	综合案例
■ 把大象装进冰箱	案例 1　商品销售数据类设计
■ 游戏角色类设计	案例 2　店铺销售数据类设计
□ 分页器设计	
■ 论坛用户类设计	

引例
描述

　　小明最近萌生了一个经营超市的想法。经营终端零售超市，对各商品日常销售数据的管理尤为重要。小明对 Python 的基础知识已经基本掌握了，他打算开发一个商品的销售管理系统来管理超市的日常经营数据。而开发一个完整的软件系统，需要经历需求分析、详细设计、编程、测试等阶段，于是，小明想请教林老师，该如何着手开发这个商品销售系统，以及在详细设计阶段需要重点考虑哪些问题，如图 8-2 所示。

（a）小明来电　　　　　　　　　（b）设计开发思路

图 8-2　商品销售管理系统开发

　　小明经过详细思考，结合林老师提供的面向对象设计的相关建议和思路，制定了以下开发步骤：

　　第一步，分析系统要存储哪些商品的相关数据，利用所学的 Python 知识，用变量表示出这些数据；

　　第二步，将上一步中定义的变量封装起来，同时构造必要的函数，创建商品对应的类；

　　第三步，对各个类进行计算，处理日常销售数据。

知识
储备

　　那么，小明要使用 Python 语言开发这样一个商品销售管理系统，需要掌握哪些知识呢？除了掌握 Python 语言的基本语法外，还离不开 Python 语言的面向对象编程。商品销售管理系统，顾名思义，就是记录、处理、管理在日常经营活动中产生的商品销售数据的软件系统。在进行商品销售管理系统的开发中，我们首先需要分析各个种类的商品属性，如名称、生产日期、过期日期、商品分类、成本价、零售价、利润等，这些商品属性可以用 Python 变量来表示、存储、运算。这些属性并不是独立的，它们共同描述商品，所以我们可以将这些数据封装成一个整体——类。而对类进行实例化，就是具体的对象。Python 从设计之初就已经是一门面向对象的语言，正因为如此，在 Python 中创建一个类和对象是相对容易的。总而言之，面向对象就是把数据及对数据的操作方法放在一起，作为一个相互依存的整体——对象。

8.1　面向对象概述

Python 是面向对象的高级编程语言，类和对象是 Python 程序的核心。围绕着 Python 类和 Python 对象，有三大基本特性：封装、继承、多态。封装是 Python 类的编写规范，继承是类与类之间联系的一种形式，而多态为系统组件或模块之间解耦提供了解决方案。本单元我们将详细介绍 Python 的面向对象编程。

8.1.1　什么是面向对象

面向对象编程（object oriented programming，OOP），是一种程序设计思想。OOP 把对象作为程序的基本单元，一个对象包含了数据和操作数据的函数。面向对象编程是当今主流的程序设计思想，已经取代了过程化程序开发技术。因为 Python 是完全面向对象的编程语言，所以必须熟悉面向对象才能够编写 Python 程序。

8.1.1
预习视频

面向对象的程序核心是由对象组成的，每个对象包含着对用户公开的特定功能和隐藏的部分实现。面向对象的编程语言主要有 Python、C++、Java、C# 等。程序中的很多对象来自标准库，而更多的类需要我们程序开发者自定义。

面向对象有以下特点：

面向对象是一种常见的思想，比较符合人们的思考习惯；

面向对象可以将复杂的业务逻辑简单化，增强代码复用性；

面向对象具有抽象、封装、继承、多态等特性。

8.1.1
考考你

8.1.2　面向对象和面向过程

许多人在学习编程语言的时候都会被告知，C 语言是面向过程的编程语言，Java 语言是面向对象的编程语言等。那么，什么是面向过程？什么是面向对象呢？

面向过程的程序设计把计算机程序视为一系列的命令集合，即一组函数的顺序执行。为了简化程序设计，面向过程把函数继续切分为子函数，即把大块函数切割成小块函数来降低系统的复杂度。而面向对象的程序设计把计算机程序视为一组对象的集合，每个对象都可以接收其他对象发过来的消息，并处理这些消息，计算机程序的执行就是一系列消息在各个对象之间传递。

8.1.2
预习视频

简单来说，现实世界存在的任何事物都可以称为对象，它们有着自己独特的属性。面向对象就是将构成问题的事物分解成各个对象，建立对象不是为了完成一个步骤，而是为了描述某个事物在解决问题的步骤中的行为。面向过程不同于面向对象，面向过程分析出解决问题所需要的步骤，然后用函数把这些步骤一步一步实现，使用的时候一个一个依次调用就可以了。

面向对象具有如下优点：易维护、易复用、易扩展，由于面向对象有封装、继承、多态的特性，因此可以设计出低耦合的系统，使系统更灵活、更易于维护。面向过程和面向对象等多样化的编程思想，启示我们要具有探索的精神、进取的态度和积极包容的心态。我们要容纳多元思想、集百家之长，更要打破常规、勇于创新。

【典型应用 1——把大象装进冰箱】

8.1.2
考考你

应用说明：为了说明面向对象和面向过程的定义，以及它们的区别与联系，我们以"把大象装进冰箱"这一需求为例进行说明。面向过程的处理方法是：首先打开冰箱，然后存储大象，最后关上冰箱。按部就班完成任务。而面向对象的处理方法则是：首先创建具有"进冰箱"功能的大象；然后创建一个冰箱，它具有打开或者关闭的功能；最后使用大象和冰箱的功能完成任务。下面以伪代码描述此过程。

面向过程：

Begin

打开冰箱

存储大象

关上冰箱

End

面向对象：

Begin

创建大象

创建冰箱

冰箱打开

大象进冰箱

冰箱关闭

End

8.1.3
预习视频

▶▶ 8.1.3 面向对象基本特性

面向对象是一种对现实世界理解和抽象的方法，是计算机编程技术发展到一定阶段后的产物。面向对象具有三大特征，分别是封装、继承和多态。

封装，顾名思义就是将内容封装到某个地方，以后再去调用被封装在某处的内容。在使用面向对象的封装特性时，使用者是不需要关注其内部是如何工作的。比如，当驾驶一辆汽车时，我们使用方向盘调整方向，使用油门加速，而根本不需要知道车内部的具体构造。面向对象编程的封装思想，它可以更好地模拟真实世界里的事物，将其视为对象，并把描述特征的数据和代码块封装到一起。

面向对象中的继承和现实生活中的继承相同，通俗地说，就是儿子可以继承父亲所拥有的一些东西，如财富和社会关系。我们知道猫可以爬树和奔跑，狗可以游泳和奔跑，当我们在程序中需要创建"猫"和"狗"时，则它们都具有各自所有的功能。现在以继承的思想去创建，那么我们可以先创建一个"动物"，而大多数"动物"都是可以奔跑的，所以，"动物"中具有奔跑这个功能，接下来创建"猫"和"狗"时，我们便可以直接从"动物"中继承奔跑的功能。

在面向对象程序设计中，除了封装和继承特性外，多态也是一个非常重要的特性。多态是指一类事物有多种形态，比如动物类，可以有猫、狗、猪等。在 Python 语言中，同样也支持多态，但是有限地支持多态性。Python 不支持其他面向对象编程语言中的多态——重载和重写等特性。Python 的多态性则是指具有不同功能的函数可以使用相同的函数名，这样就可以用一个函数名调用不同内容的函数。

8.1.3
考考你

8.2　类与对象

通过前面内容的学习，我们了解了面向对象的基本概念及其与面向过程的异同，掌握了面向对象的三大特征。接下来，我们将学习 Python 语言中类与对象的相关知识。

8.2.1　类与对象的关系

类是用来描述具有相同的属性和方法的对象的集合。它定义了该集合中每个对象所共有的属性和方法。类中的大多数数据，只能用本类的方法进行处理。类通过一个简单的外部接口与外界发生关系。对象即人对各种具体物体抽象后的一个概念。人们每天都要接触各种各样的对象，如猫、狗、猪等都是对象。而动物是一个类，对象是类的实例。

8.2.1
预习视频

它们的定义不同。类是现实世界或思维世界中的实体在计算机中的反映，它将数据以及这些数据上的操作封装在一起。而对象是具有类类型的变量。类和对象是面向对象编程技术中的最基本的概念。

它们的范畴不同。类是一个抽象的概念，它不存在于现实中的时间、空间里，类只是为所有的对象定义了抽象的属性与行为。而对象是类的一个具体，它是一个现实存在的东西。

它们的状态不同。类是一个静态的概念，本身不携带任何数据。当没有为类创建任何数据时，类本身不存在于内存空间。而对象是一个动态的概念，每一个对象都存在着有别于其他对象的属于自己的独特的属性和行为，属性可以随着自身的行为变化而发生改变。

8.2.1
考考你

8.2.2
预习视频

▶▶ 8.2.2　类的定义与访问

在 Python 中，使用 class 关键字来创建一个新类，class 后跟类的名称并以冒号结尾。和变量名一样，类名本质上就是一个标识符，因此，我们在给类起名字时，必须让其符合 Python 的语法规则，如果由单词构成类名，建议每个单词的首字母大写，其他字母小写。如下代码为定义"狗"这个类：

```
class Dog(object):
    age = 1
    def swimming(self):
        print(' 我是一只小狗，我会游泳 ')
```

class 后面紧接着类名，即 Dog，接着是（object），表示该类是从哪个类继承下来的。通常，如果没有合适的继承类，就使用 object 类，这是所有类最终都会继承的类。给类起好名字之后，其后要跟冒号，表示告诉 Python 解释器，下面要开始设计类的内部功能了，也就是编写类属性和类方法。类属性指的是包含在类中的变量；而类方法指的是包含在类中的函数。换句话说，类属性和类方法其实分别是包含在类中的变量和函数的别称。需要注意的是，同属一个类的所有类属性和类方法，要保持统一的缩进格式，通常统一缩进 4 个空格。无论是类属性还是类方法，对于类来说，它们都不是必需的，既可以有也可以没有。另外，Python 类中属性和方法所在的位置是任意的，即它们之间并没有固定的前后次序。

从上面的代码可以看到，我们创建了一个名为 Dog 的类，其包含了一个名为 age 的属性，同时，它还包含了一个 swimming( ) 函数，该函数包含一个参数self。

实际上，我们完全可以创建一个没有任何类属性和类方法的类。换句话说，Python 允许创建空类，例如：

```
class Empty:
    pass
```

8.2.2
考考你

可以看到，如果一个类没有任何类属性和类方法，那么可以直接用 pass 关键字作为类体。但在实际应用中，很少会创建空类，因为空类没有任何实际意义。

8.2.3　对象的创建与使用

前面已提到，类不能直接拿来使用，它是一个模板，需要创建实际的对象才能使用。当我们定义好了类，就可以根据类创建出实例对象。对已定义好的类进行实例化，其语法格式如下：

类名 (参数)

8.2.3
预习视频

在创建类时，我们可以手动添加一个 __init__( ) 函数，该方法是一个特殊的类实例方法，称为构造方法（或构造函数）。构造方法用于创建对象时使用，每当创建一个类的实例对象时，Python 解释器都会自动调用它。在 Python 类中，手动添加构造方法的语法格式如下：

def__init__(self,⋯):

代码块

注意，此方法的方法名中，开头和结尾各有 2 个下划线，且中间不能有空格。Python 类中有很多以双下划线开头、双下划线结尾的方法，都具有特殊的意义，将在后续内容中介绍。如果没有手动添加 __init__( ) 构造方法，又或者添加的 __init__( ) 中仅有一个 self 参数，则创建类对象时的参数可以省略不写。例如，创建一个名为 Dog 的类，并对其进行了实例化，代码如下：

```
class Dog:
    name = " 我是小黑 "
    age = 1
    def __init__(self,name,age):
        self.name = name
        self.age = age
        print(name," 年龄为：",age)
    def swimming(self, content):
        print(content)
dog = Dog (" 我是小白 ",2)
```

在上面的程序中，由于构造方法除 self 参数外，还包含 2 个参数，所以在实例化类的对象时，可以传入相应的 name 值和 age 值。其中，self 是特殊参数，不需要手动传值，Python 会自动给它传值。另外，__init__( ) 函数可以包含多个参数，且必须包含一个名为 self 的参数并作为第一个参数。仅包含 self 参数的 __init__( ) 构造方法，又称为类的默认构造方法。也就是说，类的构造方法最少也要有一个 self 参数。注意，即便不手动为类添加任何构造方法，Python 也会自动为类添加一个仅包含 self 参数的构造方法。

当我们创建好类并进行了实例化得到了类的实例对象之后，便可以使用类对象访问变量或方法了。使用已创建好的类对象访问类中实例变量的语法格式如下：

对象名 . 变量名

使用类对象调用类中方法的语法格式如下：

对象名 . 方法名 (参数)

注意，对象名和变量名以及方法名之间用点 "." 连接。下面代码演示了如何通过 dog 对象调用类中的实例变量和方法：

```
print(dog.name, dog.age)              # 输出 name 和 age 实例变量的值
dog.name = " 小灰 "                    # 修改实例变量的值
dog.age = 3
dog.swimming(" 我会游泳 ")            # 调用 dog 的 swimming( ) 函数
print(dog.name,dog.age)               # 再次输出 name 和 age 的值
```

Python 支持为已创建好的对象动态增加实例变量，方法也很简单，代码如下：

```
dog.weight = 5
print(dog.weight)
```

从代码中可以看到，通过直接增加一个新的实例变量并为其赋值，就成功地为 dog 对象添加了 weight 变量表示小狗的体重。

既然能动态添加，那么能否动态删除呢？答案是能，使用 del 语句即可实现，代码如下：

```
del dog. weight                       # 删除新添加的 weight 实例变量
```

Python 也允许为对象动态增加方法。同样以 Dog 类为例，由于其内部只包含一个 swimming( ) 函数，因此，该类实例化出的 dog 对象也只包含一个 swimming( ) 函数。但其实，我们还可以为 dog 对象动态添加其他方法。代码如下：

```
def info(self):
    print("---info 函数 ---", self)
dog.foo = info                        # 使用 info 对 dog 的 foo 方法赋值
dog.foo(dog)
```

```
# 使用 lambda 表达式为 dog 对象的 bar 方法赋值
dog.bar = lambda self: print('--lambda 表达式 --', self)
dog.bar(dog)
```
上面的代码分别使用函数、lambda 表达式为 dog 对象动态增加了方法。

【典型应用 2——游戏角色类设计】

应用说明：如果需要为某游戏设计一个角色——乌龟，那么应该如何来实现呢？使用面向对象的思想会更简单，可以分为如下两个方面进行描述：首先从表面特征来描述，例如，它是绿色的、有 4 条腿、重 1kg、有外壳，等等；其次从所具有的行为来描述，例如，它会爬、会吃东西、会睡觉、会将头和四肢缩到壳里，等等。如果将乌龟用代码来表示，则其表面特征可以用变量来表示，其行为特征可以通过建立各种函数来表示。代码如下：

```
class Tortoise:
    bodyColor = " 绿色 "
    footNum = 4
    weight = 1
    hasShell = True
    # 会爬
    def crawl(self):
        print(" 乌龟会爬 ")
    # 会吃东西
    def eat(self):
        print(" 乌龟吃东西 ")
    # 会睡觉
    def sleep(self):
        print(" 乌龟在睡觉 ")
    # 会缩到壳里
    def protect(self):
        print(" 乌龟缩进了壳里 ")
tortoise = Tortoise( )
tortoise.crawl( )
tortoise.eat( )
tortoise.sleep( )
tortoise.protect( )
```

8.2.3
考考你

程序运行的效果，如图 8-3 所示。

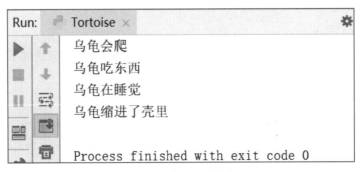

图 8-3　设计一只乌龟角色

8.2.4　访问限制

8.2.4
预习视频

　　在类的内部，可以有属性和方法，而外部代码可以通过直接调用实例变量的方法来操作数据，这样就隐藏了内部的复杂逻辑。如果要让内部属性不被外部访问，可以在属性的名称前加上两个下划线"__"。在 Python 中，实例的变量名如果以"__"开头，就变成了一个私有变量（private），只有内部可以访问，外部不能访问。我们把 Dog 类改一改，代码如下：

```
class Dog(object):
    def __init__(self, name, age):
        self.__name = name
        self.__age = age
    def print_age(self):
        print('%s: %s' % (self.__name, self.__age))
```

　　改完后，对于外部代码来说，没什么变动，但是已经无法从外部访问实例变量 .__name 和实例变量 .__age 了，这样就确保了外部代码不能随意修改对象内部的状态。通过访问限制的保护，代码更加健壮。但是如果外部代码要获取 name 和 age 怎么办？那么可以给 Dog 类增加 get_name( ) 和 get_age( ) 这样的方法。例如：

```
class Dog(object):
    def __init__(self, name, age):
        self.__name = name
        self.__age = age
    def print_age(self):
        print('%s: %s' % (self.__name, self.__age))
```

```
        def get_name(self):
            return self.__name
        def get_age(self):
            return self.__age
```

如果又要允许外部代码修改 age 怎么办？那么可以再给 Dog 类增加 set_age( ) 方法。例如：

```
class Dog(object):
        def __init__(self, name, age):
            self.__name = name
            self.__age = age
        def print_age(self):
            print('%s: %s' % (self.__name, self.__age))
        def get_name(self):
            return self.__name
        def get_age(self):
            return self.__age
        def set_age(self, age):
            self.__age = age
```

> 💡 **学一学**
>
> 需要注意的是，在 Python 中，变量名类似 __xxx__ 的，也就是以双下划线开头并且以双下划线结尾的是特殊变量。特殊变量是可以直接访问的，不是 private 变量。

8.2.4
考考你

8.3 【案例】商品销售数据类设计

学习完了本单元的知识，我们就可以利用 Python 面向对象编程来解决一些实际问题了。比如在开发商品销售管理系统时，对商品的销售数据进行类设计。

▶▶ 8.3.1　案例要求

【案例目标】 开发商品销售管理系统，对商品的销售数据进行类设计。

【相关解释】 需要对商店销售的商品数据进行管理，开发一个商品销售管

8.3.1
案例视频

理系统，首先需要设计数据库，对数据进行存储。而在设计数据库的实体时，就是对相关商品进行类设计。该类不仅封装了商品的属性，还封装了可以计算商品利润的自定义方法。

例如：设计一个商品类 Commodity，实例化对象为苹果。

【案例效果】 本案例程序运行的效果，如图 8-4 所示。

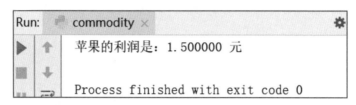

图 8-4 苹果销售数据类设计

【具体要求】 本案例的实现过程应满足以下要求。

1. 创建工程并配置环境

（1）限制 1. 工程名：Unit08_E01。

（2）限制 2. 源码文件：commodity.py。

2. 定义一个类 Commodity

（1）定义类属性和实例属性，表示商品名称。

（2）定义类属性和实例属性，表示商品零售价。

（3）定义类属性和实例属性，表示商品成本价。

（4）定义类方法，计算商品利润。

（5）定义实例属性，表示利润。

（6）定义构造方法。

8.3.2 实现思路与代码

【实现思路】 本案例实现的参考思路如下。

1. 按实训要求创建工程并配置环境

2. 定义一个类 Commodity

（1）定义类属性 name，表示商品名称。

（2）定义类属性 retailPrice，表示商品零售价。

（3）定义类属性 costPrice，表示商品成本价。

（4）定义类方法 getProfit( )，计算商品利润。

（5）定义实例属性 profit，表示利润。

（6）定义构造方法、实例属性等。

【实现代码】 本案例实现的参考代码如下。

```python
# 定义一个商品类
class Commodity ( ):
    # 定义类变量
    name = " 商品名称 "
    retailPrice = 0
    costPrice = 0
    def __init__(self,name,retailPrice,costPrice):
        self.name = name
        self.retailPrice = retailPrice
        self.costPrice = costPrice
    def getProfit(self):
        profit = self.retailPrice−self.costPrice
        print("%s 的利润是 : %f 元 "%(self.name,profit))
# 对象实例化
apple = Commodity(" 苹果 ",3.5,2)
apple.getProfit( )
```

8.4 属 性

根据变量定义的位置以及定义的方式不同，类属性又可细分为以下 3 种类型：在类体中，所有函数之外，此范围定义的变量，称为类属性或类变量；在类体中，所有函数内部，以"self. 变量名"的方式定义的变量，称为实例属性或实例变量；在类体中，所有函数内部，以"变量名 = 变量值"的方式定义的变量，称为局部变量。

本节将详细介绍实例属性和类属性的相关知识。

8.4.1 实例属性

实例属性指的是在任意类方法内部，以"self. 变量名"的方式定义的变量，其特点是只作用于调用方法的对象。另外，实例属性只能通过对象名访问，无法通过类名访问。代码如下：

8.4.1
预习视频

```
class Dog( ) :
    def __init__(self):
        # name 和 age 都是实例属性
        self.name = " 小黑 "
        self.age = 3
    # 下面定义了一个 say 实例方法
    def say(self):
        self.catalog = 19
```

此 Dog 类中，name、age 以及 catalog 都是实例属性。其中，由于 __init__( ) 函数在创建类对象时会自动调用，而 say( ) 函数需要类对象手动调用，因此，Dog 类的类对象都会包含 name 和 age 实例属性。只有调用了 say( ) 函数的类对象，才会拥有 catalog 实例属性。例如，在上面代码的基础上，添加如下语句：

```
dog = Dog( )
print(dog.name)
print(dog.age)
dog2 = Dog( )
print(dog2.name)
print(dog2.age)
# 只有调用 say( )，才会拥有 catalog 实例属性
dog2.say( )
print(dog2.catalog)
```

程序运行的效果，如图 8-5 所示。

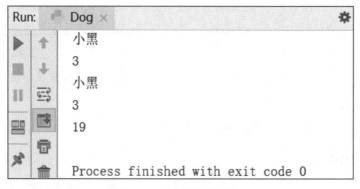

图 8-5　实例属性的访问

前面提到，通过类对象可以访问类属性，但无法修改类属性的值。这是因为，通过类对象修改类属性的值，不是在给类属性赋值，而是定义新的实例属性。例如，在

Dog 类体内添加类属性 animal，修改 Dog 类代码如下：

```
class Dog( ) :
    animal = 'dog'
    def __init__(self):
        #name 和 age 都是实例属性
        self.name = " 小黑 "
        self.age = 3
    # 下面定义了一个 say( ) 实例方法
    def say(self):
        self.catalog = 19
dog = Dog( )
#dog 访问类属性
print(dog.animal)
#dog 尝试修改类属性，本质上是添加了新的实例属性
dog.animal = "cat"
#dog 实例属性的值
print(dog.animal)
# 类属性的值
print(Dog.animal)
```

程序运行的效果，如图 8-6 所示。

8.4.1
考考你

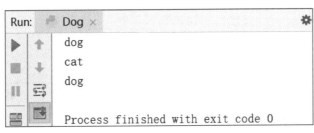

图 8-6　访问类属性

显然，通过类对象是无法修改类属性的值的，其本质是给 dog 对象添加了 animal 这个实例属性。

▶▶ 8.4.2　类属性

类属性指的是在类中，但在各个类方法外定义的变量。代码如下：

```
class Dog( ) :
    name = ' 我是类属性 name'
```

8.4.2
预习视频

```
        age = ' 我是类属性 age'
        # 下面定义了一个 say 实例方法
        def say(self):
            self.catalog = 19
```

上面程序中，name 和 age 就属于类属性，也叫类变量。

类属性代表所有类的实例化对象的共享属性。也就是说，类属性在所有实例化对象中是作为公共资源存在的。既然是公共资源，当然是为公共利益服务的，若是有人侵占私用则会损毁公共利益、扰乱社会正常秩序。因此，我们在使用类属性时应该注意明晰其职能。类属性的调用方式有 2 种：一种是可以使用类名直接调用；另一种是可以使用类的实例化对象调用。比如，在 Dog 类的外部，添加代码如下：

```
# 使用类名直接调用
print(Dog.name)
print(Dog.age)
# 修改类变量的值
Dog.name = " 我是小黑 "
Dog.age = 3
print(Dog.name)
print(Dog.age)
dog = Dog( )
# 实例对象调用
print(dog.name)
print(dog.age)
```

程序运行的效果，如图 8-7 所示。

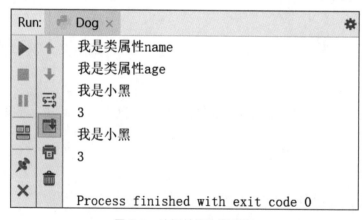

图 8-7　访问并修改类属性

从上面代码中可以看到，通过类名不仅可以调用类属性，也可以修改类属性的值。需要注意的是，类属性为所有实例化对象共有，通过类名修改类属性的值，也会影响所有的实例化对象。

8.4.2
考考你

在编写程序的时候，实例属性和类属性千万不要使用相同名称，因为相同名称的实例属性将屏蔽类属性，但是当你删除实例属性后，再使用相同的名称，访问的将是类属性。

8.5　方　法

现代社会中，分工与协作是社会进步的基石，组织内部既要分工明确，又要互相沟通、协作，以达成共同的目标。在面向对象程序设计中，通过方法承担个体在分工中的职责，个体之间通过方法的调用进行协作沟通。在类的内部定义的函数，即绑定了该类的方法，方法可以配套该类或对象进行调用。根据调用方式的差别，又可以把方法分为对象方法、类方法和静态方法三类。

▶▶ 8.5.1　对象方法

对象方法也称为实例方法，是与该类创建的对象相绑定的方法，可以通过对象进行调用，在对象方法中可以使用对象的属性和其他方法。对象方法定义的一般格式为：

8.5.1
预习视频

class　类名：

　　def　方法名 (特殊参数 [, 普通参数列表]):

　　　　语句 s

对象方法调用的一般格式为：

[返回值 =] 对象名 . 方法名 (普通参数列表)

其中，方法是在类中定义的函数，相对于类缩进一个层级，通常用一个 Tab 或四个空格表示。在对象方法的定义中，第一个是特殊参数，表示该类创建出来的对象本身，通常使用 self 表示。该参数在对象方法的定义中不可省略，而在调用过程中不需要显式传递，因为 Python 的机制中已经自动将对象传递给该参数。

例如，定义一个正方形类，类中定义了计算正方形面积的方法，并调用该方法计算正方形面积。代码如下：

```
class Square:
    def __init__(self, x):
```

```
        self.x = x                          # 正方形的边长属性 x
    def get_area(self):                     # 对象方法定义，实现正方形面积计算功能
        return self.x * self.x
s = Square(5)                               # 创建一个边长为 5 的正方形对象
print(s.get_area( ))                        # 调用对象方法，结果为 25
```

对象方法的一个典型应用如下。

【典型应用 3——分页器设计】

应用说明：用户访问一个网页或者查看某些数据时，如果数据量过大则需要按页查看，这种情况下就需要用到了分页器。分页器的基本功能有记录当前页码、计算当前页面起始项和结束项索引、跳转到上一页、跳转到下一页等。本应用无须用户输入；输出：当前页码、当前页的起始项和结束项索引。代码如下：

```
class Pager:                                # 定义一个分页器类型
    def __init__(self, current_page = 1, max_page = 30, per_items = 10):
        self.current_page = current_page    # 用户当前请求的页码，默认为第 1 页
        self.min_page = 1                   # 最小页码
        self.max_page = max_page            # 最大页码，默认为 30 页
        self.per_items = per_items          # 每页显示的数据条数，默认显示 10 条

    def next(self):                         # 跳到下一页
        if self.current_page + 1 <= self.max_page:
            self.current_page += 1

    def previous(self):                     # 跳到上一页
        if self.current_page − 1 >= self.min_page:
            self.current_page −= 1

    def start_item(self):                   # 获取起始项下标
        val = (self.current_page − 1) * self.per_items
        return val

    def end_item(self):                     # 获取结束项下标，不包含该项
        val = self.current_page * self.per_items
        return val
```

8.5.1
考考你

```
p = Pager(2)
p.next( )                              # 跳到下一页
print(f' 当前展示第 {p.current_page} 页，展示数据下标范围 [{p.start_item( )},
    {p.end_item( )}]')
```

程序运行的效果，如图 8-8 所示。

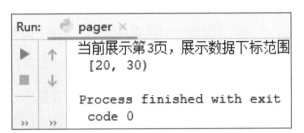

图 8-8 分页器运行效果

8.5.2 类方法

8.5.2
预习视频

类方法是与该类相绑定的方法，可以通过类或对象进行调用，在类方法中可以使用类属性和类方法。类方法定义的一般格式为：

class 类名：

 @classmethod

 def 方法名 (特殊参数 [, 普通参数列表]):

  语句 s

类方法调用的一般格式为：

[返回值 =] 类名 . 方法名 (普通参数列表)

[返回值 =] 对象名 . 方法名 (普通参数列表)

其中，类方法的定义借助装饰器来实现，需要在所定义的类方法上方加上 @classmethod 对该方法进行装饰。在类方法的定义中，第一个是特殊参数，表示该类本身，通常使用 cls 表示。该参数在类方法的定义中不可省略，而在调用过程中不需要显式传递，因为 Python 的机制中已经自动将类传递给该参数。

例如，定义一个正方形类，并定义了类方法以获取最后定义的正方形对象的边长。代码如下：

```
class Square:
    last = Square(0)        # 定义类属性 last，用于保存最后创建的正方形对象
    def __init__(self, x):
        self.x = x
```

```
                    Square.last = self        #在类属性 last 中引用最后创建的正方形对象
                    @classmethod
                    def get_last_x(cls):      #类方法定义，获取最后创建的正方形边长 x
                        return cls.last.x
    s = Square(5)                             #创建一个边长为 5 的正方形对象
    print(Square.get_last_x( ))               #通过类调用类方法，结果为 5
    print(s.get_last_x( ))                    #通过对象调用类方法，结果为 5
```

▶▶ 8.5.3 静态方法

静态方法是与该类相绑定的方法，可以通过类或对象进行调用。与对象方法和类方法不同，静态方法中没有自动传递类或对象，也就无法便利地访问与类或对象绑定的属性和方法。静态方法定义的一般格式为：

```
class 类名 :
    @staticmethod
    def  方法名 ( 参数列表 ):
        语句 s
```

静态方法调用的一般格式为：

[返回值 =] 类名 . 方法名 (参数列表)

[返回值 =] 对象名 . 方法名 (参数列表)

其中，与类方法类似，静态方法的定义也借助装饰器来实现，需要在所定义的类方法上方加上 @staticmethod 对该方法进行装饰。静态方法不会将类或对象自动传递给第一个参数。因此，静态方法既不能修改对象状态，也不能修改类状态。静态方法在它们可以访问的数据方面受到限制，因此一般用于与类对象以及实例对象无关的代码。

例如，定义一个工具类，并定义了静态方法以计算列表的最大值和最小值。代码如下：

```
class Util:
    @staticmethod
    def max(num_list):        #定义静态方法，功能为求列表元素最大值
        max_ = num_list[0]
        for num in num_list[1:]:
            if num > max_:
                max_ = num
        return max_
```

8.5.3
考考你

```
    @staticmethod
    def min(num_list):        #定义静态方法，功能为求列表元素最小值
        min_ = num_list[0]
        for num in num_list[1:]:
            if num < min_:
                min_ = num
        return min_
data = [3, 1, 5, 9, 2]
print(Util.max(data))        #使用类调用静态方法 max( )，结果为最大值 9
print(Util( ).min(data))     #使用对象调用静态方法 min( )，结果为最小值 1
```

8.6　特殊方法

▶▶ 8.6.1　构造方法

很多类都倾向将对象创建为有初始化状态，因此，类可以定义一个名为 __ init__ 的特殊方法（构造方法）来实例化一个对象。

构造方法是指当实例化一个对象（创建一个对象）的时候，第一个被自动调用的方法。其格式为：

class 类名：

　　def__init__(self, 参数列表)： **# 构造方法，self 指被创建的对象**

　　　　语句

8.6.1
预习视频

用类创建对象的过程中，构造方法会被自动调用。如：

```
class Person( ):
    def __init__(self, name):
        self.name = name
        print(" 构造方法被执行了 ")
```

8.6.1
考考你

```
p1 = Person(' 张三 ') #创建对象，构造方法被调用，打印 " 构造方法被执行了 "
print(p1.name)        #访问对象属性，打印 " 张三 "
```

当未手动添加构造函数时，系统会默认提供一个无参数的构造方法。

8.6.2
预习视频

▶▶ 8.6.2　析构方法

　　上一小节介绍了的构造方法，根据唯物辩证法中阐述的对立统一规律，任何事物内部以及事物之间都包含着矛盾，使用构造方法创造一个对象为我们所用的同时，必然占用一定的资源，只有创造没有销毁，内存资源迟早有用完的一天，因此，析构方法正是用于回收资源的。

　　有些类在对象被销毁时需要进行特殊处理，因此类可以定义一个名为__del__( )的特殊方法（析构方法）来销毁一个对象，在析构方法中完成特定的操作。

　　析构方法是指当销毁一个对象的时候，第一个被自动调用的方法。其格式为：

class 类名 :

　　def __del__(self):　# 析构方法，self 指被销毁的对象

　　　　语句

对象销毁的过程中，析构方法会被自动调用。例如：

8.6.2
考考你

```
class Person:
    def __init__(self, name):
        self.name = name
    def __del__(self):
        print(' 析构方法被调用了 ')


p1 = Person(' 张三 ')
del p1          # 销毁对象，析构方法被调用，打印 " 析构方法被调用了 "


# 在函数里定义的对象,会在函数结束时自动释放,这样可以用来减少内存空
  间的浪费
def func( ):
    per2 = Person(" 李四 ")
func( )          # 函数运行结束时销毁临时变量，析构方法被调用，打印 " 析构方
                 法被调用了 "
```

　　当符合析构函数调用的契机时，系统会自动调用父类的析构函数。如使用del 直接删除变量、函数中定义的临时变量都会触发析构方法。

▶▶ 8.6.3　魔术方法

8.6.3
预习视频

　　在 Python 中，所有以 "__" 双下划线包起来的方法，统称为 "Magic Method"，

中文称魔术方法，之前介绍过类的构造方法 __init__( ) 和析构方法 __del__( )，它们都是魔术方法的实例。魔术方法涵盖面很广，常用的魔术方法，如表 8-1 所示。

表 8-1　常用的魔术方法

魔术方法	描述
__add__( )、__sub__( )、__mul__( )、__div__( )、__mod__( )、__pow__( )	实现算术运算符 +、-、*、/、%、** 表示的行为
__eq__( )、__ne__( )、__lt__( )、__gt__( )、__le__( )、__ge__( )	定义比较运算符 ==、!=、<、>、<=、>= 的行为
__str__( )	定义将对象转换为字符串时的行为，如 str(obj)、print(obj)
__repr__( )	定义将对象转换为供解释器读取的形式时的行为，如 repr(obj)
__len__( )	用于自定义容器类型，表示容器的长度
__getitem__( )、__setitem__( )、__delitem__( )	用于自定义容器类型，定义访问元素 self[key]、设置元素 self[key]=value、删除元素时的行为
__iter__( )、__reversed__( )	用于自定义容器类型，定义容器迭代、逆序时的行为
__contains__( )	用于自定义容器类型，定义调用 in 和 not in 来测试成员是否存在的时候所产生的行为
__missing__( )	用于自定义容器类型，定义在容器中找不到 key 时触发的行为
__init__( )、__del__( )	定义类的构造方法、析构方法的行为
__new__( )	创建类并返回这个类的实例
__metaclass__( )	定义当前类的元类
__class__( )	查看对象所属的类
__base__( )、__bases__( )	定义获取当前类的父类、所有父类的行为
__getattribute__( )	定义属性被访问时的行为
__getattr__( )	定义试图访问一个不存在的属性时的行为
__setattr__( )、__delattr__( )	定义对属性进行赋值操作、删除操作时的行为
__copy__( )、__deepcopy__( )	定义浅拷贝 copy.copy( )、深拷贝 copy.deepcopy( ) 获得对象时所产生的行为

　　魔术方法涵盖的功能五花八门，不同魔术方法的结构也有所差异，定义魔术方法时应该遵守对应方法的定义规范，主要涉及方法名、方法参数及方法返回值的规范。

　　算术运算符相关的魔术方法，通常需要设置两个参数，分别为参与运算的两个对象，而返回值为运算结果。例如，以下的代码定义了圆相加的方法。

```
class Circle:                    #定义一个圆类
```

```
        def __init__(self, r):        # 构造时设置圆的半径 r
            self.r = r
        def __add__(self, other):
            # 两个圆相加时，创建新圆，新圆面积等于两个旧圆面积之和
            r_add = (self.r**2 + other.r**2) ** 0.5
            return Circle(r_add)
    c1 = Circle(3)
    c2 = Circle(4)
    c3 = c1 + c2                        # 新圆 c3 的面积等于旧圆 c1、c2 的面积之和
    print(c3.r)                         # 新圆的半径为 5
```

比较运算符相关的魔术方法，也需要设置两个参数来传递参与运算的两个对象，而返回值应为 bool 值。例如，定义了两个长方形的大于运算的方法。代码如下：

```
    class Rectangle:                    # 定义一个长方形类
        def __init__(self, a, b):      # 构造时设置长方形的长和宽
            self.a, self.b = a, b
        def __gt__(self, other):       # 两个长方形的大于运算，返回面积比较结果
            return self.a*self.b > other.a*other.b
    r1 = Rectangle(3, 4)
    r2 = Rectangle(6, 2)
    print(r1 > r2)                      # 两个长方形的面积相等，运行结果为 False
```

而 __repr__( ) 和 __str__( ) 转换方法所配套的魔术方法，只需设置一个参数即对象本身，其返回值应为对象转换后的形式。例如，定义了圆形的 __repr__( ) 和 __str__( ) 转换方法。代码如下：

```
    class Circle:                       # 定义一个圆类
        def __init__(self, r):         # 构造时设置圆的半径 r
            self.r = r
        def __repr__(self):            # 将对象转换为供解释器读取的形式
            return f'Circle({self.r})'
        def __str__(self):             # 将对象转换为字符串形式
            return f'Circle: r = {self.r}'
    c1 = Circle(3)
    print(c1)                           # 自动调用 __str__( ) 方法，结果为：Circle: r = 3
    print([c1])                         # 自动调用 __repr__( ) 方法，结果为：[Circle(3)]
```

8.6.3
考考你

8.7　继承与多态

▶ 8.7.1　单继承

8.7.1
预习视频

继承是面向对象软件技术当中的一个概念，与多态、封装共为面向对象的三个基本特征。继承可以使得子类具有父类的属性和方法或者重新定义、追加属性和方法等。

继承是面向对象软件技术当中的一个概念。这种技术使得复用以前的代码非常容易，能够大大缩短程序开发周期，降低开发费用。继承就是子类继承父类的特征和行为，使得子类对象（实例）具有父类的属性和方法，或子类从父类继承方法，使得子类具有与父类相同的行为。继承是在前人的经验和知识的基础上进行创新和改进，站在巨人的肩膀上可以让我们看得更高，走得更远。

例如，定义动物、猫、狗、哮天犬类，它们都有吃、喝、跑、睡这样的行为，以及一些个性化的行为，在图 8-9 中描述了不使用继承和使用继承时编写代码的差异。图 8-9 的上半部分描述了不使用继承时的类的定义方式，每个类自行定义方法实现指定的功能，而共性的行为也需要重复定义，效率低下。图 8-9 的下半部分描述了使用继承时的类定义方式，在 Animal 类中定义了 eat( )、drink( )、run( ) 和 sleep( ) 这些共性方法，然后 Dog 类和 Cat 类继承了 Animal 类的属性和行为，也能使用这些方法；另外，它们又分别定义了个性化的方法 bark( ) 和 catch( )；而 XiaoTianQuan 类继承了 Dog 类，则它可以使用继承所得的 eat( )、drink( )、run( )、sleep( ) 和 bark( ) 方法，还可以定义个性化的方法 fly( )；通过继承特性，大大提高了编程效率。

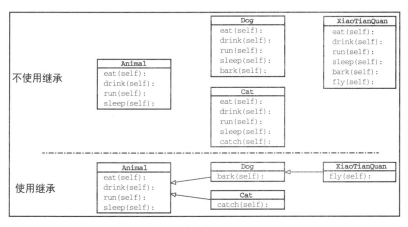

图 8-9　不使用继承与使用继承效果对比

单继承中，只从一个父类继承属性和方法，其格式如下：

class 子类名 (父类名):

　　# 定义个性化的属性和方法

例如，定义了父类 Animal 类和子类 Dog 类，子类 Dog 类继承了父类的 name 属性和 eat( ) 方法，又创建了子类所独有的 bark( ) 方法。

```
class Animal:                    # 父类
    def __init__(self, name):
        self.name = name
    def eat(self):
        print(self.name, 'is eating.')


class Dog(Animal):               # 继承父类 Animal
    def bark(self):              # 定义子类自有的方法
        print (f'{self.name}: WANG!')


dog = Dog('XiaoHei')             # 使用子类创建一个对象
dog.eat( )                       # 访问父类定义的 eat( ) 方法，结果为：XiaoHei is eating.
dog.bark( )                      # 访问子类定义的 bark( ) 方法，结果为：XiaoHei: WANG!
```

不过，很多情况下父类的原有属性和方法并不能很好地满足应用要求，此时就需要在继承的基础上进行改造。改造的思路有两种：一种是完全抛弃原有的实现，用新实现替代父类的实现，这种方法称为覆盖；另一种是使用一部分父类的实现，在此基础上添加一些子类特有的功能。在单继承中，子类要调用父类的属性和方法，可以使用 super( ) 方法找到父类。

例如，定义了父类 Animal 类和新的子类 Dog 类：子类的构造方法保留了原有属性 name，引入了新属性 color，因此使用 super( ) 方法找到父类并调用父类的构造方法设置了属性 name，补充设置了属性 color；而父类的 eat( ) 方法不能满足子类的要求，这里使用覆盖的方式重新实现了 eat( ) 方法。代码如下：

```
class Animal:
    def __init__(self, name):
        self.name = name
    def eat(self):
        print(self.name, 'is eating.')
```

```
class Dog(Animal):
    def __init__(self, name, color):
        super( ).__init__(name)          # 调用父类的构造方法
        self.color = color               # 设置子类自有的属性

    def eat(self):                       # 覆盖父类定义的 eat( ) 方法
        print(f'{self.name}, a {self.color} dog, is eating.')

    def bark(self):
        print (f'{self.name}: WANG!')


dog = Dog('XiaoHei', 'black')            # 使用子类创建一个对象
dog.eat( )                               # 访问子类中定义的 eat( ) 方法，结果为：
                                              XiaoHei, a black dog, is eating.
dog.bark( )                              # 访问子类定义的 bark( ) 方法，结果为：
                                              XiaoHei: WANG!
```

8.7.1
考考你

8.7.2　多继承

我们知道，孩子会继承父母的一些特性，在面向对象中也引入了相似的特性多继承。使用多继承时，子类可以拥有多个父类，并且具有所有父类的属性和方法。其使用的格式如下：

8.7.2
预习视频

class　子类名 (父类名 1, 父类名 2,…):
　　# 定义子类个性化的属性和方法

例如，定义了 Student 和 Social 类，并用多继承定义了子类 CollegeStudent。代码如下：

```
class Student:
    def __init__(self, name):
        print('__init__ in Student')
        self.name = name
    def study(self):
        print(self.name, ' 学习 ing')


class Social:
    def __init__(self, name):
```

```
        print('__init__ in Social')
        self.name = name
        self.money = 50
    def makeMoney(self):
        self.money += 50


class CollegeStudent(Social, Student):
    # 继承类 Student 和 Social 的特性，优先继承前面的
    def __init__(self, name):
        Student.__init__(self, name)
        Social.__init__(self, name)


stu1 = CollegeStudent(' 张三 ')
print(stu1.name, stu1.money)
stu1.study( )
stu1.makeMoney( )
print(stu1.name, stu1.money)
```

【典型应用 4——论坛用户类设计】

应用说明：电子论坛里每个用户拥有两种角色发帖人、看帖人，发帖人具备发帖权限，看帖人具备点赞权限。设计帖子 Post、发帖人 Poster、看帖人 Reader 及用户 User 几个类以实现此功能。本应用无须用户输入；输出：用户的发帖内容和点赞内容。代码如下：

```
import random


class Post:                                    # 帖子类
    id_count = 0
    post_list = [ ]


    def __init__(self, username, content):
        Post.id_count += 1
        self.postid = Post.id_count            # 帖子编号
        self.user = username                   # 发帖人
        self.content = content                 # 帖子内容
```

```python
        self.likes_count = 0                        # 点赞数
        Post.post_list.append(self)


    @classmethod
    def __class_getitem__(cls, item):               # 根据帖子编号索引帖子
        for post in cls.post_list:
            if post.postid == item:
                return post
        else:
            return None


    def __repr__(self):
        return f'Post({self.postid}, {self.user}, {self.content}, {self.likes_count} likes)'


    def like(self):                                 # 点赞计数
        self.likes_count += 1


class Poster:                                       # 发帖人类型
    def __init__(self, username):
        self.username = username                    # 用户名
        self.my_post_list = [ ]                     # 发帖列表


    def post(self, content):                        # 发帖
        post = Post(self.username, content)
        self.my_post_list.append(post.postid)


class Reader:                                       # 看帖人类型
    def __init__(self, username):
        self.username = username                    # 用户名
        self.like_list = [ ]                        # 点赞列表


    def like(self, post):                           # 点赞
        post.like( )
        self.like_list.append(post.postid)
```

```
class User(Poster, Reader):                 # 继承，用户兼具发帖和看帖两项特性
    def __init__(self, username):
        Poster.__init__(self, username)
        Reader.__init__(self, username)


if __name__ == '__main__':                  # 创建测试账户，随机发帖和点赞
    usernames = ['Tom', 'Jim', 'Lucy', 'Lily', 'LiLei', 'HanMeimei']
    users = [ ]
    for username in usernames:
        users.append(User(username))
    for i in range(1, 11):
        random.choice(users).post(f'post{i:02d}')
    for i in range(20):
        random.choice(users).like(random.choice(Post.post_list))
    user = users[0]
    print(f'{user.username} 发布的帖子: \n',
          [Post[postid] for postid in user.my_post_list])
    print(f'{user.username} 点赞的帖子: \n',
          [Post[postid] for postid in user.like_list])
```

程序运行的效果，如图 8-10 所示。

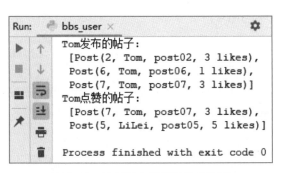

图 8-10   论坛用户类设计运行效果

▶▶ **8.7.3   多态**

在面向对象编程中，多态性是指一个程序中同名的不同方法共存的情况。这些方法同名的原因是它们的最终功能和目的都相同，但是由于在完成同一功能时，可能会遇到不同的具体情况，所以需要定义包含不同内容的方法来代表

多种具体实现形式。多态的存在是类之间继承关系的必然结果，正是因为继承关系，使得两个类之间有了一种比较亲密的关系：父与子的关系。多态的概念，通俗地讲，就是系统自动识别当前对象的类型（子类或是父类），并访问其相应的属性或方法。

在 Python 语言中，多态性主要体现在方法覆盖所实现的动态多态性。覆盖，也称为重写，是指子类中定义了一个与父类某一方法具有相同型构（如同方法的返回类型、同方法名、同方法参数列表等）的方法。如果一个类中存在着覆盖现象，则该类应存在相关联的子类或父类。在运行阶段，具体调用哪个覆盖方法，系统会根据该方法调用者类型的不同（父类或是子类），来决定调用哪个方法。

例如，依据多态性进行设计，通过统一的接口来实现不同类型的同构型方法的调用。代码如下：

```python
class Animal:                    # 父类
    def talk(self):
        pass
class Cat(Animal):
    def talk(self):              # 实现 Cat 类的 talk( ) 方法
        print('Cat is miaomiao')
class Dog(Animal):
    def talk(self):              # 实现 Dog 类的 talk( ) 方法
        print('Dog is wangwang')
cat1 = Cat( )                    # 创建一个 cat 对象
dog1 = Dog( )                    # 创建一个 dog 对象


# 动物都有 talk( ) 方法，可以定义统一的接口来访问 talk( ) 方法
def func(obj):
    obj.talk( )


# 传递 Cat 类的对象，调用 Cat 类的 talk( ) 方法，打印 "Cat is miaomiao"
func(cat1)
# 传递 Dog 类的对象，调用 Dog 类的 talk( ) 方法，打印 "Dog is wangwang"
func(dog1)
```

8.7.3
考考你

8.8 【案例】店铺销售数据类设计

8.8.1
案例视频

▶▶ 8.8.1 案例要求

【案例目标】 程序设计商品类和订单类，可用于商品信息和订单信息的记录，以及根据日期或商品编号查询订单信息。

【案例效果】 本案例程序运行的效果，如图 8–11 所示。

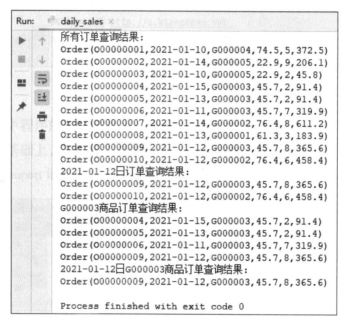

图 8-11 店铺销售数据查询效果

【具体要求】 本案例的实现过程应满足以下要求。

1. 创建工程并配置环境

（1）限制 1. 工程名：Unit08_E02。

（2）限制 2. 源码文件：daily_sales.py。

2. 实现商品类

（1）商品类中设置类属性，存储商品数与商品列表信息。

（2）商品类中设置实例属性，存储商品编号、商品名称、商品原价、商品折扣率及商品折扣价信息。

（3）商品类中设置计算商品折扣价的静态方法，设置修改商品原价、商品折扣率的对象方法。

（4）商品类中设置展示商品实例的对象方法，设置根据商品编号索引商品对象的类方法。

3. 实现订单类

（1）订单类中设置类属性，存储订单数和订单列表信息。

（2）订单类中设置实例属性，存储订单编号、成交时间、商品编号、成交单价、成交数量和成交金额信息。

（3）订单类中设置类方法，可以根据成交时间或商品编号查询订单信息。

（4）订单类中设置对象方法，可以便捷地展示订单实例信息。

4. 生成测试数据，输出查询结果

（1）随机生成 5 件商品数据和 10 个订单数据。

（2）使用不同参数分别查询所有订单数据、单日订单数据、单品订单数据及单日单品订单数据。

8.8.2　实现思路与代码

【实现思路】　本案例实现的参考思路如下。

1. 按实验要求创建工程并配置环境

2. 实现商品类 Goods

（1）商品类中设置类属性：设置总商品类属性 goods_count，初始值为 0；设置商品列表属性 goods_list，初始值为空列表。

（2）在构造方法中设置商品类的实例属性：通过类属性 goods_count 自动生成商品编号 goods_id 属性，并更新 goods_count；通过构造方法的参数设置商品名称 name、商品原价 price、商品折扣率 discount；商品折扣价信息通过静态方法 get_discount_price( ) 计算结果进行设置，该方法在下一步定义。

（3）商品类中设置计算商品折扣价的静态方法 get_discount_price( )，该方法的参数依次为商品的单价和折扣率，计算所得的折扣价为两者乘积，保留 1 位小数；修改商品原价、商品折扣率的对象方法有 change_price( )、change_discount( )，注意同步更新折扣价数据。

（4）商品类中设置展示商品实例的对象方法 __repr__( )；设置根据商品编号索引商品对象的类方法 __class_getitem__( )，传递的参数 item 为商品编号字符串，当索引的商品存在时返回匹配的商品对象，否则返回 None，后续使用中可以使用 Goods[商品编号] 的方式进行索引。

3. 实现订单类 Order

（1）订单类中设置类属性：设置订单数属性 order_count，初始值为 0；设置订单列表属性 order_list，初始值为空列表。

（2）订单类中设置实例属性：订单编号 order_id 属性同样使用自动生成的方式实现；成交时间 date、商品编号 goods_id、成交单价 price、成交数量 quantity 通过构造方法参数进行设置；成交金额 amount 通过 price 和 quantity 相乘获得，精确到小数点后2 位。

（3）订单类中设置查询订单信息的类方法 query( )，第 2、第 3 个参数设置成交时间 date 和商品编号 goods_id 两个普通参数，默认值为 None；当两个参数都没有传递时，返回所有订单；当传递单个或多个条件时，返回所有匹配订单，条件查询使用filter( ) 函数进行实现。

（4）订单类中设置对象方法 __repr__( )，可以便捷地展示订单实例信息。

4. 生成测试数据，输出查询结果

（1）使用 random 库的 random( )、randint( ) 函数，随机生成 5 件商品数据和 10 个订单数据。

（2）调用订单类的类方法 query( ) 查询订单数据，通过不同参数分别查询所有订单数据、单日订单数据、单品订单数据及单日单品订单数据。

【实现代码】　本案例实现的参考代码如下。

```python
import random


class Goods:                                    # 商品类
    goods_count = 0                             # 总商品数
    goods_list = []                             # 商品列表

    def __init__(self, name, price, discount):
        '''
        :param goods_id: 商品编号，自动生成
        :param name: 商品名称
        :param price: 商品原价
        :param discount: 商品折扣率
        :param discount_price: 商品折扣价
        '''
        Goods.goods_count += 1
        self.goods_id = f'G{Goods.goods_count:06d}'
        self.name = name
        self.price = price
        self.discount = discount
```

```
        self.discount_price = Goods.get_discount_price(price, discount)
        Goods.goods_list.append(self)


    @staticmethod
    def get_discount_price(price, discount):              # 计算折扣价
        return round(price * discount, 1)


    def change_price(self, new_price):                    # 修改价格
        self.price = new_price
        self.discount_price = Goods.get_discount_price(new_price, self.discount)


    def change_discount(self, new_discount):              # 修改折扣率
        self.discount = new_discount
        self.discount_price = Goods.get_discount_price(self.price, new_discount)


    @classmethod
    def __class_getitem__(cls, item):
        # 通过商品编号进行商品索引，用法：Goods[ 商品编号 ]
        for goods in cls.goods_list:
            if goods.goods_id == item:
                return goods
            else:
                return None


    def __repr__(self):
        return f'Goods({self.goods_id},{self.name},{self.price},{self.discount})'



class Order:                                              # 订单类
    order_count = 0                                       # 总订单数
    order_list = [ ]                                      # 订单列表


    def __init__(self, date, goods_id, price, quantity):
```

```
        '''
        :param order_id: 订单编号，自动生成
        :param date: 成交时间，yyyy-mm-dd 格式
        :param goods_id: 商品编号
        :param price: 成交单价
        :param quantity: 成交数量
        :param amount: 成交金额
        '''
        Order.order_count += 1
        self.order_id = f'O{Order.order_count:08d}'
        self.date = date
        self.goods_id = goods_id
        self.price = price
        self.quantity = quantity
        self.amount = round(price * quantity, 2)
        Order.order_list.append(self)


    @classmethod
    def query(cls, date = None, goods_id = None):        # 根据日期或商品编号查询订单
        if not goods_id and not date:
            return cls.order_list
        if not goods_id:
            return filter(lambda x: x.date == date, cls.order_list)
        if not date:
            return filter(lambda x: x.goods_id == goods_id, cls.order_list)
        return filter(lambda x: x.date == date and x.goods_id == goods_id, cls.order_list)


    def __repr__(self):
        return f'Order({self.order_id},{self.date},{self.goods_id}, {self.price},{self.quantity},
                    {self.amount})'



if __name__ == '__main__':                        # 生成随机商品和订单数据，并
                                                    进行测试
```

```
for i in range(1, 6):                          # 随机生成 5 件商品
    Goods(f' Goods{i:02d}',
        round(random.random( ) * 95 + 5, 1),
        round(random.random( ) * 0.15 + 0.85, 2))
for i in range(10):                            # 随机生成 10 个商品订单
    date = f'2021-01-{random.randint(10, 15)}'
    goods_id = f'G{random.randint(1, 5):06d}'
    price = Goods[goods_id].discount_price
    quantity = random.randint(1, 10)
    Order(date, goods_id, price, quantity)
print(' 所有订单查询结果：')
for order in Order.query( ):
    print(order)
print('2021-01-12 日订单查询结果：')
for order in Order.query(date = '2021-01-12'):
    print(order)
print('G000003 商品订单查询结果：')
for order in Order.query(goods_id = 'G000003'):
    print(order)
print('2021-01-12 日 G000003 商品订单查询结果：')
for order in Order.query(date = '2021-01-12', goods_id = 'G000003'):
    print(order)
```

单元小结

在本单元中，我们学习了 Python 语言面向对象程序设计的相关内容。主要的知识点如下：

1. 主要的编程模式包括两种，即面向过程编程和面向对象编程。

2. 类由三部分组成：类标识、属性说明和方法说明。

3. 类是对对象的抽象，而对象则是对类的具体。

4. 面向对象编程的三个基本特征：封装、继承和多态。

5. 在类体中，所有函数之外，此范围定义的变量，称为类属性；在类体中，

所有函数内部，以 "self. 变量名" 的方式定义的变量，称为实例属性。

6. 类属性的调用格式为：类名．类属性名 / 对象名．类属性名；实例属性的调用格式为：对象名．实例属性名。

7. 全局变量：定义在类中任何方法的外部，其作用范围为该变量所属的整个类。局部变量：定义在类中某一方法的内部，其作用范围为该变量定义的地方开始，至所属方法结束的地方为止。

8. 在类的内部定义的函数，即为绑定了该类的方法，根据调用方式的差别，又可以把方法分为对象方法、类方法和静态方法三类。

9. 对象方法的第一个参数表示对象本身，系统在调用时自动将对象传递给该参数。对象方法可以使用类创建的对象进行调用，调用的格式为：对象名．对象方法。

10. 类方法可以使用类或对象进行调用，调用的格式为：类名．类方法 / 对象名．类方法。

11. 静态方法需要借助 staticmethod 装饰器进行定义，类方法可以使用类或对象进行调用，调用的格式为：类名．静态方法 / 对象名．静态方法。静态方法可以访问的数据受到限制，一般用于与类对象以及实例对象无关的代码。

12. 所有以 "__" 双下划线包起来的方法，统称为魔术方法。构造方法 __init__( ) 和析构方法 __del__( )，就是魔术方法的两个实例。

13. 继承是存在于面向对象编程中的两个类之间的一种关系。当某类具有另一个类的所有数据和方法的时候，就称这两个类之间具有继承关系。

14. 覆盖指子类中定义了与父类中已存在的同名而不同内容的方法的现象。子类要调用父类的属性和方法时，可以使用 super( ) 函数定位到父类。

15. 创建子类对象时，如果子类没有定义构造方法，系统会自动先执行父类的构造方法。

单元 8
测试题

单元 9 模 块

单元知识 ▶ 目标

1. 了解模块的概念
2. 理解 import 与 from … import 的区别
3. 掌握模块的导入与使用
4. 掌握第三方模块安装与自定义模块
5. 掌握常用的 Python 内置模块

单元技能 ▶ 目标

1. 能够使用 import 和 from … import 导入模块
2. 能够正确命名模块
3. 能够使用 pip install 安装第三方库
4. 能够使用 def 自定义模块

单元思政 ▶ 目标

1. 培养学生做遵守规范、善于协作、乐于创新、
   敢于担当的数字时代新人
2. 培养学生分而治之、团结协作处理问题的能力

单元9 模 块

Python 模块（module）是一个 Python 文件，以 .py 结尾，包含了 Python 对象定义和 Python 语句。模块能够有逻辑地组织 Python 代码段，把相关的代码分配到一个模块里能让代码更好用，更易懂。模块能定义函数、类和变量，模块里也能包含可执行的代码。学习了本单元知识后，我们能够通过模块的使用，实现程序逻辑丰富的功能。本单元技能图谱，如图 9-1 所示。

图 9-1　本单元技能图谱

案例资源

	综 合 案 例
■ 常用数字运算 □ 乘方运算 ■ 开方运算 ■ 三角函数运算	案例 1　用户活动积分计算

小明和好朋友合作在电商平台上经营了一家小店铺，开展电子商务实践活动。他们时常找林老师咨询网店运营中碰到的一些问题。这几天，网店刚进行了一次促销活动，他们想统计一下整体收入情况，但是交易的数据量有点大，于是找林老师咨询如何统计收入问题，如图 9-2 所示。

（a）小明来电　　　　　　　　（b）收入计算思路

图 9-2　收入统计

为了帮助小明解决眼前的困难，林老师对总收入计算提出了一些建议，具体包括以下三个步骤：

第一步，利用 Python 定义统计收入模块；

第二步，在 Python 中载入待处理的收入数据；

第三步，调用收入模块，对处理后的收入数据进行求和，最终得出总收入。

那么，小明要完成上面林老师交给的任务，需要掌握哪些知识呢？主要离不开 Python 语言模块的使用。其中，文件 a.py 就是一个模块，文件 b.py 就是一个主模块（main module）。在 b.py 中有一句"from a import sum"，是指将模块 a 中的 sum( ) 函数导入当前模块中。我们定义的文件名是 a.py，而模块名就是去掉后缀后得到的模块 a。调用模块时，通过文件名就可以确定模块的名字，那么在模块内部，执行文件和模块同属于一个目录时就可以直接调用 import。导入后就可以使用自定义的模块，这样有利于简化自己的代码，使整体代码结构更加简洁。自定义的模块根据名字引入对应的地方，要保证模块在同一个目录下，这样才能正确使用。

9.1　模块概述

Python 模块（module），是一个 Python 文件，以 .py 结尾，包含了 Python 对象定义和 Python 语句。

9.1.1
预习视频

▶▶ 9.1.1　模块与程序

模块能够有逻辑地组织 Python 代码段，把相关的代码分配到一个模块里能让代码更好用、更易懂。下例是个简单的模块——support.py 模块的引入，在模块定义好后，我们可以使用 import 语句来引入模块，代码如下：

```
def print_func(par):
    print("Hello:",par)
    return
```

1. import 语句

```
import module1[, ... moduleN]
```

比如要引用模块 math，就可以在文件最开始的地方用 import math 来引入。在调用 math 模块中的函数时，必须这样引用：模块名 . 函数名。当 Python 解释器遇到 import 语句，如果模块在当前的搜索路径就会被导入。搜索路径是一个 Python 解释器会先进行搜索的所有目录的列表。如想要导入模块 support.py，则需要把命令放在脚本的顶端：

test.py 文件代码：

```
# !/usr/bin/python
# coding = UTF-8
# 导入模块 import support
import support
# 现在可以调用模块里包含的函数了
support.print_func("Runoob")
```

以上实例输出结果，如图 9-3 所示。

图 9-3　模块与程序

2. from … import 语句

不管你执行了多少次 import，一个模块只会被导入一次。这样可以防止导入模块被一遍又一遍地执行。Python 的 from 语句让你从模块中导入一个指定的部分到当前命名空间中。例如，要导入模块 fib 的 fibonacci( ) 函数，这个声明不会把整个 fib 模块导入当前的命名空间中，它只会将 fib 里的 fibonacci( ) 函数单个引入执行这个声明的模块的全局符号表，使用语句如下：

from modname import name1[,name2[, … nameN]]

from fib import fibonacci

3. from … import * 语句

9.1.1
考考你

把一个模块的所有内容全都导入当前的命名空间也是可行的，只需使用如下声明：

from modname import *

这提供了一个简单的方法来导入一个模块中的所有项目，然而这种声明不该被过多地使用。

例如，我们想一次性引入 math 模块中所有的东西，语句如下：

from math import *

▶▶ 9.1.2 命名空间

变量是拥有匹配对象的名字（标识符）。命名空间是一个包含了变量名称（键）和它们各自相应的对象（值）的字典。一个 Python 表达式可以访问局部命名空间和全局命名空间里的变量。如果一个局部变量和一个全局变量重名，则局部变量会覆盖全局变量。每个函数都有自己的命名空间。类的方法的作用域规则和通常函数一样。Python 会智能地猜测一个变量是局部的还是全局的，它假设任何在函数内赋值的变量都是局部的。因此，如果要给函数内的全局变量赋值，则必须使用 global 语句。global VarName 的表达式会告诉 Python，VarName 是一个全局变量，这样 Python 就不会在局部命名空间里寻找这个变量了。例如，我们在全局命名空间里定义一个变量 money，再在函数内给变量 money 赋值，然后 Python 会假定 money 是一个局部变量，然而，我们并没有在访问前声明这个局部变量是 money。

9.1.2
预习视频

分门别类组织函数的功能，有条不紊的使用各个模块，才能让搜索路径更加准确。例如：

!/usr/bin/python

coding = utf-8

money = 2000

9.1.2
考考你

```
def addmoney( ):
    money = money + 1
    print(money)
    addmoney( )
    print(money)
```

程序运行结果是出现一个 UnboundLocalError 的错误。

改正后：

```
# !/usr/bin/python
# coding = utf-8
money = 2000
def addmoney( ):
    global money
    money = money + 1
    print(money)
    addmoney( )
    print(money)
```

▶▶ 9.1.3   模块的导入与使用

9.1.3
预习视频

要导入模块并调用，前提是要导入的 Python 模块中有料（函数、变量、class）才可以。我们先来定义一个 Python 模块：calc，创建一个 test.py 文件，在其中做引入操作。准备好了之后，我们逐个来看可以引入模块的方式吧。

```
def plus(a,b):
    return a + b
def subtract(a,b):
    return a – b
```

1. 引入整个模块，调用时需要加上模块名

```
import calc
print(calc.plus(1,2))          # 3
print(calc.subtract(2,1))      # 1
```

2. 引入模块特定的函数或变量，调用时无须加模块名

```
from calc import plus,subtract
print(plus(1,2))               # 3
print(subtract(2,1))
```

3. 引入整个模块，调用时无须加上模块名

```
from calc import *

print(plus(1,2))                      # 3

print(subtract(2,1))                  # 1
```

4. 引入整个模块，并对模块重命名，调用时加上重命名后的模块名

```
import calc as calculator             # 对 calc 重命名为 calculator

print(calculator.plus(1,2))           # 3

print(calculator.subtract(2,1))       # 1
```

5. 引入模块特定的函数或变量，并对其重命名，调用时无须加模块名

```
from calc import plus as add, subtract as sub

Print(add(1,2))                       # 3

Print(sub(2,1))                       # 1
```

实例代码如下：

```
# !/usr/bin/python3

# 文件名 : using_sys.py

import sys

print(' 命令行参数如下 :')

for i in sys.argv:

    print(i)

print('\n\nPython 路径为 : ', sys.path, '\n')
```

以上程序执行结果，如图 9-4 所示。

图 9-4　模块的导入与使用（1）

import sys 引入 Python 标准库中的 sys.py 模块；这是引入某一模块的方法。sys.argv 是一个包含命令行参数的列表。sys.path 包含了一个 Python 解释器自动查找所需模块的路径列表。想使用 Python 源文件，只需在另一个源文件里执行 import 语句。代码如下：

```
import module1[, module2[, ... moduleN]
```

```
# !/usr/bin/python3
# filename: support.py
def print_func(par):
    print("Hello:",par)
return
# !/usr/bin/python3
# filename: test.py
import support
```

9.1.3
考考你

```
# 现在可以调用模块里包含的函数了
support.print_func("Runoob")
python3 test.py
```

以上程序执行结果，如图 9-5 所示。

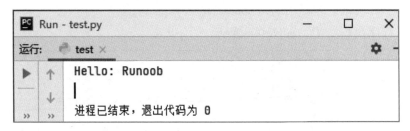

图 9-5　模块的导入与使用（2）

9.1.4　安装第三方模块

9.1.4
预习视频

程序中有可能需要用到一些模块，而这些模块恰恰是能够从外部找到的，即用户可以从外部下载并安装，称之为外部模块的引入。需要注意的是，有些模块提供了自动安装的文件，只需双击安装即可。但大数据模块是不支持这样的安装方法的，这就需要用户手动安装。其实，模块的安装操作比较简单，只要用户能找到安装模块的压缩包，进行解压后再执行 python setup.py install 命令就可完成。模块安装的步骤如下：

在 Linux 和 Windows 下安装模块的方法一致，以下以 Windows 为例，输入 CMD 到 Windows 终端。模块安装的命令为：

pip3 install 模块名

我们还可以通过源码安装（下面以 request 为例），具体步骤如下：

（1）下载代码（下载你要安装模块的压缩文件，github 开源了很多的模块，详见 https://github.com/kennethreitz/requests/tarball/master）。

（2）安装包解压缩。

（3）进入目录（cd 路径）。

（4）执行 python setup.py install 命令。

下面有一些常见问题以及解决办法：

（1）CMD 中 "pip" 不是内部或外部命令，也不是可运行的程序或批处理文件，此时需要重新安装 Python 3.6，并且在初始界面勾选：确保安装时勾选了 "pip" 和 "Add python.exe to Path"，或者在控制面板 / 系统和安全 / 系统中，进入高级系统设置。

9.1.4
考考你

（2）选择 "环境变量"，将 Python 的目录和 Python/scripts 的目录添加到系统变量的 PATH 中。

（3）一般是因为文件名出错如 "web" 应该改为 "web.py"。

▶▶ 9.1.5　自定义模块

前面提到，Python 模块就是 Python 程序，换句话说，只要是 Python 程序，都可以作为模块导入。例如，定义一个简单的模块（编写在 demo.py 文件中）。代码如下：

9.1.5
预习视频

```python
name = "Python 教程 "

add = "http://c.biancheng.net/python"

print(name,add)

def say( ):
    print(" 好好学习 Python ！")

class CLanguage:
    def __init__(self,name,add):
        self.name = name
        self.add = add
    def say(self):
        print(self.name,self.add)
```

从以上代码中可以看到，我们在 demo.py 文件中放置了变量（name 和 add）、函数 say( ) 以及一个 Clanguage 类，该文件就可以作为一个模板。但通常情况下，为了检验模板中代码的正确性，我们往往需要为其设计一段测试代码。例如：

say( )

clangs = CLanguage("C 语言中文网 ","http://c.biancheng.net")

clangs.say( )

运行 demo.py 文件，如图 9-6 所示。

图 9-6　自定义模块（1）

通过观察模板中程序的执行结果可以断定，模板文件中包含的函数以及类是可以正常工作的。在此基础上，我们可以新建一个 test.py 文件，并在该文件中使用 demo.py 模板文件，即使用 import 语句导入 demo.py，此时，运行 test.py 文件，如图 9-7 所示。

图 9-7　自定义模块（2）

从以上代码中可以看到，当执行 test.py 文件时，它同样会执行 demo.py 中用来测试的程序，这显然不是我们想要的效果。正常的效果应该是，只有直接运行模板文件时，测试代码才会被执行；反之，如果是其他程序以引入的方式执行模板文件，则测试代码不应该被执行。

要实现这个效果，可以借助 Python 内置的 __name__ 变量。当直接运行一个模块时，name 变量的值为 __main__；而将模块导入其他程序中并运行该程序时，处于模块中的 __name__ 变量的值就变成了模块名。因此，如果希望测试函数只有在直接运行模块文件时才执行，则可在调用测试函数时增加判断，即只有当 __name__ =='__main__' 时才调用测试函数。

因此，我们可以修改 demo.py 模板文件中的测试代码为：

```
if __name__ == '__main__':
    say( )
    clangs = CLanguage("C 语言中文网 ","http://c.biancheng.net")
    clangs.say( )
```

这样，当我们直接运行 demo.py 模板文件时，其执行结果不变；而运行 test.py 文件时，其程序运行结果，如图 9-8 所示。

图 9-8　自定义模块（3）

显然，这里执行的仅是模板文件中的输出语句，测试代码并未执行自定义模块编写说明文档。我们知道，在定义函数或者类时，可以为其添加说明文档，以方便用户清楚地知道该函数或者类的功能。自定义模块也不例外，为自定义模块添加说明文档，和函数或类的添加方法相同，只需在模块开头的位置定义一个字符串即可。例如，为 demo.py 模板文件添加一个说明文档：

```
'''
demo 模块中包含以下内容:
name 字符串变量: 初始值为 "Python 教程 "
add 字符串变量: 初始值为 "http://c.biancheng.net/python"
say( ) 函数
CLanguage 类: 包含 name 和 add 属性和 say( ) 函数。
'''
```

在此基础上，我们可以通过模板的 __doc__ 属性，来访问模板的说明文档。例如，在 test.py 文件中添加如下代码，其执行结果如图 9-9 所示。

```
import demo
print(demo.__doc__)
```

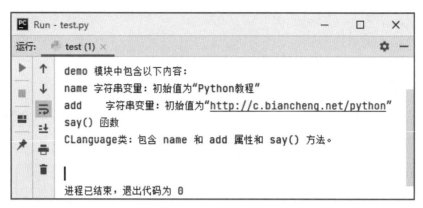

图 9-9　自定义模块（4）

注意，虽然 demo 模板文件的全称为 demo.py，但在使用 import 语句导入时，只需使用该模板文件的名称即可。

在 Python 中，每个 Python 文件均可作为一个模块，模块的名称就是文件的名称。假如现在有一个文件 moduell.py，它定义了函数 sub()，示例代码如下：

```
def sub(a,b):

    return a−b

from moduell import sub

result = sub(18,6)

print(result)
```

在实际开发中，当一个程序员编写完一个模块后，为使模块能够在项目中达到想要的效果，程序员会自行在 .py 文件中添加一些测试信息。例如，在 moduell.py 中添加测试代码。代码如下：

```
# 测试代码

result = sub(28,12)

print("moduell.py file,28−12−",result)
```

此时，如果在其他 .py 文件中引入此文件，那么测试的那段代码是否也会执行？在错误！未指定文件名。main.py 中引入 moduell 文件，示例代码如下：

```
import moduell

result = moduell.sub(18,6)

print(result)
```

__init__.py 的主要作用：

（1）Python 中 package 的标识会告诉 Python，这不是一个普通的目录，而是一个 package；

（2）在 __init__.py 中定义 __all__ 用来模糊导入。

9.1.5
考考你

9.2　常用 Python 内置模块

Python 作为常用的计算机语言，它具有十分强大的功能，但是你知道 Python 中常用模块都包括哪些吗？下面将对 Python 常用模块做具体介绍。

▶▶ 9.2.1　数学模块 math

9.2.1
预习视频

这些模块中的函数大部分的返回结果是浮点数，在代码中，浮点数小数点后面的位数是有限的，而二进制表示小数时很有可能会出现无限循环的小数，因此，浮点数会有精度损失，不过，大多数情况下这并不影响我们使用。

math 模块是 Python 的内置模块，不需要 pip 安装，直接导入即可使用。在 math 模块中，一种数学运算对应一个函数，使用非常方便，只要按需求调用即可。代码如下：

```
# coding = utf-8
import math
# 去掉小数
print(math.floor(6.78))
print(math.trunc(6.78))
# 进一
print(math.ceil(6.78))
```

程序运行的效果，如图 9-10 所示。

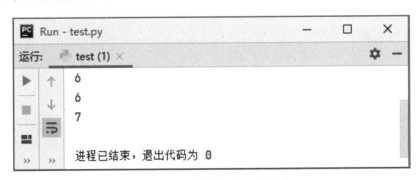

图 9-10　数学模块 math（1）

floor(x) 返回小于 x 的最大整数，trunc(x) 将 x 的小数部分归 0，这两种方法的运算结果是相同的。ceil(x) 返回大于 x 的最小整数，也可以叫"进一法"。

【典型应用 1——常用数学运算】

```
# 绝对值
print(math.fabs(-77))
# 取余
print(math.fmod(11, 3))
# 求和
print(math.fsum([1, 2, 3, 4, 5, 6, 7]))
print(math.fsum((1, 2, 3, 4, 5, 6, 7)))
# 最大公约数
print(math.gcd(24, 16))
# 勾股定律
print(math.hypot(3, 4))
# n 的阶乘
print(math.factorial(4))
```

程序运行的效果，如图 9-11 所示。

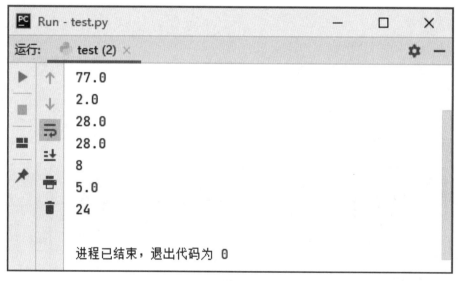

图 9-11　数学模块 math（2）

fabs(x) 返回 x 的绝对值，结果是一个浮点数。

fmod(x, y) 返回 x 除 y 后的余数。

fsum(iter) 返回可迭代对象中的数据求和的浮点数结果。可迭代对象可以是列表、元组、字典、集合，可迭代对象中的元素必须是数字。对字典进行计算时，是计算键的和，键必须是数字。

gcd(x, y) 返回 x 和 y 的最大公约数，返回值是整数。

hypot(x, y) 返回 x 平方与 y 平方求和再开根的数字，这个计算类似勾股定律中根据两条直角边计算斜边。返回结果是浮点数。

factorial(x) 返回 x 的阶乘，返回结果是整数。如果传入值不是整数则会报错。

【典型应用 2——乘方运算】

print(math.e)

e 的多少次方

print(math.exp(2))

e 的多少次方减一

print(math.expm1(2))

返回 a 乘 2 的 b 次方

print(math.ldexp(1, 4))

print(math.pow(2, 5))

程序运行的效果，如图 9-12 所示。

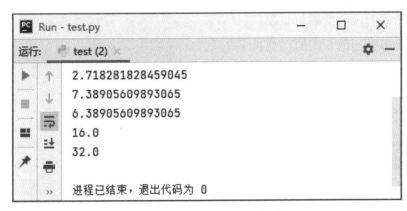

图 9-12 数学模块 math（3）

9.2.1
考考你

math.e 返回数学常数，自然对数的底数 e 的值。

exp(x) 返回 e 的 x 次方。

expm1(x) 返回 e 的 x 次方减一。

ldexp(x, y) 返回 x 乘 2 的 y 次方，结果是浮点数。

pow(x, y) 返回 x 的 y 次方，结果是浮点数。

9.2.2 随机模块 random

在调用模块中的函数时，之所以要加上模块名，是因为在多个模块中，可能存在名称相同的函数。如果只是通过函数名来调用，则 Python 解释器无法选

9.2.2
预习视频

择调用哪个函数，所以在被调用函数前必须加上模块名，以示区别。

random 是 Python 中内置的一个库，该库是随机产生数值的库。

random.sample(pop,k)

作用：从 pop 类型中随机选取 k 个元素，以列表类型返回。

pop：序列类型，如列表类型；

k：选取的个数，整数。

random.shuiffle(seq)

作用：将序列类型 seq 中元素随机排序，返回打乱后的序列。

调用该函数后，序列类型变量 seq 将被改变。

返回的结果为列表类型：

random.choice(seq)

作用：从序列类型（如列表）seq 中随机返回一个元素。

seq：序列类型，如列表类型。

返回的结果为随机列表里的值：

random.uniform(a,b)

作用：生成一个 [a,b] 的随机小数。

参数 a 是随机区间的开始值，整数或浮点数；

参数 b 是随机区间的结束值，随机数包含结束值，整数或浮点数。

random.randint(a,b)

作用：生成一个 [a,b] 的随机整数。

参数 a 是随机区间的开始值，整数；

参数 b 是随机区间的结束值，整数。

注意：这里的 random.randint 中的 a 和 b 值都是开的原则，包含 a,b 的值。

random.randrange(start,stop[,step])

作用：生成一个 [start,stop) 且以 step 为步数的随机整数。

参数 start 是随机区间的开始值，整数；

参数 stop 是随机区间的结束值，随机数包含结束值，整数；

参数 step 是随机区间的步长值，整数。

注意：步长值可选，如果不设定步长，则默认步长为 1。

random.random( )

作用：生成一个随机的浮点数，生成的随机浮点数范围为 [0.0,1.0)，遵循左闭右开的原则。

参数：无。

random.seed(a)

作用：设置初始化随机数种子 a。

参数 a 是随机数种子，整数或浮点数。

【典型应用 3——开方运算】

```
# 开平方根
print(math.sqrt(100))
print(math.log(16, 2))
print(math.log(math.exp(5)))
print(math.log10(100))
print(math.log2(8))
print(math.log1p(math.expm1(3)))
```

程序运行的效果，如图 9-13 所示。

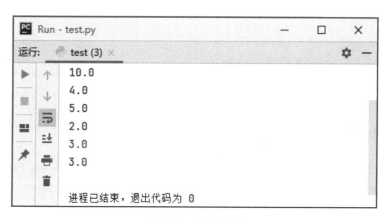

图 9-13　开方运算

sqrt(x) 返回 x 开方的结果，结果是浮点数。

log(x, y) 返回 y 为底数，x 的对数，如果不指定 y，则默认的底数为自然对数的底数 e，相当于数学中的 ln(x)，结果是浮点数。

log10(x) 返回 10 为底数，x 的对数，结果是浮点数。

log2(x) 返回 2 为底数，x 的对数，结果是浮点数。

log1p(x) 返回 e 为底数，x+1 的对数，相当于 ln(x+1)，结果是浮点数。

细心的您应该可以发现，开方运算方法与上面的乘方运算方法互为逆运算。

【典型应用 4——三角函数运算】

```
print(math.pi)
print(math.sin(math.pi / 6))
```

```
print(math.cos(math.pi / 3))
print(math.tan(math.pi / 4))
# 将弧度制转成数字角度
print(math.degrees(math.pi))
# 反之
print(math.radians(180))
```

程序运行的效果，如图 9-14 所示。

9.2.2
考考你

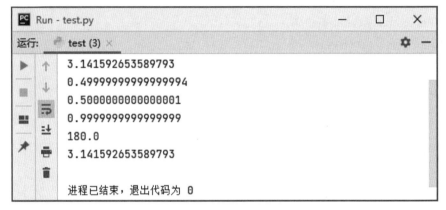

图 9-14　三角函数运算

 学一学

　　time 模块与 datetime 模块虽然都是时间模块，但是两者存在差异。在 Python 文档里，time 是归在 Generic Operating System Services 中，换句话说，它提供的功能更接近于操作系统层面的。通读文档可知，time 模块是围绕着 Unix Timestamp 进行的。datetime 比 time 高级，可以理解为 datetime 基于 time 进行了封装，提供了更多实用的函数。

9.2.3　时间模块 time、datetime

9.2.3
预习视频

　　Python 的 time 模块下有很多函数可以转换为常见的日期格式。例如，函数 time.time( ) 用于获取当前时间戳。代码如下：

```
# !/usr/bin/python3
import time                    # 引入 time 模块
ticks = time.time( )
print(" 当前时间戳为 :",ticks)
```

程序运行的效果，如图 9-15 所示。

图 9-15　时间戳

Python 的 datetime 模块下也有很多函数可以转换为常见的日期格式。代码如下：

9.2.3
考考你

```
>>> # Components of another_year add up to exactly 365 days
>>> from datetime import timedelta
>>> year = timedelta(days = 365)
>>> another_year = timedelta(weeks = 40, days = 84, hours = 23,
... minutes = 50, seconds = 600)
>>> year == another_year
True
>>> year.total_seconds( )
31536000.0
```

9.2.4　系统模块 sys、os

不管你执行了多少次 import，一个模块只会被导入一次。这样可以防止导入模块被一遍又一遍地执行。

9.2.4
预习视频

当我们使用 import 语句时，Python 解释器是怎样找到对应的文件的呢？

这就涉及 Python 的搜索路径，搜索路径是由一系列目录名组成的，Python 解释器就依次从这些目录中去寻找所引入的模块。

这看起来很像环境变量，事实上，也可以通过定义环境变量的方式来确定搜索路径。

Python 获取当前文件所在的绝对路径：

```
import os
basedir = os.path.abspath(os.path.dirname(__file__))
print(basedir)
```

Python 改变当前工作目录：

```
import os
print(os.getcwd( ))                    # 打印当前工作目录
os.chdir('/Users/<username>/Desktop/')
# 将当前工作目录改变为 '/Users/<username>/Desktop/'
```

以 list 的形式列出当前目录下的文件和目录：

print(os.listdir( ))

搜索路径是在 Python 编译或安装的时候确定的，安装新的库应该也会修改。搜索路径被存储在 sys 模块中的 path 变量下。我们做一个简单的实验，在交互式解释器中，输入以下代码：

```
>>> import sys
>>> sys.path
```

```
['','/usr/lib/python3.4','/usr/lib/python3.4/plat-x86_64-linux-gnu',
'/usr/lib/python3.4/lib-dynload','/usr/local/lib/python3.4/dist-packages',
'/usr/lib/python3/dist-packages']
>>>
```

sys.path 输出的是一个列表，其中第一项是空串 ''，代表当前目录（若是从一个脚本中打印出来的话，可以更清楚地看出是哪个目录），即我们执行 Python 解释器的目录（对于脚本来说，就是运行的脚本所在的目录）。因此，若在当前目录下存在与要引入模块同名的文件，就会把要引入的模块屏蔽掉。了解了搜索路径的概念，我们就可以在脚本中修改 sys.path 来引入一些不在搜索路径中的模块。例如，要在 Python 解释器的当前目录或者 sys.path 中的一个目录里面创建一个 fibo.py 的文件，代码如下：

```
# 斐波那契(fibonacci) 数列模块
def fib(n):                  # 定义到 n 的斐波那契数列
    a,b = 0,1
while b < n:
    print(b, end = ' ')
    a,b = b,a+b
print( )
def fib2(n):                 # 返回到 n 的斐波那契数列
    result = [ ]
    a,b = 0,1
    while b < n:
        result.append(b)
        a,b = b,a+b
    return result
```

然后进入 Python 解释器，使用下面的命令导入这个模块：

```
>>> import fibo
```

这样做并没有把直接定义在 fibo 中的函数名称写入当前符号表里，只是把模块 fibo 的名字写在了上面。

可以使用模块名称来访问函数：

\>\>\>fibo.fib(1000)

\>\>\> fibo.fib2(100)

\>\>\> fibo.__name__'fibo'

如果你打算经常使用一个函数，就可以把它赋给一个本地的名称：

\>\>\> fib = fibo.fib

\>\>\> fib(500)

1 1 2 3 5 8 13 21 34 55 89 144 233 377

接下来介绍一下 os 模块中的常用函数。

os.path.join 函数的作用是 Python 路径拼接，其用法示例如下。

```python
import os
Path1 = 'home'
Path2 = 'develop'
Path3 = 'code'
Path10 = Path1 + Path2 + Path3
Path20 = os.path.join(Path1,Path2,Path3)
print('Path10 = ',Path10)
print('Path20 = ',Path20)
```

程序运行的效果，如图 9-16 所示。

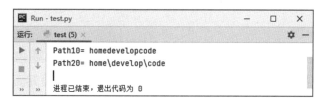

图 9-16　系统模块 sys、os

sys 模块

作用：负责程序与 Python 解释器的交互，提供函数和变量用于操控 Python 的运行时环境。

常用方法 1：sys.argv 类型为 list，命令行参数列表，第一个元素是脚本名称或路径。

9.2.4
考考你

import sys for row in sys.argv: print(row)

import sys

for row in sys.argv:

    print(row)

（1）它使用 PYTHONPATH 环境变量初始化；

（2）第一个元素是当前目录，意思是每次会先搜索当前目录下的模块；

（3）用户在程序中可以自己修改 sys.path，设置自己模块的搜索路径。

常用方法 2：sys.exit(n) 为退出程序，其中，n 为 0 表示正常退出，不为 0 表示异常退出。

9.3 【案例】用户活动积分计算

9.3.1
案例视频

▶▶ 9.3.1 案例要求

学习了这部分知识后，我们可以利用模块来解决一些实际问题，比如用户活动积分有关的项目。

【案例目标】 小明先是进行基本要求的实现，后面根据客户需要可增加要求，但是中间遇到了问题，最后使用模块才解决了问题。

【相关解释】 对于很多模块在遇到一些比较复杂的程序时，会有相应的报错提醒，而失去了原本的使用习惯。

> 💡 学一学
>
> os 模块与 sys 模块虽然都是系统模块，但是两者存在差异。os 模块负责程序与操作系统的交互，提供了访问操作系统底层的接口；sys 模块负责程序与 Python 解释器的交互，提供了一系列的函数和变量，用于操控 Python 运行时的环境。

例如：给用户发站内信的同时还给用户推送了一条短信通知。

【具体要求】 本案例的实现过程应满足以下要求。

1.创建工程并配置环境

（1）限制 1.工程名：Unit09_E01。

（2）限制 2. 源码文件：get_module_example.py。

2. 给用户发送站内信

（1）要求每个用户接收到站内信。

（2）发送有关活动积分的通知："亲爱的用户，您好，当前您的活动积分为多少"。

3. 定期发送用户拥有的当前积分

（1）用户在查询积分时进行积分推送。

（2）用户没有查询，但是在固定时间段进行积分推送。

9.3.2 实现思路与代码

【实现思路】 本案例实现的参考思路如下。

1. 按实训要求创建工程并配置环境

2. 编辑所需要的项目主题

主要文件包括：在 fancy_site.py 文件下有 __init__.py、marketing.py、users.py。

3. 需求的使用变更

（1）用户在使用积分查询时进行短信推送。

（2）有一些相应的模块要求进行更改。

【实现代码】 本案例实现的参考代码如下。

notify_users.py 文件：

```
from fancy_site.users import list_active_users
from fancy_site.marketing import query_user_points
def main( ):
    """ 获取所有活跃用户，将积分情况发送给他们 """
    users = get_active_users( )
    points = list_user_points(users)
    for user in users:
        user.add_notification(...)
```

fancy_site/users.py 文件：

```
from typing import list
class User:
    #<··· 已省略 ···>
    def add_notification(self, message:str):
    """ 为用户发送新通知 """
        Pass
def list_active_users( ):
```

```
    """ 查询所有活跃用户 """
    pass
```

fancy_site/users.py 文件：

```
from typing import List
from .users import User
def query_user_points(users):
    """ 批量查询用户活动积分 """
def send_sms(phone_number: str, message: str):
    """ 为某手机号发送短信 """
```

class User 文件：

```
class User:
    # <···> 相关初始化代码已省略
    def add_notification(self, message: str, send_sms = False):
        """ 为用户添加新通知 """
        # 延缓 import 语句执行
        from.marketing import send_sms
```

单元小结

在本单元中，我们学习了 Python 语言中的模块。主要的知识点如下：

1. 模块本质就是以 .py 结尾的 Python 文件（文件名: test.py, 对应的模块名: test）。

2. 导入模块，使用 "import 模块" 引入。

3. 导入模块中的某个函数，使用 "from 模块名 import 函数名" 引入。

4. 导入模块的全部内容，使用 "from 模块 import *"。

5. 利用 "__name__" 属性即可控制 Python 程序的运行方式。

6. Python 解释器通过搜索模块位置的顺序搜索当前目录，如果不在当前目录，Python 则搜索在 shell 变量 PYTHONPATH 下的每个目录。

7. Python 中有一个概念叫作模块（module），这个和 C 语言中的头文件以及 Java 语言中的包类似。

单元 9
测试题

单元 10 数据处理

单元知识 ▶ 目标

1. 了解 NumPy 的基本操作
2. 理解 NumPy 的数组对象
3. 掌握 NumPy 的矩阵转置
4. 掌握 Pandas 数据清洗
5. 掌握 Pandas 分组与聚合

单元技能 ▶ 目标

1. 能够进行 NumPy、Pandas 模块的基本操作
2. 能够使用 Matplotlib 进行可视化处理
3. 能够进行 N 维数组的基本处理
4. 能够使用 Pandas 进行各种数据格式的转换
5. 能够熟练运用正则表达式进行数据清洗
6. 能够使用 Pandas 进行数学统计

单元思政 ▶ 目标

1. 培养学生善于从数据中发现问题本质的思维
2. 培养学生诚实守法、规范使用数据的职业素养

单元 10　数据处理

单元重点

NumPy 是 Numerical Python 的简称，它是高性能计算机和数据分析的基础包。Python 是用于通用编程的优秀工具，具有高度可读的语法和丰富强大的数据类型（如字符串、列表、集合、字典和数字等），以及非常全面的标准库。它是非常灵活的容器，可以任意深度嵌套，并且可以容纳任何 Python 对象。

Pandas 纳入了大量的库和一些标准的数据模型，提供了高效的操作大型数据集所需的工具。Pandas 提供了大量能使我们快速便捷处理数据的方法。它是 Python 成为强大而高效的数据分析环境的重要因素之一。本单元技能图谱，如图 10-1 所示。

图 10-1　本单元技能图谱

案例资源

	综合案例
■ 火锅团购信息清单	案例 1　店铺月销售数据统计
■ 景区游客数量计算	案例 2　电商数据预处理
□ 计算股票最值	
■ 化妆品和蔬菜的相关性	
■ 淘宝数据筛选	
□ 电影数据汇总	
■ 分析股票行情数据	

引例
描述

　　小明和好朋友合作在电商平台上经营了一家小店铺，开展电子商务实践活动，他们时常找林老师咨询网店运营中碰到的一些问题。这几天，网店刚进行了一次促销活动，他们想将网上的电商数据全部提取出来进行汇总，但是电商的数据量非常大，于是找林老师咨询如何高效对电商数据全部提取出来进行分析，如图 10-2 所示。

（a）小明来电　　　　　　　　　（b）数据统计思路

图 10-2　电商数据统计

　　为了帮助小明解决眼前的困难，林老师对电商数据的处理提出了一些建议，具体包括以下三个步骤：

　　第一步，利用 Python 工具获取电商数据；

　　第二步，利用 Python 语言的 NumPy 和 Pandas 模块结构对电商数据进行预处理；

　　第三步，利用 Pandas 的属性和方法，将预处理后的电商数据进行筛选、汇总、统计、分组等的操作，最终得出完整的电商数据。

知识
储备

　　那么，小明要完成上面林老师交给的任务，需要掌握哪些知识呢？主要离不开 Python 语言的 NumPy 模块和 Pandas 模块的使用。如果要对数据进行可视化处理，那么小明还需要会使用 Matplotlib。Pandas 是在 NumPy 的结构上划分而来的，比 NumPy 作用范围更广。根据不同的要求，学习者既可以选择 NumPy，也可以选择 Pandas 进行处理数据。这三种 Python 语言模块结构使得数据处理变得更方便。如果要处理存储和大型矩阵，则可以使用 NumPy，该结构比 Python 自身的嵌套列表结构要高效得多，并且 NumPy 将 Python 相当于变成一种免费的、更强大的 MATLAB 系统。如果为了解决数据分析问题，那么可以选择 Pandas，Pandas 是基于 NumPy 的一种工具。Pandas 纳入了大量数据库和一些标准的数据模型，提供了高效操作大型数据库所需要的工具。Pandas 提供了大量快速便捷处理数据的方法，是 Python 成为强大而高效的数据分析环境的重要因素之一。

10.1 NumPy 模块

10.1.1
预习视频

10.1.1 NumPy 之数组对象 ndarray

ndarray（N 维数组对象）是一个快速灵活的大数据集容器，可以利用这种数组对整块数据执行一些数学运算，其语法跟标量元素之间的运算一样。ndarray 是一个通用的同构数据多维数组，也就是说，其中的所有元素必须是相同类型的。工欲善其事，必先利其器，要熟练使用 ndarray，就必须要明白 ndarray 是什么，怎么用。例如，创建一个列表和一个数组，代码如下：

```
import numpy as np
arr = np.array([1,3,5,7])
a = np.array([[1,2],[3,4]])
b = np.array([1,2,3],dtype = complex)
print(type(arr))
print(a)
print(b)
```

程序运行的效果，如图 10-3 所示。

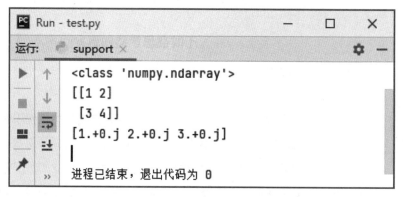

图 10-3   NumPy 之数组对象 ndarray（1）

【**典型应用 1——火锅团购信息清单**】

应用说明：提起冬天，大家会想起什么？对于吃货们来说，冬天是最好的季节。最不能落下的美食之一就是火锅了。如何为火锅商户设计团购套餐，新开火锅店如何选址等，从这些真实的业务出发，看看火锅团购数据都包含了哪些信息？代码如下：

10.1.1
考考你

```
import numpy as np
hot = np.dtype([("name",np.str_,10),("number",np.int64)])
hot   # 返回值为 dtype([("name","<U10"),("number","<i8")])
# 创建数组
hotbuy = np.array([(" 一锅两头牛美味双人餐 ","35","98"),(" 小龙腾四海 100 元代
                金券 ",  "43","79")])

print(hotbuy)
```

程序运行的效果，如图 10-4 所示。

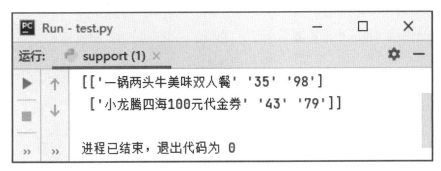

图 10-4　NumPy 之数组对象 ndarray（2）

10.1.2　NumPy 的基本操作

我们在现有的列表中创建了一个数组，接下来学习创建数组的其他方式。在创建数组的时候，通常用一个常量值（一般为 0 或 1）初始化一个数组，这个值作为加法和乘法循环的起始值。创建示例代码如下：

10.1.2
预习视频

```
# 输出结果为 array([0,0,0,0,0])。这里创建了浮点数类型的值全为 0 的数组
np.zeros(5,dtype = float)
# 输出结果为 array([0,0,0])。这里创建了整数类型的值全为 0 的数组
np.zeros(3,dtype = int)
# 输出结果为 array([1.,1.,1.,1.,1.])。这里创建了值全为 1 的数组
np.ones(5)
# 产生的值全为空值
a = np.empty(4)
# 填充值为 5.5
a.fill(5.5)
# 输出的结果为 array([0.31513936, 1.06340294, 0.81890511, −0.9490297, 1.36045436])
np.random.randn(5)
```

【典型应用 2——景区游客数量计算】

应用说明：对于多个景区的游客人数计算，我们可以使用 Python 语句来实现，代码如下：

```
import numpy as np
data = pd.read_csv("tourist_data.csv",index_col = u" 日期 ",header = 0,
                   encoding = "gb2312")
print("data 的数据类型是 :",type(data))
jzg_total = data[" 九寨沟 "].sum( )
zjj_total = data[" 张家界 "].sum( )
hk_total = data[" 中国香港 "].sum( )
dbhqc_total = data[" 东部华侨城 "].sum( )
shdisney_total = data[" 上海迪士尼 "].sum( )
print("(pandas) 这段时期到九寨沟旅游的总人数是 :",jzg_total)
print("(pandas) 这段时期到张家界旅游的总人数是 :",zjj_total)
print("(pandas) 这段时期到中国香港旅游的总人数是 :",hk_total)
print("(pandas) 这段时期到东部华侨城旅游的总人数是 :",dbhqc_total)
print("(pandas) 这段时期到上海迪士尼旅游的总人数是 :",shdisney_total)
```

程序运行的效果，如图 10-5 所示。

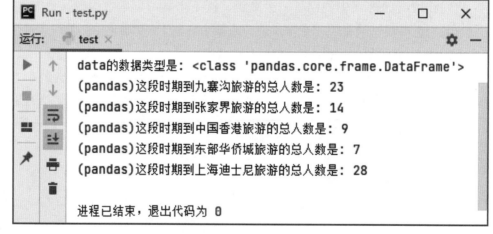

10.1.2
考考你

图 10-5　NumPy 的基本操作

10.2　【案例】店铺月销售数据统计

学习了这部分知识后，我们可以利用 NumPy 来解决一些实际问题。

▶▶ **10.2.1　案例要求**

【案例目标】　爬取淘宝页面数据，对获得的销售量进行预处理，最终对销售数据统计分析。

10.2.1
案例视频

【相关解释】　将最终获得的销售数据，用 NumPy 对处理过的销量数据获取最大销量、最小销量、销量平均值、销量标准差、销量总和的数据统计。

【案例效果】　本案例程序运行的效果，如图 10-6 所示。

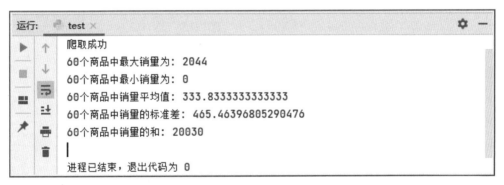

图 10-6　销量数据分组

【具体要求】　本案例的实现过程应满足以下要求。

1. 创建工程并配置环境

（1）限制 1. 工程名：Unit10_E01。

（2）限制 2. 源码文件：店铺月销售数据统计 .py。

2. 爬取淘宝页面数据

要求到淘宝女装初始页面用 Selenium 获取淘宝女装页面数据。

3. 将爬取到的数据进行预处理

（1）处理 Nan 的数据。

（2）处理部分为 0 的数据。

4. 判断输入的销量数据所属销量级别

对处理过的销售量数据获取最大销量、最小销量、销量平均值、销量标准差、销量总和的数据统计。

▶▶ 10.2.2 实现思路与代码

【实现思路】　本案例实现的参考思路如下。

按实训要求创建工程并配置环境。

【实现代码】　本案例实现的参考代码如下。

```python
from selenium import webdriver
import time
from lxml import etree
import numpy as np
import re
# 打开网页
driver = webdriver.Chrome( )
url =
"https://uland.taobao.com/sem/tbsearch?refpid = mm_26632258_3504122_32538762&keyword
 = %E5%A5%B3%E8%A3%85&clk1 = 64a0a0b438d2cab6732b97e29ce15df9&upsid
 = 64a0a0b438d2cab6732b97e29ce15df9"
driver.get(url)
# 充分打开浏览器，使其加载等待
time.sleep(5)
# 获取网页源代码
html = driver.page_source
tree = etree.HTML(html)
num_list = tree.xpath("//*[@id = 'mx_5']/ul/li")
with open("./text.txt","w")as fp:                   #持久化存储
    for li in num_list:
        num = li.xpath("./a/div[4]/div[2]/text( )")[0].replace(" 月销 "," ")
        #将获取的月销量只留下销量数字
        if " 万 " in str(num):                       #去掉另一种销量过万的字符串万
            ex = ".*?(.*?) 万 "
            num = re.findall(ex, num)[0]
            num = str(float(num) * 10000)
        fp.write(num)
        fp.write("\n")
        print(num)
```

```
    print(" 爬取成功 ")
# 打开爬取的文件数据
data = np.loadtxt("./text.txt",dtype = np.int)
# 遍历 ndarray 数组对象
for i in range(len(data)):
    t_col = data[i]
    # 计算爬取的数据里有无 Nan 缺失数据个数
    nan_num = np.count_nonzero(t_col ! = t_col)
    # 判断是否含有 Nan 数据，若存在将 Nan 数据用 ndarray 数组里的所有其他
      正常数据的均值来替换
    if nan_num ! = 0:
      no_have_nan = t_col[t_col == t_col]
      t_col[np.isnan(t_col)] = no_have_nan.mean( )
# 获取最大销量、最小销量、销量平均值、销量标准差、销量总和的数据统计
print(str(len(data)) + " 个商品中最大销量为 :",data.max( ))
print(str(len(data)) + " 个商品中最小销量为 :",data.min( ))
print(str(len(data)) + " 个商品中销量平均值 :",data.mean( ))
print(str(len(data)) + " 个商品中销量的标准差 :",data.std( ))
print(str(len(data)) + " 个商品中销量的总和 :",data.sum( ))
```

10.3　Pandas 模块

不仅仅是 NumPy 模块在 Python 语言中非常适用，Pandas 模块也能方便地解决我们的问题，下面我们将介绍 Pandas 模块基础。

10.3.1　Pandas 模块基础

Pandas 有两个主要的数据结构：Series 和 DataFrame。Series 类似 NumPy 中的一维数组，DataFrame 则是使用较多的多维表格数据结构。Series 的创建格式为：

import pandas as pd

pd.Series(数组)

10.3.1
预习视频

在该结构中，先导入 Pandas 并且将 Pandas 命名为 pd，然后利用 pd.Series（数组）将数组放入创建 Series 的数据结构中。这里的数组要以列表的形式出现，

数组里面也是可以出现缺失值的，若未指定那么会自动建立 index 索引。例如，求
1~100 的所有整数之和，Pandas 示例代码如下：

```
import pandas as pd
s = pd.Series([1,2,3,np.nan,44,1])
print(s)
```

程序运行的效果，如图 10-7 所示。

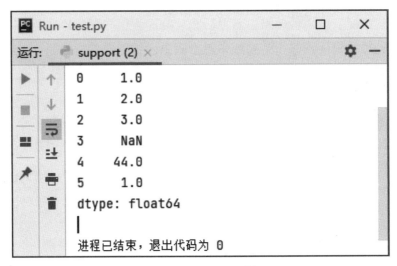

图 10-7　Pandas 示例

【典型应用 3——计算股票最值】

应用说明：在数据表中有两列数据，分别存储交易日的最高价和最低价。显然，
股价最高值是最高价数组中的最大值，股价最低值是最低价数组中的最小值，那么，
我们该如何求解股价的最高值和最低值呢？代码如下：

```
from numpy import loadtxt
form numpy import max
from numpy import min
from numpy import ptp
import numpy as np
(high_price,low_price) = np.loadtxt("stock.csv",delimiter = ",",usecols = (3,4),unpack = True)
print("high_price 的类型是 :",type(high_price))
print("high_price 的维数是 :",high_price.shape)
print("high_price 元素个数是 :",high_price.size)
print("low_price 的类型是 :",type(low_price))
print("low_price 的维数是 :",low_price.shape)
```

```
print("low_price 元素个数是 :",low_price.size)
highest = max(high_price)
print(" 该股票的股价最高值是 :",highest)
lowest = min(low_price)
print(" 该股票的股价最低值是 :",lowest)
middle = (highest+lowest)/2
print(" 该股票股价的中间值是 :",middle)
```

程序运行的效果，如图 10-8 所示。

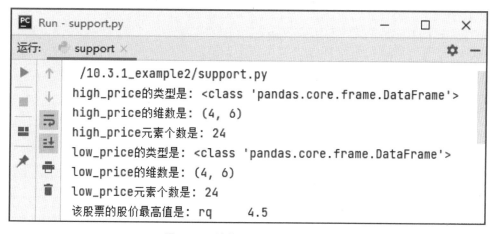

10.3.1
考考你

图 10-8　计算股票最值远行效果

▶▶ 10.3.2　Pandas 文件读写

Pandas 可以将读取到的表格型数据（文件不一定要是表格）转成 DataFrame 类型给的数据结构，然后，我们可以通过操作 DataFrame 进行数据分析、数据预处理以及行和列的操作等。下面介绍一些常用读取文件的方法，向 CSV 中写入数据。有些时候，我们需要站在巨人的肩膀上解决问题，利用前人总结出的结论来解决实际问题。

10.3.2
预习视频

```
import pandas as pd
dataFrame = pd.DataFrame(" 键 1":" 值 1"})
dataFrame.to_csv("a",index = b,header = True)
dataFrame
```

在该结构中，先导入 Pandas 并且将 Pandas 命名为 pd，然后在 pd.DataFrame( ) 里面输入键和对应值就可以创建一个 DataFrame 结构，再使用 dataFrame.to_csv( ) 创建 csv 文件（参数 a 为文件名称，index=b，其中的 b 是索引值）。

for 语句执行的过程如下：

先判断有没有导入 Pandas 库并且命名；

直接将键值对写入创建的 DataFrame 结构中；

将获得键值对的 DataFrame 结构赋值给 dataFrame 变量；

将得到的 dataFrame 变量创建以 a 为文件名，b 为索引的 csv 文件。

例如，将数据存入 csv 文件中，代码如下：

```
import pandas as pd
a = [1,2,3]
b = [4,5,6]
dataFrame = pd.DataFrame({" 商品 ":a," 价格 ":b})
dataFrame.to_csv("ttt.csv",index = False,header = True)
print(dataFrame)
df = pd.read_csv("a")
print(df)
# 从 csv 文件中读取数据，还可以读取 HTML,TXT 等格式的文件
df = pd.read_csv("ttt.csv")
print(df)
fp = pd.read_csv("ttt.csv",delimiter = ",",encoding = "utf-8")
print(fp)
```

程序运行的效果，如图 10-9 所示。

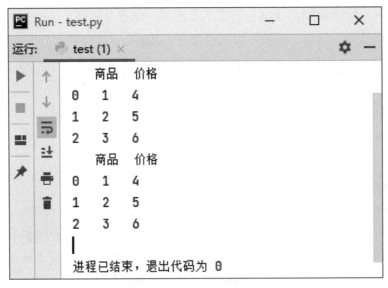

图 10-9　Pandas 文件读写

【典型应用 4——化妆品和蔬菜的相关性】

应用说明：给定一个 Converters 设置指定列的处理函数，既可以使用"序号"也可以使用"列名"进行列的指定。例如，一个老板给定员工一个 text.txt 的文件，要求用 Converters 对已给的文件进行读取，代码如下：

```
import numpy as np
vegetable_sales =
np.loadtxt("mall_sales.csv",delimiter = ",",skiprows = 1,usecols = (2),unpack = True)
vegetable_sales_r = np.diff(vegetable_sales)
covm = np.cov(vegetable_sales_r,makeup_sales_r)
print(" 协方差矩阵式 :\n",covm)
covmDiag = covm.diagonal( )
print("\n 协方差矩阵的对角线元素式 :",covmDiag)
convTrc = covm.trace( )
print("\n 协方差矩阵的迹是 :\n",convTrc)
r = np.corrcoef(vegetable_sales_r,makeup_sales_r)
print("\n 相关系数矩阵是 :\n",r)
plt.plot(t,vegetable_sales_r,lw = 1)
plt.plot(t,makeup_sales_r,lw = 1)
plt.show( )
```

10.3.2
考考你

另外，read_excel( ) 函数具有很多的参数，如表 10-1 所示。

表 10-1　read_excel( ) 函数

参数	描　述	实　例
io	文件类对象，Pandas Excel 文件或 xlrd 工作簿。该字符串可能是一个 URL。URL 包括 http、ftp、s3 和文件	read_excel(io)
sheet_name	默认是 sheet_name 为 0，返回多表使用 sheet_name=[0,1]，若 sheet_name=None 则返回全表	read_excel(sheet_name)
header	指定作为列名的行，默认 0，即取第一行，数据为列名行以下的数据；若数据不含列名，则设定 header=None	read_excel(header)
names	指定列的名字，传入一个 list 数据	read_excel(names)
index_col	指定列为索引列，也可以使用 u "strings"，如果传递一个列表，这些列将被组合成一个 MultiIndex	read_excel(index_col)
squeeze	如果解析的数据只包含一列，则返回一个 Series	read_excel(squeeze)
dtype	数据或列的数据类型	read_excel(dtype)
engine	如果 io 不是缓冲区或路径，则必须将其设置为标识 io	read_excel(engine)
converters	参照 read_csv( ) 函数即可	read_excel(converters)

学一学

read_excel( ) 函数的参数不仅仅只有上面 9 种，在今后的学习中，我们会接触更多的 read_excel( ) 函数的参数。在每一次接触新参数的时候，我们需要记下来，只有养成良好的习惯，才能学得出色。

▶▶ 10.3.3　Pandas 数据清洗

10.3.3
预习视频

Pandas 是 Python 中流行的类库，使用它可以进行数据科学计算和数据分析。它可以联合其他数据科学计算工具一块儿使用，比如 SciPy、NumPy 和 Matplotlib，建模工程师可以通过创建端到端的分析工作流来解决业务上的问题。

下例给定一个数据集，并按照一定要求进行判断各行是否重复并且删除重复行，再通过指定列删除重复行，对缺失值进行补充：

0.38,0.53,2,1573,0,0,sales,low,1

0.8,0.86,5,262,6,0,0,sales,medium

0.11,0.88,7,272,4,0,0,sales,medium,1

0.38,0.53,2,157,3,0,0,sales,low,1

0.72,0.87,5,223,5,0,0,sales,low,1

其代码如下，运行效果如图 10-10 和图 10-11 所示。

```
# 判断各行是否重复 ,False 为非重复值
import pandas as pd
hr_data = pd.read_csv("HR.csv")
print(hr_data.duplicated( ))
# 删除重复行
hr_data = pd.read_csv("HR.csv")
print(hr_data.drop_duplicates( ))
# 通过指定列 , 删除重复行
hr_data = pd.read_csv("HR.csv")
print(hr_data.drop_duplicates("salary"))
# 对缺失值进行填充，用实数 0 填充 na
hr_data = pd.read_csv("HR.csv")
print(hr_data.fillna(value = 0))
```

Run - test.py
运行:
test (2)
0　False
1　False
2　False
3　False

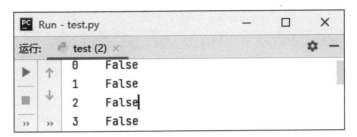

图 10–10　Pandas 数据清洗（1）

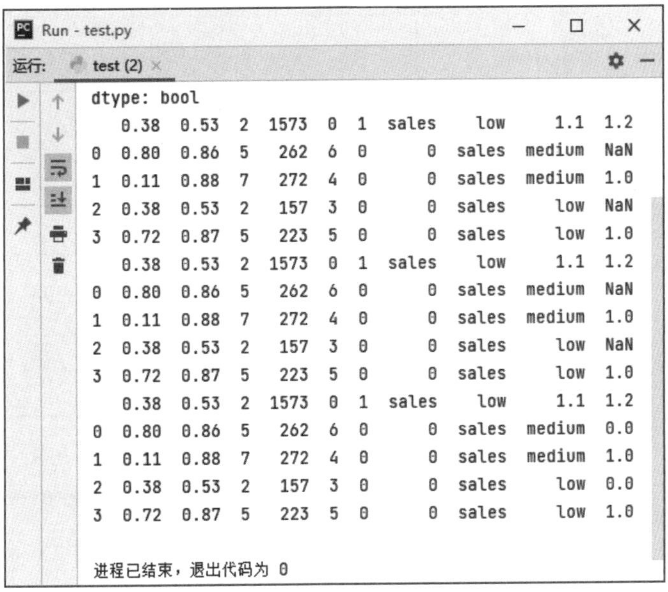

Run - test.py
运行:
test (2)
dtype: bool
0.38 0.53 2 1573 0 1 sales low 1.1 1.2
0 0.80 0.86 5 262 6 0 0 sales medium NaN
1 0.11 0.88 7 272 4 0 0 sales medium 1.0
2 0.38 0.53 2 157 3 0 0 sales low NaN
3 0.72 0.87 5 223 5 0 0 sales low 1.0
0.38 0.53 2 1573 0 1 sales low 1.1 1.2
0 0.80 0.86 5 262 6 0 0 sales medium NaN
1 0.11 0.88 7 272 4 0 0 sales medium 1.0
2 0.38 0.53 2 157 3 0 0 sales low NaN
3 0.72 0.87 5 223 5 0 0 sales low 1.0
0.38 0.53 2 1573 0 1 sales low 1.1 1.2
0 0.80 0.86 5 262 6 0 0 sales medium 0.0
1 0.11 0.88 7 272 4 0 0 sales medium 1.0
2 0.38 0.53 2 157 3 0 0 sales low 0.0
3 0.72 0.87 5 223 5 0 0 sales low 1.0
进程已结束，退出代码为 0

图 10–11　Pandas 数据清洗（2）

实际上，很多数据科学家指出开始获取和清洗数据的工作量要占整个工作的 80%。因此，如果你正巧也在这个领域中，或者计划进入这个领域，那么学会清洗这些杂乱数据是非常重要的。这些杂乱数据包括一些缺失值、不连续格式、错误记录，或者是没有意义的异常值，等等。

【典型应用 5——淘宝数据筛选】

假如你有一份淘宝店铺的一些基本数据，数据包含店铺名称、发货地址、付款人数、评论数、商品价格、商品名称等。由于爬取的数据较乱且不能直接用于数据分析，所以要先进行数据清洗。数据集如表 10–2 所示。

表 10-2　数据集（部分数据）

商品名称	地址	付款人数	评论数	价格／元	店铺名称
德希顿即热家用坐便器温控全自动翻盖冲水坐便电动一体式智能马桶	广东潮州	582 人付款	13652	3980	德希顿旗舰店
希箭智能马桶全自动即热家用遥控翻盖坐便一体式活水大冲力坐便器	广东深圳	96 人付款	1161	2049	希箭卫浴旗舰店
日本津上智能马桶全自动翻盖一体式清洗冲水电动家用即热智能坐便	浙江杭州	651 人付款	1904	3980	津上旗舰店
九牧卫浴智能马桶一体式无水箱即热烘干全自动多功能家用坐便器	福建泉州	398 人付款	5396	3549	九牧官方旗舰店
恒洁卫浴全自动智能马桶一体式即热冲洗烘干多功能家用电动坐便器	广东佛山	336 人付款	2645	3499	恒洁卫浴官方旗舰店
TOTO 卫浴进口家用智洁坐便器全包马桶卫洗丽套餐 C300E1B 智能套餐	浙江杭州	104 人付款	1078	3799	Toto 官方旗舰店
MOPO 摩普家用即热一体式全自动翻盖智能马桶电动冲水无水箱坐便器	广东深圳	448 人付款	7096	3199	摩普旗舰店
TOTO 智能马桶貂漩式全包底座家用马桶智洁釉面坐便器 CES6631B	浙江杭州	79 人付款	1358	6277	Toto 官方旗舰店
德国进口德朗斯汀一体式智能马桶即热家用坐便器全自动翻盖电动	广东佛山	350 人付款	2463	3679.8	Minmin 小 q
箭牌卫浴智能马桶全自动一体式家用电动坐便器冲洗烘干 AKB1305	广东佛山	24 人付款	668	6743	箭牌定制家居旗舰店
日本津上智能马桶一体式全自动冲水家用遥控即热无水箱智能坐便器	浙江杭州	31 人付款	1210	3980	津上旗舰店
HEGII 恒洁卫浴一体式智能坐便器即热无水箱全自动智能马桶 QE8	广东佛山	188 人付款	334	6899	恒洁卫浴官方旗舰店
松下智能马桶一体式日本全自动电动冲洗家用马桶盖坐便器 5230 套餐	浙江杭州	4 人付款	143	4580	松下电工旗舰店
九牧智能马桶全自动多功能无水压一体式即热式全家用智能坐便器	福建泉州	97 人付款	510	4910	九牧官方旗舰店
松下连体抽水马桶虹吸式连体坐便器 300 400 智能便盖 5230-A 型套餐	浙江杭州	143 人付款	164	4980	松下卫浴旗舰店

清洗数据的过程：

第一步，加载数据，即将数据集的数据读取出来，我们要大致观察一下数据是否具有明显的可重复性。

第二步，数据清洗地址列，爬取的地址列是"省 + 城市名"，这里我们要把城市和省份分成两列，对于北京这种直辖市则让城市和省份都显示为北京。

第三步，数据清洗付款人数，这里只需保留付款人数，我们要把后面的文字删除。

第四步，数据清洗评论数，这里的评论数有小数，并且有缺失值，我们要将它改为整型并填补缺失值。

第五步，我们可以做一些基础的数据分析，比如按省份计算销售量等。

根据上述算法思路，代码如下：

```python
# 加载数据
import pandas as pd
pro_data = pd.read_csv("taobaoproducts.csv",header = 0)
pro_data
# 清洗地址列
def get_province(x):
    if len(x) == 2:
        return x + " 市 "
    else:
        pro_list = x.split( )
        return pro_list[0] + " 省 "
def get_city(x):
    if len(x) == 2:
        return x + " 市 "
    else:
        pro_list = x.split( )
        return pro_list[i] + " 市 "
pro_data[" 省份 "] = pro_data[" 地址 "].map(get_province)
pro_data[" 城市 "] = pro_data[" 地址 "].map(get_city)
pro_data.head( )
# 清洗付款人数
# 第一种方法用 str 接口和正则表达式
pro_data[" 付款人数 "] = pro_data[" 付款人数 "].str.findall("\d+").str[0]
# 第二种直接利用 str 接口
pro_data[" 付款人数 "] = pro_data[" 付款人数 "].str[:-3]
# 清洗评论数
pro_data[" 评论数 "] = pro_data[" 评论数 "].fillna(0)
pro_data[" 评论数 "] = pro_data[" 评论数 "].astype("int")
pro_data
```

10.3.3
考考你

```
turn_over = pro_data.groupby(" 省份 ")[" 付款人数 "].agg([(" 销售量 ", "sum")])
turn_over.sort_values(by = " 销售量 ",ascending = False,inplace = True)
turn_over.head( )
```

▶▶ **10.3.4　Pandas 数据提取**

在数据读取后进行预处理，预处理之后的数据需要提取，那么数据该如何提取呢？提取又需要什么条件呢？下面我们来看看有哪些具体的数据提取方法吧！例如，以下代码能够提取出所需数据：

```
# 取 a 列
df["a"]
# 取 a、b 列
df[["a","b"]]
# ix 可以用数字索引，也可以用 index 和 column 索引，取第 0 行
row0 = df.ix[0]
print(row0)
# 取第 0 行
row1 = df.ix[0:1]
print(tow1)
# 取第 0、1 行，第 0 列
b = df.ix[0:2,0]
print(b)
# 取第 0 行，a 列
c = df.ix[0:1,"a"]
print(c)
```

10.3.4
预习视频

10.3.4
考考你

10.3.5
预习视频

▶▶ **10.3.5　Pandas 数据汇总**

Pandas 对象拥有一组常用的数学和统计方法，大部分都属于约简和汇总统计，用于从 Series 中提取单个的值，或者从 DataFrame 中的行或列中提取一个 Series。例如，要进行数据汇总，代码如下：

```
# 创建一个 DataFranme
import numpy as np
import pandas as pd
df = pd.DataFrame(np.array([1.4,np.nan,7.5,-4.5,np.nan,0.75,-1.3,8]).reshape(4,2)
    index = ["a","b","c","d"], columns = ["one","two"])
```

df

sum( ) 函数，进行列小计

df.sum( )

sum( ) 函数传入 axis = 1 指定为横向汇总，即行小计

df.sum(axis = 1)

idxmax( ) 函数获取最大值对应的索引

df.idxmax( )

还有一种汇总是累计型的 cumsum( ) 函数，比较它和 sum( ) 函数的区别

df.cumsum( )

unique( ) 函数用于返回数据里的唯一值

obj.unique( )

此处有很多种数据汇总的方法，每组数据都有不同的汇总方法。如果你已经了解了这些库，想在 Python 绘图、数值计算、符号运算等方面了解更深，可以参考网站：http://www.cnblogs.com/Tensor Sense/p/7413319.html。该网站对 Python 的科学计算库都有介绍，包括 Matplotlib（绘图）、SciPy（数值计算）、Visual（3D 动画）等，还有应用的例子，包括数字信号、分形与混沌、单摆双摆模拟等。

 学一学

　　数据汇总是数据分析的前置环节，在企业制作数据报告中有举足轻重的作用。

【**典型应用 6——电影数据汇总**】

应用说明：给定一些电影数据，在原本的基础上进行预处理，完成到一定程度后，获取电影评分的平均数、导演的人数和演员人数，对这个典型应用进行一次完整的数据汇总处理，最终效果用 Matplotlib 进行绘制。应用代码如下：

pandas 常用统计方法

import pandas as pd

import numpy as np

from matplotlib import pyplot as plt

file_path = "IMDB−Movie−Data.csv"

df = pd.read_csv(file_path)

df.head( )

df.info( )

```
# 获取电影的平均分
df ["Rating"].mean( )
# 获取导演的人数
tem_actors_list = df ["Actirs"].str.splot(",").tolist( )
temp_actors_list
actors_list = [i for j in temp_actors_list for i in j]
actors_num = len(set(actors_list))
actors_num
runtime_data = df ["Runtime(Minutes)"].values
max_runtime = runtime_data.max( )
min_runtime = runtime_data.min( )
d = 5
num_bin = (max_runtime−min_runtieme) // d
# 设置图形大小
plt.figure(figsize = (20.8),dpi = 80)
plt.hist(runtime_data,num_bin)
plt.xticks(range(min_runtime,max_runtime+5,5))
plt.show( )
```

10.3.5
考考你

▶▶ 10.3.6　Pandas 数据统计

10.3.6
预习视频

　　Pandas 除了汇总统计外，还需要用到数据采样、计算标准差、协方差和相关系数的方法，那么该如何进行数据统计呢?

　　例如，以下代码为 Pandas 数据统计，运行效果如图 10-12 所示。

```
import numpy as np
# 产生 9 个 [10,100) 的随机数
a = np.random.randint(10,100,9)
print(a)
print(np.max(a),np.min(a),np.ptp(a))
print(np.argmax(a),np.argmin(a))
cars = np.array(["bmw","bmw","bz","audi","bz","bmw"])
cars = pd.Series(cars)
cars.value_counts( )
cars.mode( )
ary = np.array([1,1,1,2,2,2,2,2,2,2,3,3,3,3,3,3,3,4,4,4,4,5,5,5])
```

```
s = pd.Series(ary)
s.quantile([.0,.25,.5,.75,1.])
```

10.3.6
考考你

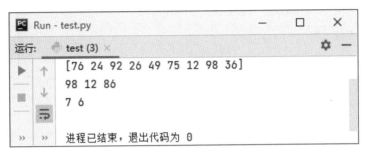

图 10-12   pandas 数据统计

10.3.7   Pandas 数据分组与聚合

接下来，我们来看一个简单的 DataFrame。

例如，以下代码为 Pandas 数据分组与聚合，运行效果如图 10-13 和图
10-14 所示。

10.3.7
预习视频

```
# 新建一个带分组特征的 DataFrame 对象
import pandas as pd
import numpy as np
df_obj = pd.DataFrame({"L1":["a","b","a","b","a","b","a","b"],
                       "L2":["one","two","one","two","one","two","one","two"],
                       "data1":np.random.randint(1,10,8),
                       "data2":np.random.randint(10,20,8)})
df_obj
print(df_obj.groupby("L1").sum( ))
print(df_obj.groupby("L1").mean( ))
print(df_obj.groupby("L1").max( ))
print(df_obj.groupby(["L1","L2"]).sum( ))
df_obj1 = df_obj.groupby(["L1","L2"]).sum( )
print(type(df_obj.index))
print(type(df_obj1.index))
```

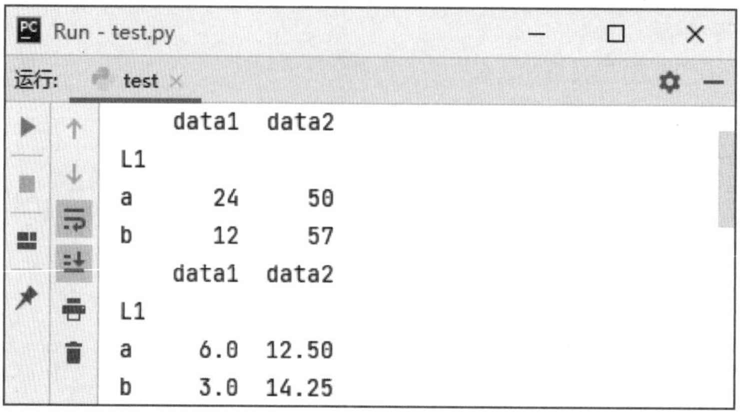

图 10-13　Pandas 数据分组与聚合（1）

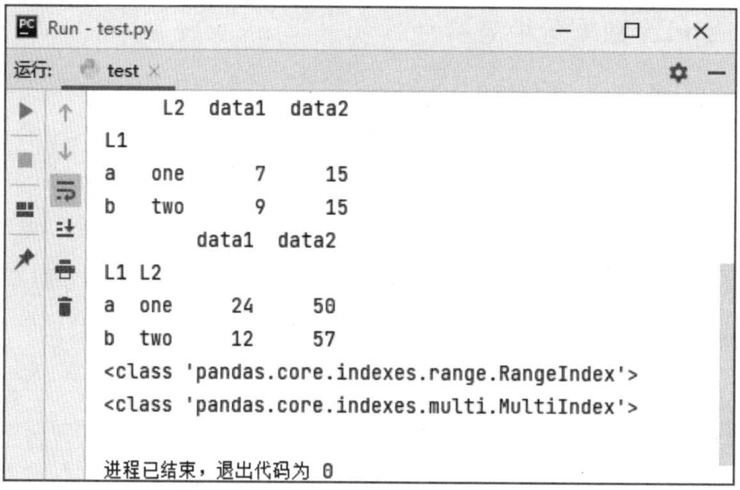

图 10-14　Pandas 数据分组与聚合（2）

【典型应用 7——分析股票行情数据】

应用说明：股票数据包括开盘价、收盘价、最高价、最低价、成交量等多个指标，其中，收盘价是当日行情的标准，也是下一个交易日开盘价的依据，可以预测未来证券市场的行情，所以投资者在分析行情时，一般会采用收盘价作为计算依据。代码如下：

```
import pandas as pd
import numpy as np
import matplotlib.pyplot as plt
aa = r"000001.xlsx"
# 设置数据显示的列表和宽度
pd.set_option("display.max_columns",500)
```

```
pd.set_option("display.width",1000)
# 解决数据输出时列名不对齐的问题
pd.set_option("display.unicode.ambiguous_as_wide",True)
pd.set_option("display.unicode.east_asian_width",True)
df = pd.DataFrame(pd.read_excel(aa))
df["data"] = pd.to_datetime(df["data"])
df = df.set_index("date")
df = df[["close"]]
df["20 天 "] = np.round(df["close"].rolling(window = 20, center = False).mean( ),2)
df["50 天 "] = np.round(df["close"].rolling(window = 50, center = False).mean( ),2)
df["200 天 "] = np.round(df["close"].rolling(window = 200,center = False).mean( ),2)
plt.rcParams["font.sans−serif"] = ["SimHei"]          # 解决中文乱码
df.plot(secondary_y = [" 收盘价 ","20","50","200"], grid = True)
plt.legend((" 收盘价 ","20 天 ","50 天 ","200 天 "),  loc = "upper right")
plt.show( )
```

10.3.7
考考你

10.4 【案例】电商数据预处理

▶▶ 10.4.1 案例要求

【案例目标】 读取文件中的数据，根据指定规则进行分组，并统计各分组
数量。

【具体要求】 本案例的实现过程应满足以下要求。

1. 创建工程并配置环境

（1）限制 1. 解压包：将 Unit10_E02.zip 素材包解压到工作空间，形成工作
环境。

（2）限制 2. 工程名：Unit10_E02。

（3）限制 3. 数据文件：data.csv。

（4）限制 4. 源码文件：data_grouping_on_quantity.py。

2. 读取文件中的数据

（1）解压后的源码文件，已经完成了数据的读取工作，将数据存放在变量中。

（2）数据存放在一个列表中，每个元素代表一类商品的数据，示例如下：

```
[[10, 2657],
 [11, 929],
 ...
 [98, 1356],
 [99, 84]]
```

3. 实现数据分组统计

（1）定义分组标签，去除重复值（两行数据完全相同为重复）

（2）对于缺失值的处理一般有中位数、众数、前值填充、后值填充、定值填充等方法，再次考虑某些商品特性是没办法进行缺失值处理的。

（3）根据处理结果可以知道，若有负值出现，则不是正常现象。因此可以想到的是订单取消或者订单成交失败，筛选出数量小于 0、价格小于 0 的值。

（4）根据输出结果可以发现：订单的编码都是以 C 开头的；创建新表格，只包含取消的订单；创建新表格，不包含取消的订单；处理完取消订单的数据后，再看一下价格为 0 的订单，仍然存在价格为负的订单。

4. 输出结果

（1）用一个 for 循环进行 3 次相似内容打印。

（2）每轮循环在控制台打印："销量 x :" + 统计后该分组的数值。

（3）语句中的 x 表示分组标签，可能为少、中和多，每个分组打印一行。

▶▶ 10.4.2　实现思路与代码

【实现思路】　本案例实现的参考思路如下。
按实验要求创建工程并配置环境。
【实现代码】　本案例实现的参考代码如下。

```
import pandas as pd
import numpy as np
# 导入数据
mydata = pd.read_csv(r"E:\MotorcycleData.csv")
mydata.head( )
# 去除重复值，只有当两行数据完全相同时才算重复值
before_delete = mydata.shape[0]
mydata.drop_duplicates(inplace = True)
after_delete = mydata.shape[0]
print(" 删除前行数 ",before_delete,
    " 删除后行数 :",after_delete,
```

```
                                    " 重复行数 ": ,before_delete-after_delete)
# 处理缺失值
# 根据结果发现 Description 和 CustomerID 两个是有缺失值的
# 考虑到商品的描述特性是没办法进行缺失值处理的
mydata.info( )
mydata["CustomerID"].nunique( )
# 对于缺失值的处理一般有中位数、众数、前值填充、后值填充、定值填充等方法
# 本次考虑 FFill 填充可能会造成较大偏差，因此采用定值填充，考虑定值为 0
# 首先，观察有无 ID == 0 的商品
mydata[mydata["CustomerID"] == 0]
mydata["CustomerID"].fillna(0,inplace = True)        # 用 0 填充缺失值
mydata["CustomerID"].isnull( ).sum( )                # 结果为 0 表示商品 ID 已无缺失值
mydata.isnull( ).sum( )
# 增加新字段 date  month
mydata["date"] = pd.to_datetime(mydata["InvoiceDate"].dt.date,errors = "coerce")
mydata["month"] = mydata["InvoiceDate"].astype("datetime64[M]")
mydata.head( )
mydata.dtypes
# 查看字段类型
mydata.dtypes
# 将商品的 ID 转换为整型
mydata["CustomerID"] = mydata["CustomerID"].astype("int64")
# 增加一列求每次消费的消费总额
mydata["SumCost"] = mydata["Quantity"] * mydata["UnitPrice"]
# 描述性统计
mydata.describe( )
# 根据结果可以知道有负值出现，这不是正常现象，所以可以想到的是订单取消或
  者订单成交失败
# 筛选出数量小于 0、价格小于 0 的值
mydata[(mydata["Quantity"] <= 0) | (mydata["UnitPrice"] <= 0)]
query_c = mydata["InvoiceNo"].str.contains("C")        # 找订单编码包含 C
# 创建新表格，只包含取消订单的表格
mydata_cannel = mydata.loc[query_c == True,:].copy( )
# 创建新表格，不包含取消的订单
```

```
mydata_success = mydata.loc[~(query_c == True),:].copy( )
mydata_cannel.head( )
mydata_success.head( )
# 处理完取消订单后，再看一下价格为 0 的订单
query_free = mydata_success["UnitPrice"] == 0
mydata_free = mydata_success.loc[query_free == True,:].copy( )
mydata_not_free = mydata_success.loc[~(query_free == True),:].copy( )
mydata_not_free.describe( )
# 根据结果发现仍然存在价格为负的订单：
query_mzero = mydata_not_free["UnitPrice"] <0
mydata_mzero = mydata_not_free.loc[query_mzero == True,:]
```

☞ 单元小结

在本单元中，我们学习了 Python 语言的 NumPy 和 Pandas 模块。主要的知识点如下：

1. Python 中使用 np.array(list) 方法来创建 ndarray 数组。
2. Python 中使用索引和切片访问 ndarray 数组的元素。
3. Python 中使用转置和改造对 ndarray 数组进行变换。
4. Python 中以 np.method(data) 方式，使用常用的统计方法，对 ndarray 数组元素进行统计学运算。
5. Python 中使用 np.genfromtxt( ) 函数读取 .txt 文件中的数据。
6. Python 中综合使用 NumPy 的统计方法和算数运算，对数据矩阵进行归一化处理。
7. Python 中使用 Series 数据类型进行一维序列数据的处理。
8. Python 中使用字典数据生成 Series 数据并用 isnull/notnull 方法检测是否为空。
9. Python 中通过 name 属性给 Series 对象和索引命名。
10. Python 中使用索引或切片访问 Series 数据的元素。

单元 10
测试题

单元 11 网络爬虫

单元知识 ▶ 目标

1. 了解网络爬虫的概念
2. 熟悉网络爬虫的流程和组件
3. 理解 Scrapy 爬虫框架和工作原理
4. 掌握 Scrapy 命令和使用方法

单元技能 ▶ 目标

1. 能够从爬取网站获取 Robots 协议
2. 能够安装并使用 Scrapy 爬虫框架
3. 能够编写 Scrapy 爬虫器程序
4. 能够编写 Scrapy 管道程序

单元思政 ▶ 目标

1. 培养学生良好的法律意识，要真正落实遵法、守法
2. 培养学生务实、求真、协作的职业素养

单元 11　网络爬虫

单元重点

网络爬虫是通过爬虫技术在公开的网络平台上进行数据采集，它是大数据处理的第一个环节。网络爬虫的处理流程主要是爬取特定网站的数据，比如电商网站、新闻网站等，然后根据业务需要进行数据提取和处理，最后进行持久化存储。因此，网络爬虫有"发起请求—获取响应内容—解析网页—存储数据"这四个环节，每个环节都可以用单独的技术去实现，也可以整体用框架去实现。

本单元将向大家介绍网络爬虫的概念、流程、架构，以及 Python 中典型的网络爬虫框架 Scrapy。学习者应该重点掌握 Scrapy 网络爬虫框架的流程、各组件的功能以及利用 Scrapy 去爬取网站上的数据。本单元技能图谱，如图 11-1 所示。

图 11-1　本单元技能图谱

案例资源

	综　合　案　例
■国家概要信息爬取	案例 1　电商网站数据爬取

小明和好朋友合作在电商平台上经营了一家小店铺，开展电子商务实践活动。最近，他们发现女装的品类有些少，于是想增加汉服这一品类来吸引用户。他们去淘宝上搜索汉服的销售信息，但是商品太多，一个个地点击链接并将数据记录到 Excel，工作量很大。随后，他们找林老师咨询如何高效爬取淘宝上的销售数据，如图 11-2 所示。

（a）小明来电　　　　　　　　　　（b）解决思路

图 11-2　爬取数据

为了帮助小明解决眼前的困难，林老师对电商数据爬取提出了一些建议，具体包括以下三个步骤：

第一步，学习网络爬虫及 Python 的网络爬虫框架 Scrapy；

第二步，利用 Scrapy 爬取淘宝网站上搜索"汉服"的商品列表；

第三步，将商品列表的商品信息和销售信息爬取、处理并保存。

那么，小明要完成上面林老师交给的任务，需要掌握哪些知识呢？这就需要对网络爬虫知识进行学习和实践。在实际中，很多企业都会利用网络爬虫获取数据并进行处理，体现出数据的商业价值。网络爬虫通常是大数据处理的第一个环节，它是根据业务制定的规则在特定公开的网站上进行数据爬取。例如，定时爬取热点新闻作为素材进行二次创作，或者定时爬取竞品数据来制订产品的市场推广计划等。网络爬虫的流程通常是对特定网站的网页发起请求、获取响应网页的内容、进行网页解析和数据提取、将数据进行持久化保存这几个步骤。在 Python语言中，典型的网络爬虫框架是 Scrapy，通过一键部署和命令行工具实现快速搭建轻量级的网络爬虫框架。Scrapy 框架的各组件功能以及数据流，也是基于网络爬虫通用的流程和框架进行开发设计的。基于 Scrapy 框架，开发人员只需要进行少量代码的编写，就能够实现网络爬虫的定制。Srapy 框架也是目前业内评价最好的开源框架。

11.1 网络爬虫概述

▶▶ 11.1.1 什么是网络爬虫

11.1.1
预习视频

网络爬虫最早出现在 Google 等搜索引擎中，爬虫用于抓取互联网上的 Web 页面，再由搜索引擎进行索引和存储，从而提供检索服务。随着互联网数据的日益增加，用户对数据搜索的规则也越来越复杂，搜索引擎的数据检索已经不能满足企业的需求。近年来，大量的网络爬虫系统的开源，也使得开发一个网络爬虫程序变得容易很多。

网络爬虫又称网络蜘蛛，是指按照某种规则在网络上爬取所需内容的脚本程序。每个网站都有首页，首页通常包含其他网页的入口，网络爬虫则通过一个网址依次进入其他网址获取所需内容。那么，是否可以使用网络爬虫去爬取任何网页的数据呢？用网络爬虫爬取数据是否合法呢？虽然网络爬虫领域并无相关立法，但国际互联网界已经建立起一定的道德规范和行为约束。

1. Robots 协议

Robots 协议（爬虫协议）的全称是"网络爬虫排除标准"，网站通过 Robots 协议告诉搜索引擎，哪些网页可以爬取，哪些网页不能爬取。该协议是国际互联网界默认遵守的道德规范，每一个爬虫程序都应该遵守这项协议。

大多数网站都会定义 robots.txt 文件，这样可以让爬虫了解爬取网站时存在哪些限制。用户在爬取之前，检查 robots.txt 文件可以大大降低爬虫被封禁的可能。例如，淘宝网的 robots.txt 文件，访问 https://www.taobao.com/robots.txt 可获取，如图 11-3 所示。

图 11-3　淘宝 robots.txt 文件

淘宝网的 robots.txt 文件禁止用户代理为 BaiduSpider（百度蜘蛛）的爬虫爬取该网站，Disallow:/ 禁止百度爬虫访问该网站的所有页面。因此，当年在百度搜索"淘宝"时，搜索结果会出现"由于该网站的 robots.txt 文件存在限制指令（限制搜索引擎抓取），系统无法提供该页面的内容描述"，如图 11-4 所示。因此，你是不能从百度上搜索到淘宝内部的产品信息的。

图 11-4　百度搜索结果

2. 网络爬虫的约束

除了上述 Robots 协议之外，在使用网络爬虫的时候还要对自己的行为进行约束：过快或者过于频繁地爬取网站上的数据，都会对服务器产生巨大的压力，网站可能会封禁你的 IP，甚至采取法律措施。因此，你需要约束自己的网络爬虫的行为，使请求的速度限定在一个合理的范围之内。

随着网络爬虫技术和大数据技术的发展，网络爬虫在各领域的应用也越来越广泛。网络爬虫需要遵循相关规定和法律的约束。若行为人违反刑法的相关规定，通过网络爬虫访问收集一般网站所存储、处理或传输的数据，可能构成刑法中的非法获取计算机信息系统数据罪；如果在数据爬取过程中实施了非法控制行为，可能构成非法控制计算机信息系统罪。此外，使用网络爬虫造成对目标网站的功能干扰，导致其访问流量增大、系统响应变缓，影响正常运营的，也可能构成破坏计算机信息系统罪。

11.1.1
考考你

 学一学

网络爬虫有直接爬取网页和调用网站 API 两种方式，直接爬取网页会受到页面元素和布局的影响，如果页面发生变化，则需要变更网络爬虫逻辑，但爬取网页的数据是所见即所得，数据比较丰富和齐全；调用网站 API 获取的数据结构相对规范，但需要调用方注册验证，会有调用计费、调用频率受限、获取数据有限等因素制约。因此，获取网络数据时可以根据实际需求选择不同的爬取方式。

11.1.2　网络爬虫结构

1. 基本流程

网络爬虫获取网页数据的基本流程为：发起请求—获取响应内容—解析网

11.1.2
预习视频

页—存储数据。数据存储之后可以根据业务需要进行提取和处理。

（1）发起请求

通过 URL 地址向服务器发起 request 请求，请求可以包含额外的 header 信息。

（2）获取响应内容

服务器正常响应，将会收到一个 response，即为所请求的网页内容，或许包含 HTML 代码，JSON 数据或者二进制的数据（如视频、图片等）。

（3）解析网页

如果是 HTML 代码，则可以使用网页解析器进行解析；如果是 JSON 数据，则可以转换成 JSON 对象进行解析；如果是二进制的数据，则可以保存到文件后再做进一步处理。

（4）存储数据

数据既可以保存到本地文件，也可以保存到数据库（如 MySQL、Redis、MongoDB 等）。

2. 网络爬虫框架

网络爬虫通用框架主要包括五大模块，如图 11-5 所示。

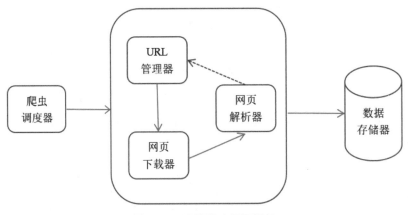

图 11-5　网络爬虫通用框架

（1）爬虫调度器

爬虫调度器是程序的入口，用于启动整个程序，并负责统筹其他四个模块的协调工作。

（2）URL 管理器

URL 管理器负责管理 URL 链接，维护已经爬取的 URL 集合和未爬取的 URL 集合，提供获取新 URL 链接的接口。

（3）网页下载器

网页下载器用于从 URL 管理器中获取未爬取的 URL 链接，并下载 HTML 网页。

（4）网页解析器

网页解析器用于从网页下载器中获取已经下载的 HTML 网页，并从中解析出新的 URL 链接交给 URL 管理器，再解析出有效数据交给数据存储器。

（5）数据存储器

数据存储器用于将 HTML 解析器解析出来的数据通过文件或者数据库的形式存储起来。

网络爬虫程序的运行流程，如图 11-6 所示。

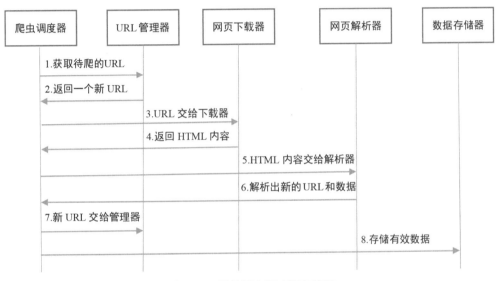

图 11-6　网络爬虫程序运行流程

网络爬虫程序开发涉及五个模块：爬虫调度器、URL 管理器、网页下载器、网页解析器、数据存储器，需要重点关注网页下载器、网页解析器和数据存储器所涉及的技术，如表 11-1 所示。

表 11-1　网络爬虫模块

模块	核心功能描述	基础技术	进阶技术
网页下载器	获取网页内容	requests、urllib 和 selenium	并发下载、登录抓取、突破 IP 封禁和使用服务器抓取
网页解析器	解析网页内容	re 正则表达式、BeautifulSoup 和 lxml	解决中文乱码
数据存储器	存储数据	存入 txt 文件和 csv 文件等本地文件	存入 MySQL 数据库和 MongoDB 数据库

11.1.2
考考你

如果你想开发一个网络爬虫程序，则可以按照以上流程进行技能学习。

11.2 Scrapy 爬虫

程序开发中为什么要使用框架？所谓框架，就是可复用的设计架构，它规定了应用的体系结构。各构件之间的通信协作，是实现某应用领域通用功能的底层服务。框架来源于顶层设计，是团队遵循规则、协同工作的前提，程序开发使用框架会使开发人员专注于业务开发，同时也会规范代码结构、提高产品开发效率。

▶▶ 11.2.1 Scrapy 爬虫框架

11.2.1
预习视频

Scrapy 是一个为了爬取网站数据、提取数据而编写的应用框架。它是依托 Python 语言实现的，用户只需要对框架进行开发和配置，就可以编写一个网络爬虫程序。

Scrapy 的架构设计是基于网络爬虫程序框架完成的，该框架包含了爬虫调度器、URL 管理器、网页下载器、网页分析器和数据存储器五大模块的功能。Scrapy 架构如图 11-7 所示。

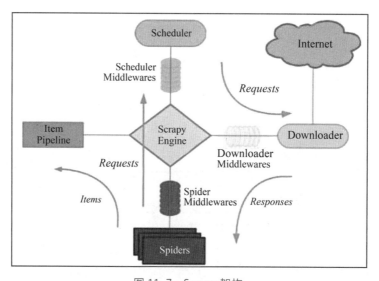

图 11-7　Scrapy 架构

Scrapy 核心组件有 Scrapy Engine（引擎）、Scheduler（调度器）、Downloader（下载器）、Spiders（爬虫器）、Iterm Pipeline（管道），还有两个中间件 Downloader Middlewares（下载器中间件）和 Spider Middlewares（爬虫器中间件）。这些组件的功能分别是：

引擎：负责控制数据流在各组件的流动，并在有相应动作时触发事务。Scrapy 引擎是整个框架的核心。

调度器：接受引擎发过来的请求（Requests），加入爬虫队列，并在引擎获取 Requests 的时候返回一个队列优先的 URL。

下载器：负责获取网页内容，并将网页内容返回给引擎。

爬虫器：负责从解析网页内容中提取数据。用户也可以从网页内容中提取链接，让 Scrapy 继续爬取下一个页面。

管道：负责处理被爬虫提取的数据，将数据保存下来。

下载器中间件：引擎和下载器中间的一个部分，可以自定义下载扩展，比如设置代理。

爬虫器中间件：引擎和爬虫器中间的一个部分，可以自定义 Requests 请求和进行 Responses 过滤。

那么，Scrapy 框架各组件对应的网络爬虫通用框架是哪些模块呢？Scrapy 框架的哪些代码和配置是需要修改的呢？可以参考表 11-2。

表 11-2　Scrapy 组件

Scrapy 组件	对应的网络爬虫框架模块	是否需要修改
Scrapy 引擎	爬虫调度器	无须修改，框架已实现
调度器	URL 管理器	无须修改，框架已实现
下载器	网页下载器	无须修改，框架已实现
爬虫器	网页解析器	需要手写
管道	数据存储器	需要手写
下载器中间件	网页下载器——个性化部分	一般不用该功能
爬虫器中间件	网页解析器——个性化部分	一般不用该功能

从 Scrapy 框架可以看出 Scrapy 的数据流向，那么具体数据是怎么流动的呢？具体描述如下：

引擎从调度器中取出一个 URL 链接用来爬取；

引擎把 URL 封装成一个 Requests 请求给下载器，下载器下载网页内容，并封装成应答包 Responses；

爬虫器解析应答包 Responses，若解析出数据实体（Items），则交给管道做进一步处理；若解析出链接，则把 URL 交给调度器等待爬取；

管道拿到数据实体后，进行数据的持久化存储；

调度器拿到新的 URL 链接后，将它加入爬虫队列，等待爬取。

11.2.1
考考你

11.2.2
预习视频

11.2.2 Scrapy 框架安装

Scrapy 在 Windows 下的安装很简单，可以直接在 CMD 下使用 pip 安装：

pip install Scrapy

如果 pip 版本报错，则可以使用下面命令查看和更新 pip 版本：

pip --version

python -m pip install --upgrade pip

在安装过程中会出现链接镜像网站出错的情况，我们可以通过"-i"选项指定国内的镜像网站。例如：

python -m pip install --upgrade pip -i https://pypi.douban.com/simple

pip install Scrapy -i https://pypi.douban.com/simple

国内可用的开源镜像网站，如表 11-3 所示。

表 11-3　国内开源镜像网站

镜像网站	网址
阿里云	http://mirrors.aliyun.com/pypi/simple/
豆瓣	http://pypi.douban.com/simple/
清华大学	https://pypi.tuna.tsinghua.edu.cn/simple/
中国科学技术大学	http://pypi.mirrors.ustc.edu.cn/simple/

如果 Scrapy 安装成功，就可以在终端执行 Scrapy 命令了。本节基于 Scrapy 2.3.0 版本进行实战。例如，使用 scrapy version 命令查看版本号，使用 scrapy-h 命令查看帮助文档，如图 11-8 所示。

```
Select Command Prompt

C:\>scrapy version
Scrapy 2.3.0

C:\>scrapy -h
Scrapy 2.3.0 - no active project

Usage:
  scrapy <command> [options] [args]

Available commands:
  bench         Run quick benchmark test
  commands
  fetch         Fetch a URL using the Scrapy downloader
  genspider     Generate new spider using pre-defined templates
  runspider     Run a self-contained spider (without creating a project)
  settings      Get settings values
  shell         Interactive scraping console
  startproject  Create new project
  version       Print Scrapy version
  view          Open URL in browser, as seen by Scrapy

  [ more ]      More commands available when run from project directory

Use "scrapy <command> -h" to see more info about a command
```

图 11-8　执行 Scrapy 命令

Scrapy 也可以使用 Anaconda 安装，当你装好 Anaconda 之后，就可以在 CMD 中输入：

conda install −c conda−forge scrapy。

学一学

　安装 Scrapy 的方法有很多，除了使用 pip 安装外，还可以在 Anaconda 中安装。Anaconda 是一个集成多个 Python 包的管理工具，使用起来相当方便，但在安装时仍然需要修改 Anaconda 的配置文件，如可修改为国内的镜像源。

11.2.2
考考你

11.3　Scrapy 常用工具命令

　工具的使用是人类进入文明时代的标志，优秀的工具能提高生活、生产的质量和效率！所以，我们应不断地优化和创造新的工具命令。

　Scrapy 是通过 Scrapy 命令行工具进行控制的。Scrapy 工具针对不同的目的提供了多个命令，每个命令支持不同的参数和选项。接下来，我们利用 Scrapy 工具创建一个 Scrapy 项目，并对 Scrapy 常用的全局命令和项目命令进行学习。

▶▶ ## 11.3.1　Scrapy 项目创建

　安装好 Scrapy 以后，我们创建一个 Scrapy 项目，爬取 http://example.webscraping.com/ 网站上的数据。首先，在 CMD 中进入一个创建的项目目录（如进入 scrapy_demo 目录下），运行下面命令：

scrapy startproject 项目名

　例如，运行命令 scrapy startproject example，创建一个项目名为 example 的 Scrapy 项目，example 项目的目录结构，如图 11−9 所示。

11.3.1
预习视频

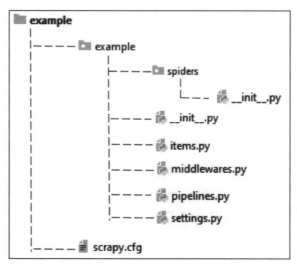

图 11-9　Scrapy 项目目录结构

其中，项目中比较重要的文件有如下几个。

settings.py：该文件是项目的设置文件，可以设置用户代理、爬取延时等。

items.py：该文件定义了需要保存的字段。

pipelines.py：对应管道组件，用来存储数据。

spiders/：对应爬虫器组件，该目录用来存储实际的爬虫代码。

创建好项目后，根据需求先在 items.py 文件中定义想要存储的字段，然后开始编写爬虫代码。通过 genspider 命令，就可以在 spiders/ 目录下生成初始化模板。创建一个新的 spider 命令：

scrapy genspider 爬虫名 域名

例如，创建爬取 http://example.webscraping.com/ 网站的爬虫，在 CMD 中运行命令 scrapy genspider country example.webscraping.com，运行 genspider 命令后，在目录 example/spider/ 下自动生成 country.py 文件，如图 11-10 所示。该文件实现了网页内容解析和数据提取功能。

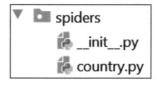

图 11-10　spiders 目录文件

11.3.1
考考你

从 Scrapy 框架组件的介绍中可以看出，我们只需要对爬虫器和管道组件对应的代码进行配置和编写，即可快速实现网络爬虫程序。

▶▶ 11.3.2　Scrapy 全局命令

11.3.2
预习视频

Scrapy 提供了两种类型的命令。一种类型的命令既可以在项目中运行，也可以在非项目中运行，称之为全局命令。

常见的全局命令有下面几种：

startproject

语法：scrapy startproject <project_name>。

描述：在 project_name 文件夹下创建一个名为 project_name 的 Scrapy 项目。

例子：scrapy startproject myproject。

settings

语法：scrapy settings [options]。

描述：在项目中运行时，该命令将会输出项目的设定值，否则输出 Scrapy 默认设定。

例子：scrapy settings ––get DOWNLOAD_DELAY。

shell

语法：scrapy shell [url]。

描述：以给定的 URL（给出 URL）或者空（没有给出 URL) 启动 Scrapy shell。

例子：scrapy shell http://www.example.com/some/page.html。

11.3.2
考考你

fetch

语法：scrapy fetch <url>。

描述：使用 Scrapy 下载器下载给定的 URL，并将获取的内容送到标准输出。

例子：scrapy fetch ––nolog http://www.example.com/some/page.html。

view

语法：scrapy view <url>。

描述：在浏览器中打开给定的 URL，并以 Scrapy spider 获取的形式展现。

例子：scrapy view http://www.example.com/some/page.html。

version

语法：scrapy version [–v]。

描述：输出 Scrapy 版本。配合"–v"运行时，该命令同时输出 Python、Twisted 以及平台的信息，方便 bug 提交。

例子：scrapy version。

▶▶ 11.3.3　Scrapy 项目命令

11.3.3
预习视频

Scrapy 提供了两种类型的命令：一种类型是全局命令；另一种类型的命令必须在 Scrapy 项目中运行，称之为项目命令。

常见的项目命令有下面几种：

crawl

语法：scrapy crawl <spider>。

描述：使用 spider 进行爬取。

例子：scrapy crawl myspider。

check

语法：scrapy check [–l] <spider>。

描述：运行 contract 检查。

例子：scrapy check –l。

list

语法：scrapy list。

描述：列出当前项目中所有可用的 spider，每行输出一个 spider。

例如：scrapy list。

edit

语法：scrapy edit <spider>。

描述：使用 EDITOR 中设定的编辑器编辑给定的 spider。

例子：scrapy edit spider1。

parse

语法：scrapy parse <url> [options]。

描述：获取给定的 URL 并使用相应的 spider 分析处理。

支持的选项：

--spider=SPIDER：跳过自动检测 spider 并强制使用特定的 spider；

--a NAME=VALUE：设置 spider 的参数（可能被重复）；

--callback or –c：spider 中用于解析返回（Responses）的回调函数；

--pipelines：在 pipeline 中处理 item；

--rules or –r：使用 CrawlSpider 规则来发现用来解析返回(Responses)的回调函数；

--noitems：不显示爬取到的 item；

--nolinks：不显示爬取到的链接；

--nocolour：避免使用 pygments 对输出着色；

--depth or –d：指定跟进链接请求的层次数（默认为 1）；

--verbose or –v：显示每个请求的详细信息。

例子：scrapy parse http://www.example.com/ –c parse_item。

genspider

语法：scrapy genspider [–t template] <name> <domain>。

描述：在当前项目中创建 spider。

例子：scrapy genspider –t basic example example.com。

deploy

语法：scrapy deploy [<target:project> | –l <target> | –L]。

描述：将项目部署到 Scrapy 服务中。

bench

语法：scrapy bench。

描述：运行 benchmark 测试。

11.3.3
考考你

11.4　Scrapy 爬虫框架使用

本节将使用 Scrapy 爬取网站 http://example.webscraping.com/ 作为 Scrapy 爬虫框架的使用。example.webscraping.com 网站首页展示的是国家列表，网站首页如图 11–11 所示。我们合法合规地爬取公开的国家信息，可以更全面地了解国家的基本信息和历史脉络。

11.4
预习视频

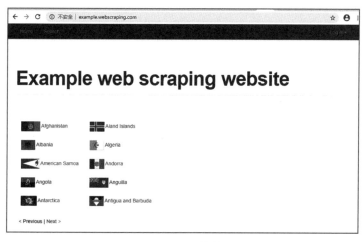

图 11-11　网站首页

点击国家链接进去，会看到这个国家的位置、人口、首都、语言等信息，国家信息详情页面，如图 11–12 所示。

图 11-12　国家详情

　　该网络爬虫的目标是爬取网站前 4 页以 "A" 字母开头的国家信息，并将这些信息输出到本地文件。网络爬虫将完成以下几个步骤：创建项目；定义模型；创建爬虫；提取数据；存储数据。

1. 创建项目

　　在 CMD 中运行 Scrapy 全局命令 startproject，创建一个名为 example 的项目，命令如下：

scrapy startproject example

　　命令执行完后，我们可以在 example 目录下看到该目录的默认生成文件，如图 11-13 所示。

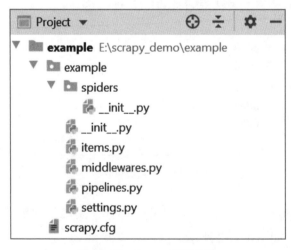

图 11-13　Scrapy 项目文件

2. 定义模型

items.py 文件定义了在网页内容中提取数据时需要保存的字段。默认情况下，example/items.py 文件包含如下代码：

```
import scrapy
class ExampleItem(scrapy.Item):
    # define the fields for your item here like:
    # name = scrapy.Field( )
    pass
```

ExampleItem 类是一个模板，入参 scrapy.Item 类有点像 Python 里的 dict 字典，scrapy.Item 对象存放字段名称及其对应的值。如果只爬取并存储该网站上的国家名称和首都名称，那么需要将其中的内容替换为爬虫运行时想要存储的国家名称和首都名称字段。修改代码如下：

```
class ExampleItem(scrapy.Item):
    name = scrapy.Field( )
    capital = scrapy.Field( )
```

如果想要获取其他国家的信息，比如人口、语言等，只要按照上面的方式定义即可。定义模型的详细文档可以参考 https://docs.scrapy.org/en/latest/topics/items.html。

3. 创建爬虫

爬虫用来解析网页内容，提取数据。爬虫器（Spider）代码需要手工编写，但可以借助项目命令 genspider 生成初始化模板。模板类型可以通过 scrapy genspider –l 命令查看，如图 11–14 所示。

```
E:\scrapy_demo\example>scrapy genspider -l
Available templates:
  basic
  crawl
  csvfeed
  xmlfeed
```

图 11-14　Scrapy 命令查看模板类型

这里使用内置的 crawl 模板，genspider 命令传入爬虫名、网站域名以及可选的模板参数，命令格式如下：

```
scrapy genspider country example.webscraping.com  --template = crawl
```

在 CMD 中运行该命令后，会在 example/spiders/ 目录下生成 country.py 的爬虫模板文件。在模板代码上进行修改，可以快速完成爬虫代码的开发。country.py 代码如下：

```python
import scrapy
from scrapy.linkextractors import LinkExtractor
from scrapy.spiders import CrawlSpider, Rule


class CountrySpider(CrawlSpider):
    name = 'country'
    allowed_domains = ['example.webscraping.com']
    start_urls = ['http://example.webscraping.com/']

    rules = (
        Rule(LinkExtractor(allow = r'Items/'), callback = 'parse_item', follow = True),
    )

    def parse_item(self, response):
        item = { }
        # item['domain_id'] = response.xpath('//input[@id = "sid"]/@value').get( )
        # item['name'] = response.xpath('//div[@id = "name"]').get( )
        # item['description'] = response.xpath('//div[@id = "description"]').get( )
        return item
```

这就是爬虫器 Spider 的代码，CountrySpider 类实现的是解析网页并提取数据的功能。CountrySpider 类文件最开始的几行是导入了后面会用到的 Scrapy 库，下面是 CountrySpider 类包括的类属性。

name：该属性定义了爬虫器的名字，字符串类型。不同的爬虫器不能使用相同的名字。

allowed_domains：该属性定义了可以爬取的域名列表，规定爬虫只会爬取这个域名下的网页。如果没有定义该属性，则表示可以爬取任何域名。

start_urls：该属性定义了爬虫器在启动时会爬取的 URL 列表。

rules：该属性为一个正则表达式集合，用于告知爬虫需要跟踪哪些链接，callback( )函数调用了 parse_item( ) 函数，用于解析下载得到的网页响应内容。follow 表示是否跟踪页面内的链接，如果没有该属性则表示不跟踪。

parse_item( ) 函数，提供了一个从网页中获取数据的例子。例如，该网络爬虫只爬取 example.webscraping.com 网站前 4 页国家列表中以 "A" 字母开头的国家名称和首都名称。那么，我们需要重新定义 rules 规则，修改代码如下：

```
rules = (
    Rule(LinkExtractor(allow = r'/index/[0-3]', deny = '/user/'),
        follow = True),
    Rule(LinkExtractor(allow = r'/view/A', deny = '/user/'),
        callback = 'parse_item')
)
```

网站首页的 URL 为 http://example.webscraping.com/places/default/index/0，第一条规则爬取 URL 匹配正则表达式"/index/[0-3]"，但 URL 不包含"/user/"的网页，并跟踪其中的链接；国家信息页的 URL 为 http://example.webscraping.com/places/default/view/Afghanistan-1，第二条规则爬取国家信息页 URL 匹配正则表达式"/view/A"，但 URL 不包含"/user/"的网页，并将下载响应传给 callback( ) 函数，即 parse_item( ) 函数。

在配置完成后，我们可以运行项目命令 crawl 来执行爬虫。需要注意的是，运行爬虫器之前，我们需要修改项目配置文件，防止访问网站过于频繁而被服务器封禁 IP。在 example/settings.py 中添加如下几行代码：

```
CONCURRENT_REQUESTS_PER_DOMAIN = 1
DOWNLOAD_DELAY = 5
```

项目文件配置完成后，在 CMD 中执行 crawl 命令如下：

```
Scrapy crawl  country -s LOG_LEVEL = DEBUG
```

我们把日志级别设置为 DEBUG 显示所有信息，输出的日志信息会显示首页和国家信息页都可以正确爬取，并且已经过滤了重复链接。命令运行完成后，如果打印的日志里出现 [scrapy.core.engine] INFO: Closing spider (finished)，那么代表执行完成。

4. 提取数据

在爬取了首页和国家信息页面后，我们需要从中提取所要的数据（国家名称及其首都名称）。那么，我们可以通过 Scrapy 自带的 Xpath 和 CSS 选择器实现。需要修改 CountrySpider 类的 parse_item( ) 函数，代码如下：

```
from example.items import ExampleItem
def parse_item(self, response):
    item = ExampleItem( )
    name_css = 'tr#places_country__row td.w2p_fw::text'
    item['name'] = response.css(name_css).extract( )
    capital_css = 'tr#places_capital__row td.w2p_fw::text'
    item['capital'] = response.css(capital_css).extract( )
    return item
```

提取数据的代码也可以使用 BeautifulSoup 来实现。运行 scrapy crawl country –s LOG_LEVEL=DEBUG 命令继续爬取数据，可以看到日志显示了爬取的国家和首都的名称，如图 11–15 所示。

图 11-15　Scrapy debug 日志

Scrapy 还提供了一个更方便的 --output 选项，用于自动保存已爬取的条目到本地文件，可选格式包括 CSV、JSON 和 XML。命令格式如下：

scrapy crawl country –s LOG_LEVEL = INFO --output = countries.csv

国家名称和首都名称的数据会保存到项目下的 countries.csv 文件中，如图 11–16 所示。

```
capital,name
St. John's,Antigua and Barbuda
,Antarctica
The Valley,Anguilla
Luanda,Angola
Andorra la Vella,Andorra
Pago Pago,American Samoa
Algiers,Algeria
Tirana,Albania
```

图 11-16　保存 csv 数据

爬虫器 CountrySpider 的完整代码为：

```
from scrapy.linkextractors import LinkExtractor
from scrapy.spiders import CrawlSpider, Rule
from example.items import ExampleItem


class CountrySpider(CrawlSpider):
```

```
name = 'country'
allowed_domains = ['example.webscraping.com']
start_urls = ['http://example.webscraping.com/']
rules = (
    Rule(LinkExtractor(allow = r'/index/[0-3]', deny = '/user/'),
        follow = True),
    Rule(LinkExtractor(allow = r'/view/A', deny = '/user/'),
        callback = 'parse_item')
)


def parse_item(self, response):
    item = ExampleItem( )
    name_css = 'tr#places_country__row td.w2p_fw::text'
    item['name'] = response.css(name_css).extract( )
    capital_css = 'tr#places_capital__row td.w2p_fw::text'
    item['capital'] = response.css(capital_css).extract( )
    return item
```

　　虽然类文件只有几行代码，但有很多基础知识需要了解。官方文档中包含了创建爬虫的更多细节，详细文档可以参考 https://docs.scrapy.org/en/latest/topics/spiders.html。

5. 存储数据

　　提取的数据可以使用命令行工具进行存储。不过，Scrapy 框架提供了数据存储器的功能，一般数据存储都会用到管道 pipelines 功能。打开 pipelines.py 文件，修改代码如下：

```
class ExamplePipeline(object):
    file_path = "result.txt"


    def __init__(self):
        self.file_result = open(self.file_path, "a+", encoding = "utf-8")


    def process_item(self, item, spider):
        name = "".join(item['name'])
        capital = "".join(item['capital'])
        output_str = name + ',' + capital + '\n'
```

```
        self.file_result.write(output_str)
        return item
```

在上述代码中，首先定义 file_path 为保存数据的文件，然后再定义 process_item(self, item, spider) 方法，这里会传入获取的 item 对象和爬取该 item 的 Spider。在 item 里取出 name 和 capital 对应的值，将数据进行格式化后写入 result.txt 文件。

需要注意的是，在运行该代码前，需要修改项目的配置文件 example/settings.py，去掉下面这一段的注释。

```
ITEM_PIPELINES = {
    'example.pipelines.ExamplePipeline': 300,
}
```

之后在命令行运行如下命令：

scrapy crawl country

运行完成之后，可以在 example 目录下出现了 result.txt 文件，文件内容如图 11-17 所示。

```
Antarctica,
Anguilla,The Valley
Angola,Luanda
Andorra,Andorra la Vella
American Samoa,Pago Pago
Algeria,Algiers
Albania,Tirana
Aland Islands,Mariehamn
Afghanistan,Kabul
Antigua and Barbuda,St. John's
Azerbaijan,Baku
Austria,Vienna
Australia,Canberra
Aruba,Oranjestad
Armenia,Yerevan
Argentina,Buenos Aires
```

图 11-17　国家信息爬取结果

11.4
考考你

这个网络爬虫只是 Scrapy 框架的入门级用法，Scrapy 还有很多高级的用法，比如多并发爬取、设置用户代理等，更高级的用法可以参考官方网站 https://docs.scrapy.org/en/latest/。

11.5 【案例】电商网站数据爬取

11.5.1 案例要求

11.5.1
案例视频

【案例目标】　在淘宝上搜索"汉服"，按销量从高到低排序，爬取前 3 页的数据。每个商品数据包含商品名称、店铺、价格、销量及链接地址信息，输出到文件保存。

【相关解释】　在淘宝网站搜索"汉服"且销量按从高到低排序，在浏览器输入框输入下面的 URL，https://s.taobao.com/search?q= 汉服 &sort=sale-desc&s=0。

其中，q 为搜索关键字；sort 为排序方式，sale-desc 是按销量从高到低排序；s 为展示商品数目，淘宝每页默认展示 44 个商品，例如第一页 s=0，第二页 s=44，第三页 s=88，依次类推。

【案例效果】　本案例程序运行的效果，如图 11-18 所示。

```
东月棠清风笔多色款宋制汉服三件套夏季中国风宋抹吊带女日常原创,孙琼香,99.00,7000+人收货,//item.taobao.com/item.htm?id=616724205845&ns=1&abbucket=9#detail
花神赋汉服女中国风仙气飘逸古风学生齐腰披肩花广袖齐胸襦裙古装,妃子络旗舰店,128.00,3120人收货,//detail.tmall.com/item.htm?id=610544986378&ns=1&abbucket=9
花神记-草莓兔原创汉服女宋制褙子吊带中国风齐腰褶汉元素短裙右襟,摄影器材2013,89.00,2191人收货,//item.taobao.com/item.htm?id=618487188630&ns=1&abbucket=9#detail
汉服女童中国风儿童樱花公主星空轻纱古装夏季仙气飘逸古风连衣裙,厂家直销店,86,38.00,1985人收货,//item.taobao.com/item.htm?id=621279667563&ns=1&abbucket=9#detail
兰若庭 汉服 中搭 齐腰 日常 打底 防走 半身裙,iokia,14.90,1795人收货,//item.taobao.com/item.htm?id=614455731616&ns=1&abbucket=9#detail
汉服女童中国风儿童樱花公主星空轻纱古装夏季仙气飘逸古风连衣裙,小资一族,38.00,1788人收货,//item.taobao.com/item.htm?id=596889885637&ns=1&abbucket=9#detail
醉雨朵朵莲语汉服女夏季三件套女装原创白棠晋制齐腰交领全套破破仙,醉雨朵旗舰店,138.00,1613人收货,//detail.tmall.com/item.htm?id=605718669211&ns=1&abbucket=9
东月棠宋制汉元素汉服可可盐短裙子女夏套装女日常三件套半身裙,孙琼香,99.00,1543人收货,//item.taobao.com/item.htm?id=621747772755&ns=1&abbucket=9#detail
汉韵华服夕阳宋制汉服吊带一片式宋抹内搭正品原创,逸水兰庭汉服,19.90,1522人收货,//item.taobao.com/item.htm?id=620713289928&ns=1&abbucket=9#detail
苍海赋汉服女中国风学生古装超仙汉元素齐胸齐腰襦裙白棠汉服整套,颜倪思旗舰店,75.00,1459人收货,//detail.tmall.com/item.htm?id=606914903231&ns=1&abbucket=9
```

图 11-18　销量数据分组

【具体要求】　本案例的实现过程应满足以下要求。

1. 创建工程并配置环境

（1）限制 1. 本地已经安装 Scrapy 2.3.0 版本。

（2）限制 2. 创建一个工程文件夹为 Unit11_E01。

（3）限制 3. 创建一个 Scrapy 项目，项目名为 mytaobao。

（4）限制 4. 创建一个名为 taobao 的爬虫。

2. 商品数据爬取

（1）按需求在淘宝网站（域名 taobao.com）搜索，分析得出 URL。

（2）起始 URL 为 https://s.taobao.com/search?q= 汉服 &sort=sale-desc&s=0。

（3）只下载搜索结果列表的前 3 页商品数据。

3. 商品数据提取

（1）每个商品只需提取商品名称、店铺、价格和销量及链接地址数据。

（2）例如第 2 个商品，商品名称为"花神赋汉服女中国风仙气飘逸古风学生齐腰彼岸花广袖齐胸襦裙古装"，店铺为"妃子络旗舰店"，链接地址为"//detail.tmall.
com/item.htm?id=610544906370&ns=1&abbucket=9"，价格为"128.00"，销量为"3028"，
如图 11–19 所示。

图 11–19   商品查询列表

4. 商品数据存储

将数据存储到本地文件 taobao.txt 中。

11.5.2   实现思路与代码

【实现思路】 本案例实现的参考思路如下。

1. 创建项目

```
# 进入项目目录
cd Unit11_E01
# 创建项目
scrapy startproject mytaobao
# 进入爬虫目录
```

```
cd mytaobao\mytaobao\spiders
# 创建爬虫
scrapy genspider taobao taobao.com --template = crawl
```

2. 商品"汉服"按销量爬取

（1）配置 items.py，定义需要保存的字段，修改 MytaobaoItem 类，代码如下：

```
class MytaobaoItem(scrapy.Item):
    name = scrapy.Field( )                           # 商品名称
    shop = scrapy.Field( )                           # 店铺名称
    price = scrapy.Field( )                          # 商品价格
    sales = scrapy.Field( )                          # 销售量
    detail_url = scrapy.Field( )                     # 商品链接地址
```

（2）为了方便统一管理，将常量放在 settings.py 文件中。在 settings.py 文件中添加：

```
KEY_WORD = ' 汉服 '                                  # 搜索关键字
PAGE_NUM = 3                                          # 页数
PAGE_COUNT = 44                                       # 每页商品数量
```

（3）修改爬虫器，实现访问搜索列表前 3 页。修改 TaobaoSpider 类代码如下：

```
class TaobaoSpider(CrawlSpider):
    name = 'taobao'                                  # 爬虫器名称
    allowed_domains = ['taobao.com']                 # 域名
    base_url = 'https://s.taobao.com/search?q = %s&sort = sale-desc&s = %s' # 爬取的 URL 地址

    def start_requests(self):
        key_word = self.settings['KEY_WORD']         # 搜索关键字
        page_num = self.settings['PAGE_NUM']         # 页数
        page_count = self.settings['PAGE_COUNT']     # 每页的商品数量
        # 登录淘宝的 cookie
        cookies = 'miid = 5304864818195512640;...'
        # 将 cookies 分割成字典形式
        cookies = {
            i.split("=")[0]: i.split("=")[1] for i in cookies.split("; ")
        }
```

```
# 循环发起请求访问 URL
for i in range(page_num):
    # 拼接第 1、第 2、第 3 页商品列表的 URL
    url = self.base_url % (key_word,i*page_count)
    # 传入 cookie 发起访问 URL，将返回网页内容回传给 parse_item( ) 函数进
      行数据提取
    yield scrapy.Request(url, cookies = cookies, callback = self.parse_item)
```

其中需要注意用户 Cookie 的查找，登录淘宝后，在 Chrome 浏览器按 F12 进入开发者页面，打开网络标签页，刷新一下当前网页，在请求的 Header 信息中可以看到 Cookie，如图 11-20 所示。

图 11-20　Cookie 信息

3. 商品数据提取

对应网页响应的内容，我们只提取商品名称、店铺名称、价格、销售数量和链接字段，那么需要修改 TaobaoSpider 类的 parse_item(self, response) 方法。代码修改如下：

```
# 数据提取
def parse_item(self, response):
    item = MytaobaoItem( )
    # 提取网页内容匹配正则表达式 "g_page_config = ({.*?});" 的数据
    obj_info = re.search(r"g_page_config = ({.*?});", response.text)
    # 分析响应网页 HTML 可以得知，这是一个复杂的 JSON 字符串
    goods_list = json.loads(obj_info.group(1))
    # 解析 JSON 字符串，得到商品 JSON 字符串列表
    goods = goods_list['mods']['itemlist']['data']['auctions']
    # 解析每个商品 JSON 字符串
    for good in goods:
```

```
item['name'] = good['raw_title']            # 提取商品名称
item['shop'] = good['nick']                 # 提取店铺名称
item['price'] = good['view_price']          # 提取价格
item['sales'] = good['view_sales']          # 提取销售量
item['detail_url'] = good['detail_url']     # 提取商品链接
yield item
```

　　其中，根据响应网页 HMTL 提取数据的方式有很多，可以使用正则表达式提取，或使用 CSS 提取器提取，也可以使用 BeautifulSoup 提取，具体的提取方式需要分析网页的 HTML。例如，本案例之所以使用 re 正则表达式提取，是因为 HTML 源代码中有一段完整的 JSON 字符串，包含我们所要提取的字段，源代码如图 11-21 所示。

g_page_config = {"pageName":"mainsrp","mods":{"shopcombotip":{"status":"hide"},"phonenav":{"status":"hide"},"debugbar"
[{"i2iTags":{"samestyle":{"url":""},"similar":{"url":"/search?type\u003dsimilar\u0026app\u003ddi2i\u0026rec_type\u003d1\u00...
月棠清风笺多色款宋制\u003cspan class\u003dH\u003de汉服\u003c/span\u003e三件套夏季中国风宋抹吊带女日常原创","raw_title":"东月
search1.alicdn.com/img/bao/uploaded/i4/i2/151235657/O1CN010z0P441rex8lrtloc_!!151235657.jpg","detail_url":"//item.taobao.co
州","view_sales":"7000+人收货","comment_count":"32770","user_id":"151235657","nick":"孙琼香","shopcard":{"levelClasses":[{
supple-level-guan"}]},"isTmall":false,"delivery":[490,1,2830],"description":[490,1,4310],"service":[492,1,4198],"encryptedU...
心","dom_class":"icon-service-jinpaimaijia","position":"1","show_type":"0","icon_category":"shop","outer_text":"0","html"
家","url":"//www.taobao.com/go/act/jpmj.php","iconPopupNormal":{"dom_class":"icon-service-jinpaimaijia-l"}}],"comment_url"
id\u003d616724205845\u0026ns\u003d1\u0026abbucket\u003d9\u0026on_comment\u003d1","shopLink":"//store.taobao.com/shop/view_...
type\u003dsamestyle\u0026app\u003ddi2i\u0026rec_type\u003d1\u0026uniqpid\u003d773062540\u0026nid\u003d610544906370"},"simi...
type\u003dsimilar\u0026app\u003ddi2i\u0026rec_type\u003d1\u0026uniqpid\u003d773062540\u0026nid\u003d610544906370"}],"p4pTags
气飘逸古风学生齐腰彼岸花广袖齐胸襦裙古装","raw_title":"花神赋汉服女中国风仙气飘逸古风学生齐腰彼岸花广袖齐胸襦裙古装","pic_...
item_pic.jpg","detail_url":"//detail.tmall.com/item.htm?id\u003d610544906370\u0026ns\u003d1\u0026abbucket\u003d9","view_pr...
舰店","shopcard":{"levelClasses":[{"levelClass":"icon-supple-level-guan"}]},"isTmall":true,"delivery":[496,1,7022],"descrip...
就购"","dom_class":"icon-service-tianmao","position":"1","show_type":"0","icon_category":"baobei","outer_text":"0","html"
贝","dom_class":"icon-fest-gongyibaobei","position":"2","show_type":"0","icon_category":"baobei","outer_text":"0","html"
id\u003d610544906370\u0026ns\u003d1\u0026abbucket\u003d9\u0026on_comment\u003d1","shopLink":"//store.taobao.com/shop/view_...
type\u003dsamestyle\u0026app\u003ddi2i\u0026rec_type\u003d1\u0026uniqpid\u003d1842190512\u0026nid\u003d618487188630"],"simi...
type\u003dsimilar\u0026app\u003ddi2i\u0026rec_type\u003d1\u0026uniqpid\u003d1842190512\u0026nid\u003d618487188630"}],"p4pTag
\u003c/span\u003e女宋制褙子吊带中国风齐腰汉元素短裙女夏","raw_title":"花神记－草莓兔原创汉服女宋制褙子吊带中国风齐腰汉元素

图 11-21　网页源代码

4. 商品数据存储

　　（1）提取完数据后，需要将数据存储在 taobao.txt 文件中。修改管道 pipelines.py 代码如下：

```
class MytaobaoPipeline(object):
    # 打开本地文件
    def open_spider(self,spider):
        self.file = open('taobao.txt','w',encoding = 'utf-8')

    def process_item(self, item, spider):
        item_dict = dict(item);               # 将 item 对象转换成字典
        name = item_dict['name']              # 提取商品名称字符串
        sales = item_dict['sales']            # 提取销售量字符串
        price = item_dict['price']            # 提取价格字符串
        shop = item_dict['shop']              # 提取店铺名称字符串
```

```
        detail_url = item_dict['detail_url']                    # 提取商品链接字符串
        # 拼接成单个商品信息字符串
        content = name + ',' + shop + ',' +price + ',' +sales + ',' +detail_url  + '\n'
        # 写入文件
        self.file.write(content)
        return item
        # 关闭文件
    def close_spider(self,spider):
        self.file.close( )
```

（2）修改 settings.py 文件，打开管道配置，并关闭 Robots 协议。

```
# 打开管道配置
ITEM_PIPELINES = {
    'mytaobao.pipelines.MytaobaoPipeline': 300,
}
# 关闭遵循 Robots 协议
ROBOTSTXT_OBEY = False
```

5. 执行爬虫器代码

在终端执行如下命令运行爬虫：

```
scrapy crawl taobao
```

运行完成后，数据会写入工程下的 taobao.txt 文件中。

单元小结

在本单元中，我们学习了网络爬虫的知识，以及爬虫常用的 Scrapy 框架。主要的知识点如下：

1. 网络爬虫是指按照某种规则在网络上爬取所需内容的脚本程序。网络爬虫要遵循 Robots 协议和常规约束条件。

2. 网络爬虫运行基本流程为：发起请求—获取响应内容—解析网页—存储数据。

3. 网络爬虫结构分为爬虫调度器、URL 管理器、网页下载器、网页解析器及数据存储器。

4．Scrapy 爬虫框架是一个为了爬取网站数据、提取数据而编写的应用框架。

5．Scrapy 核心组件有 Scrapy 引擎、调度器、下载器、爬虫器和管道。

6．Scrapy 框架中需要编写代码的是爬虫器和管道。

7．Scrapy 有两种类型的命令，分别是全局命令和项目命令。

8．Scrapy 的全局命令有 startproject、genspider、settings、runspider、shell、fetch、view、version。

9．Scrapy 的项目命令有 crawl、check、list、edit、parse、bench。

10．掌握 Scarpy 项目的文件结构及各文件代码实现的功能。

单元 11
测试题

单元 12 数据可视化

单元知识 ▶ 目标

1. 了解数据可视化的基本概念
2. 掌握时间数据的可视化
3. 掌握比例数据的可视化
4. 掌握关系数据的可视化
5. 掌握文本数据的可视化

单元技能 ▶ 目标

1. 能够使用 Matplotlib 绘图库编写程序
2. 能够使用基本图形对数据进行可视化
3. 能够使用数据可视化方法分类数据
4. 能够使用数据可视化方法预测数据

单元思政 ▶ 目标

1. 培养学生做有创新意识、有探索精神的
   数字时代新人
2. 培养学生使用多维视角观察事物的能力

单元 12　数据可视化

单元重点

　　数据反映着真实的世界，人们希望透过现象看本质，分析数据间的关联，了解这个世界正在发生什么。人们都希望挖掘出数据背后蕴藏的信息。数据可视化正是探索和理解大数据的最有效的途径之一。将数据转化为视觉图像，能帮助我们更加容易地发现和理解其中隐藏的模式和规律。

　　本单元将向大家介绍如何使用 Python 进行数据可视化。学习者通过本单元的学习，能了解数据可视化的基本概念，并重点掌握使用 Python 的 Pyecharts、Matplotlib 等绘图库对时间数据、比例数据、关系数据、文本数据等常见的数据类型进行可视化。相信大家学习了本单元知识后，能够通过使用 Python 绘图库对常见的数据进行可视化，挖掘数据中蕴藏的"金矿"。本单元技能图谱，如图 12-1 所示。

图 12-1　本单元技能图谱

案例资源

	综合案例
■电影票房数据可视化	案例 1　商品销量数据可视化
■降雨量数据可视化	案例 2　鸢尾花分类可视化
□票房冠军占比可视化	
■烧烤店销量可视化	
■伊特拉斯坎头颅数据可视化	
□公众号热点信息可视化	

小明和朋友在电商平台上合作经营的店铺已步入正轨，通过多年的运营，销量稳步上升，今年"双十一"，小明打算积极囤货备战，但是各个品类的商品该进货多少困扰着他。进货多了会造成货物积压，进货少了又影响店铺业绩。这时，小明和朋友只好再次找到林老师咨询到底该备多少货的问题，如图 12-2 所示。

（a）小明来电　　　　　　　（b）备货量计算思路

图 12-2　备货量计算

　　针对小明提出的问题，林老师表示，对店铺"双十一"的历史数据进行可视化就可解决这个问题，具体包括以下三个步骤：

　　第一步，准备好小明店铺历年的"双十一"商品销售数据，记录在 Excel 表或者 csv 文件中；

　　第二步，在掌握了 Python 基础编程后，读取历年的销售数据，并对数据进行简单的处理和清洗，并使用 Pyecharts 或 Matplotlib 绘制线形图对销售数据进行可视化；

　　第三步，观察分析利用数据可视化得到的线形图，并对小明店铺今年"双十一"的销量进行预测。

　　那么，根据林老师的指导意见实现店铺销量的预测，小明需要掌握哪些知识呢？主要离不开 Python 语言数据可视化知识的运用。Python 语言支持多种绘图库，如 Pyecharts、Matplotlib、Seabron 等，并对时间数据、比例数据、关系数据、文本数据的可视化具有很好的表现力。小明需要分析销量数据中蕴含的规律，可以选择使用 Python 对店铺的历史销售数据进行可视化，并分析图表，预测未来销量，解决目前面临的进货量决策的问题。

12.1　数据可视化概述

人类对图形、图像等可视化符号的处理效率要比对数字、文本的处理效率高很多。例如，古人便通过绘制物体的图像——象形字来表示和交换信息。数据可视化，简要地说就是将海量的数据进行处理之后用图形表示出来。

12.1.1
预习视频

▶▶ 12.1.1　什么是数据可视化

在互联网信息时代，海量的数据蕴含了大量的信息。数据可视化的目的是对数据进行可视化处理，以更明确、有效地传递信息。在计算机视觉领域，数据可视化是对数据的一种形象直观的解释，实现从不同维度观察数据，从而得到更有价值的信息。

图 12-3 是著名的南丁格尔玫瑰图（彩图请扫码查看），蓝色区域表示死于感染的士兵数量，红色区域表示死于战场重伤的士兵数量，灰色区域表示死于其他原因的士兵数量。该图有如下两个非常明显的特征。

南丁格尔
玫瑰图

首先，两幅图中蓝色区域的面积明显大于其他颜色区域的面积。这意味着大多数的伤亡并非直接来自战争，而是来自糟糕医疗环境下的感染。其次，左边的扇形面积远小于右边，说明卫生委员到达后（1855 年 3 月），死亡人数明显下降，这成功地展示了医疗卫生条件改善带来的效果。

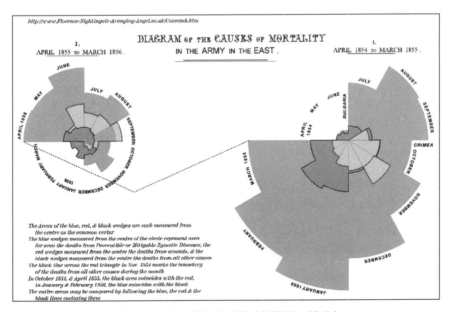

图 12-3　南丁格尔玫瑰图（彩图见二维码）

12.1.1
考考你

这幅图出现在南丁格尔游说英国政府加强公众医疗卫生建设和相关投入的文件里。这幅图让政府官员了解到：改善医疗状况可以显著降低死亡率。南丁格尔的玫瑰图打动了当时的政府高层（包括军方人士和维多利亚女王），她的医疗改良提案才得以通过，从而挽救了千万人的生命。由此可见，将数据经过图形化展示以后，人们可以从可视化的图形中直观获取更有效的信息。

▶ 12.1.2　数据可视化的作用

12.1.2
预习视频

近年来，我国广大科技工作者自强不息、艰苦奋斗，在大数据和人工智能领域取得了骄人的成绩，在数据可视化方向上始终是先行者和领导者。面对越来越庞大、复杂的数据，数据可视化已经成为各个领域传递信息的重要手段。数据可视化也可以将其理解为一个生成图形、图像符号的过程。更为深层次的理解是，可视化是人类思维认知强化的过程，即人脑通过人眼观察某个具体图形、图像来感知某个抽象事物，这个过程是一个强化认知的理解过程。因此，帮助人们理解事物规律是数据可视化的最终目标，而绘制的可视化结果只是可视化的过程表现。

随着计算机技术的普及，数据无论从数量上还是从维度层次上都变得日益繁杂。面对海量而又复杂的数据，各个科研机构和商业组织普遍遇到以下问题：

第一，大量数据不能有效利用，弃之可惜，想用却不知如何下手。

第二，数据展示模式繁杂晦涩，无法快速甄别有效信息。

12.1.2
考考你

数据可视化就是将海量数据经过抽取、加工、提炼，通过可视化方式展示出来，改变传统的文字描述识别模式，动作更快，以建设性方式提供结果，方便人们理解数据之间的联系，达到更高效地掌握重要信息和了解重要细节的目的。

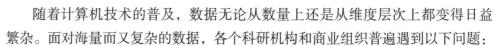

12.2　数据分类可视化

数据可视化处理的对象是数据，根据所处理数据对象的不同，可以采取不同的方式方法对数据进行可视化。互联网信息社会，人们的日常生活中产生了海量的数据，在进行数据可视化之前，我们需要对数据进行一定程度的处理，并依据数据的分类，对其进行可视化。本节内容主要讲解四种类型数据的可视化：时间数据、比例数据、关系数据及文本数据的可视化。多种类型数据的可视化，反映了我国在数据资源上的丰富性、先进性，这与国家扩大科技领域支持、广大科技工作者加快科技创新和全国人民积极响应科技改变生活的号召是分不开的。

▶▶ 12.2.1　时间数据可视化

时间是一个非常重要的维度与属性。时间序列数据存在于社会的各个领域，如临床诊断记录、金融和商业交易记录、天文观测数据、气象图像等。诊断记录包括患者每次看病的病情记录以及心电图等扫描仪器的数据记录等，金融和商业交易记录包括股市每天的交易价格及交易量、超市中每种商品的销售情况等。

12.2.1
预习视频

时间数据是按时间顺序排列的一系列数据值。与一般的定量数据不同，时间数据包含时间属性，不仅要表达数据随时间变化的规律，还需表达数据分布的时间规律。时间数据可以分为连续型时间数据和离散型时间数据两种。

不管是延续性还是暂时性的时间数据，可视化的最终目的就是从中发现趋势。看到什么已经成为过去，什么仍保持不变？找出它是在上升还是下降？这些变化产生的原因可能有什么？是否存在周期性的循环？要想找出这些变化中存在的模式，就必须超脱于单个数据点，纵观全局。只观察某个时间点上的数值固然轻松，但不利于了解整个事件的来龙去脉。研究者只有对数据了解得越多，才能获取更全面的信息。

对时间数据进行可视化，我们通常采用折线图和柱形图。

折线图是用直线段将各数据点连接起来而组成的图形，以折线方式显示数据的变化趋势。在折线图中，沿横坐标均匀分布的是时间，沿纵坐标均匀分布的是数值。折线图比较适用于表现趋势，常用于展现如人口增长趋势、书籍销售量、粉丝增长进度等数据。

折线图可以看出数据变化的整体趋势。注意，横坐标长度会影响展现的曲线趋势，若图中的横坐标过长，点与点之间分割的间距较大，则会使得整个曲线非常夸张；若横坐标过短，则用户又可能看不出数据的变化趋势。因此，合理地设置横坐标的长度十分重要。

柱形图又称条形图，是以高度或长度的差异来显示统计指标数值的一种图形。柱形图简明、醒目，是一种常用的统计图形。柱形图一般用于显示一段时间内的数据变化或显示各项之间的比较情况。数值的体现就是柱形的高度，柱形越矮则数值越小，柱形越高则数值越大。另外需要注意的是，柱形的宽度与相邻柱形间的间距决定了整个柱形图的视觉效果的美观程度。如果柱形的宽度小于间距，则会使人的注意力集中在空白处而忽略了数据。因此，合理地选择宽度很重要。

2001—2011 年的大学生就业率变化可视化图形即柱状图，实现代码如下：

```
import matplotlib.pyplot as plt
x = [2001, 2002, 2003, 2004,2005,2006,2007,2008,2009,2010,2011]
y = [0.7, 0.74, 0.75,0.75,0.76,0.77,0.7,0.68,0.68,0.72,0.775]
plt.figure(figsize = (8,5))
plt.rcParams['font.sans-serif'] = 'SimHei'
plt.xlabel(" 年份 ")
plt.ylabel(" 就业率 ")
# 设置字体大小
plt.rcParams['font.size'] = 12
plt.bar(x,y)
plt.show( )
```

程序运行的效果，如图 12-4 所示。

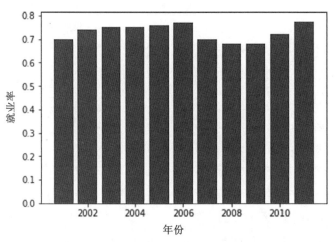

图 12-4　2001—2011 年的大学生就业率变化

【 典型应用 1——电影票房数据可视化 】

应用说明：在 Python 中绘制时间序列的折线图，此处使用了绘图库 Matplotlib 模块。首先准备基础数据，通过安装 Tushare 库，获取历年暑期（8 月）的电影票房数据，然后载入数据，画图，最终图表展示如图 12-5 所示。从图表中可以一目了然地看到历年暑期电影票房呈现增长趋势。实现代码如下：

```
import matplotlib as mpl
import matplotlib.pyplot as plt
# 2012—2021 年每年 8 月票房数据
box_office = [14.19,22.61,26.22,36.18,40.56,73.66,68.35,78.12,33.95,20.51]
```

```
year = [2012,2013,2014,2015,2016,2017,2018,2019,2020,2021]
# 设置支持显示中文
plt.rcParams['font.sans-serif'] = 'SimHei'
# 设置字体大小
plt.rcParams['font.size'] = 12
# 设置图片大小
plt.figure(figsize = (8,5))
# 设置网格
plt.grid(color = 'gray')
# 设置 Y 轴标签
plt.ylabel(" 金额 / 亿元 ")
# 设置 X 轴标签
plt.xlabel(" 年份 ")
# 绘制折线图
plt.plot(year, box_office, marker = 'o', markerfacecolor = 'r')
plt.show( )
```

程序运行的效果，如图 12-5 所示。

12.2.1
考考你

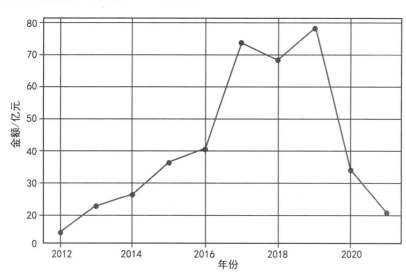

图 12-5　2012-2021 年暑期（8 月）电影票房数据变化可视化

▶▶ **12.2.2　比例数据可视化**

时间序列数据是在不同时间点上收集到的数据。这类数据反映了某一事物、现象等随时间的变化状态或程度，它是根据时间进行分组的。

12.2.2
预习视频

同样地，在比例数据中也有分组依据，比例数据是根据类别、子类别或群体来进行划分的。本节内容将讨论如何展现比例数据各个类别之间的占比情况，或者类别之间的关联关系。

整体与部分是比例的基本呈现形式。这一类可视化图形既可以呈现各个部分与其他部分的相对关系，又可以呈现整体的构成情况。

通常，我们使用饼图和堆叠柱状图来进行比例数据的可视化。饼图采用了饼干的形状，用环状方式呈现各分量在整体中的比例。饼图是十分常见的，常用于统计学模型。饼图的原理也很简单：首先用一个圆代表了整体，然后把它们切成楔形，每个楔形都代表整体中的一部分。所有楔形所占百分比的总和应为 100%。虽然饼图不太适合表示精确的数据，但是它可以呈现各部分在整体中的比例，能够体现部分与整体之间的关系。如果我们抓住饼图的这一特点，合理地组织数据，就会获得较好的数据可视化效果。

堆叠柱形图的几何形状与常规柱形图相似。在柱形图中，数据值为并行排列，而堆叠柱形图则是一个个叠加起来的。其特点是，若数据存在子分类，并且这些子分类相加有意义的话，则可以使用堆叠柱形图来表示。堆叠柱形图也是一个使用频繁的图表类型。

【典型应用 2——降雨量数据可视化】

应用说明：为了使用图形可视化一年里每个季节下雨的天数所占总下雨天数的百分比，这里我们使用 Matplotlib 库中的 Pie( ) 函数来完成饼图的绘制。实现代码如下：

```python
import matplotlib.pyplot as plt
plt.figure(figsize = (6, 6))
ax = plt.axes([0.1, 0.1, 0.8, 0.8])
labels = 'Spring', 'Summer', 'Autumn', 'Winter'
# 饼图的每部分占比
x = [15, 30, 45, 10]
explode = (0.1, 0.1, 0.1, 0.1)
# autopct 参数用来格式化绘制在圆弧中的标签
plt.pie(x, explode = explode, labels = labels, autopct = '%1.1f%%', startangle = 90)
plt.title('Rainy days by season')
plt.show( )
```

程序运行的效果，如图 12-6 所示。

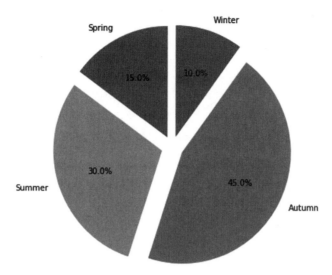

图 12-6　雨季数据可视化

【典型应用 3——票房冠军占比可视化】

应用说明：在 Python 中绘制堆叠柱状图，此处使用了绘图库 Matplotlib 模块。首先准备基础数据，通过安装 Tushare 库，获取历年暑期（8 月）的电影票房数据，然后获取票房第一的电影的票房数据，画图，最终图表展示如图 12-7 所示。从图表中可以一目了然地看到历年暑期电影票房冠军对总票房的占比变化趋势。实现代码如下：

```
import matplotlib as mpl
import matplotlib.pyplot as plt
box_office = [14.19,22.61,26.22,36.18,40.56,73.66,68.35,78.12,33.95,20.51]
year = [2012,2013,2014,2015,2016,2017,2018,2019,2020,2021]
# 历年票房第一
first = [2.80,6.37,3.93,7.34,9.88,42.40,13.24,33.97,20.09,9.26]
# 设置支持显示中文
plt.rcParams['font.sans-serif'] = 'SimHei'
# 设置字体大小
plt.rcParams['font.size'] = 12
# 设置图片大小
plt.figure(figsize = (8,5))
# 其他影片票房收入
after_first = [ ]
for i in range(len(box_office)):
    res = box_office[i]-first[i]
```

```
        after_first.append(res)
# 绘制网格
plt.grid(color = 'gray')
# 绘制堆叠柱状图
plt.bar(year, after_first, label = ' 其他 ')
plt.bar(year, first, bottom = after_first, label = ' 冠军票房 ')
# 设置坐标轴标签
plt.xlabel(" 年份 ")
plt.ylabel(" 金额 / 亿元 ")
# 设置图例
plt.legend(loc = 2)
plt.show( )
```

程序运行的效果，如图 12-7 所示。

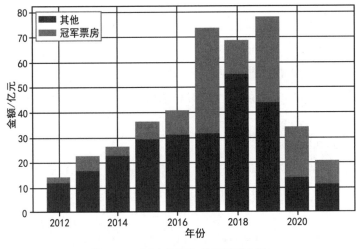

图 12-7　票房冠军与总票房的对比

12.2.2
考考你

12.2.3
预习视频

▶▶ 12.2.3　关系数据可视化

在本节中，我们将讲述关系数据在大数据中的应用及其图形表示方法，主要介绍使用散点图和直方图来可视化数据的关联性。

在前面的内容中，我们已经了解了时间数据与比例数据在大数据里的应用和相关的可视化处理方法，本节我们将研究变量间的关系。一般地，人们解决问题都致力于寻找事物背后的原因。现在要做的是，尝试去探索事物的相关关系，而不再关注难以捉摸的因果关系。这种相关关系往往不能告诉人们事物为何产生，但是会提醒人们事物正在发生。比如，只要知道什么时候是买机票的最佳时机，那么，机票价格为什么变化就无关紧要了。大数据可视化会告诉我们分析结果是"什么"，而不是"为什么"。

　　分析数据时，我们不仅可以从整体进行观察，还可以关注数据的分布，如数据间是否存在重叠或者是否毫不相干？还可以从更宽泛的角度观察各个分布数据的相关关系。其实最重要的点是，数据在进行可视化处理后，呈现在我们眼前的图表所表达的意义是什么。

　　关系数据具有关联性和分布性。数据的关联性，其核心是指量化的两个数据间的数理关系。关联性强，是指当一个数值变化时，另一个数值也会随之相应地发生变化。相反地，关联性弱，就是指当一个数值发生变化时，另一个数值几乎没有发生变化。通过数据关联性，就可以根据一个已知的数值变化来预测另一个数值的变化。

　　在本节中，我们将使用散点图来研究数据的关联性，用直方图来研究数据的分布性。

　　用散点图来表示时间数据，以时间为横坐标的图形显示了时间与另一个数值变量之间的关系。其实，散点图还可以用于表示两个变量之间的关系。这两者的区别在于横坐标不是时间而是另一个变值。我们可以用图表推断出变量间的相关性。如果变量之间不存在相互关系，那么，在图上就会表现为随机分布的离散的点；如果变量之间存在某种相关性，那么大部分的数就会相对密集并呈现某种趋势。如图 12-8 所示，三个图分别表示各圆点为正相关、负相关和不相关关系。

　　从图 12-8 中可以看出，正相关的两个变量变动趋势相同，一个变量由大到小或由小到大化时，另一个变量亦随之由大到小或由小到大变化。比如，身高与体重，一般来说，身高越高，体重就越重。反之，负相关的两个变量的变化方向相反，也可理解成事态发展的对立关系。通俗地讲，负相关就是两个变量，其中一个变大时，另一个就变小；一个变小时，另一个就变大。比如，高原含氧量与海拔高度就是负相关的关系。而不相关就是点的排列杂乱无序。关联性关系可以很好地帮助我们分析现状和预测未来。

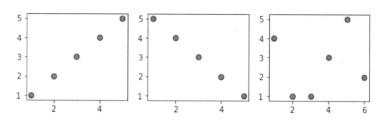

图 12-8　散点图可视化数据关联性

┌───┐

　💡 **学一学**

　　散点图又称散点分布图，是以利用坐标点（散点）的分布形态反映特征间的相关
关系的一种图形。实际中一般使用二维散点图，通过散点的疏密程度和变化趋势表示
两个特征间的关系。

└───┘

直方图又称质量分布图，是数值数据分布的精确图形表示。直方图中的柱形高度表示的是数值频率，柱形的宽度是取值区间。横坐标和纵坐标与一般的柱形图不同，它是连续的，一般的柱形图的横坐标是分离的。

【典型应用 4——烧烤店销量可视化】

应用说明：学校附近某烧烤店 2019 年每个月的营业额，如表 12-1 所示。为了帮助店铺老板分析店铺营业额的变化情况和分布情况，我们使用 Python 编写程序绘制折线图对该烧烤店全年营业额进行可视化，使用圆点标识每个月的营业数据，这样能清楚地观察到一年中销量的分布和变化。

表 12-1　烧烤店 2019 年营业额数据

月份	1月	2月	3月	4月	5月	6月	7月	8月	9月	10月	11月	12月
营业额 / 万元	2	1	2	3	4	5	6	6	6	5	3	4

实现代码如下：

```
import matplotlib.pyplot as plt
# 月份和每月营业额
month = list(range(1,13))
money = [2, 1, 2, 3, 4, 5, 6, 6, 6, 5, 3.8, 4.9]
# scatter( ) 函数的第一个参数表示横坐标数据，第二个参数表示纵坐标数据
plt.scatter(month,money,marker = 'o',c = 'r')
plt.xlabel(' 月份 ', fontproperties = 'simhei', fontsize = 14)
plt.ylabel(' 营业额 / 万元 ',fontproperties = 'simhei', fontsize = 14)
plt.title(' 烧烤店 2019 年营业额散点图 ',fontproperties = 'simhei', fontsize = 18)
# 紧缩四周空白，扩大绘图区域可用面积
plt.tight_layout( )
plt.show( )
```

程序运行的效果，如图 12-9 所示。

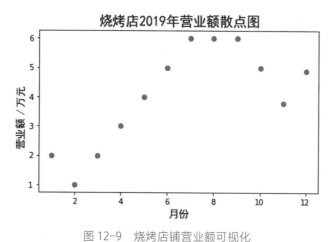

图 12-9　烧烤店铺营业额可视化

【典型应用 5——伊特拉斯坎头颅数据分布可视化】

应用说明：下面代码中的 dataset 列出了 84 个伊特拉斯坎（Etruscan）男子的头颅的最大宽度（mm），为了探索这些数据之间的分布关系，我们使用 Python 画出这些数据的频数直方图。实现代码如下：

```
import numpy as np
import matplotlib.pyplot as plt
dataset = [141,148,132,138,154,142,150,146,155,158,
          150,140,147,148,144,150,149,145,149,158,
          143,141,144,144,126,140,144,142,141,140,
          145,135,147,146,141,136,140,146,142,137,
          148,154,137,139,143,140,131,143,141,149,
          148,135,148,152,143,144,141,143,147,146,
          150,132,142,142,143,153,149,146,149,138,
          142,149,142,137,134,144,146,147,140,142,
          140,137,152,145]
ax = plt.gca( )
l = (124,160,0,40)
ax.axis(l)
ax.hist(dataset,bins = 7,color = 'grey',label = ' 频数直方图 ')
ax.set_xlabel(' 宽度 ')
ax.set_ylabel(' 频数 ')
ax.set_title(' 频数直方图 ')
plt.legend( )
```

plt.rcParams['font.sans-serif'] = ['SimHei']

plt.show( )

程序运行的效果，如图 12-10 所示。

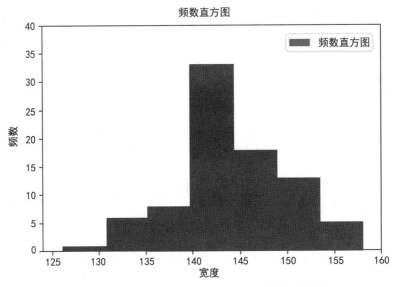

图 12-10   Etruscan 男子头颅的最大宽度 (mm) 分布

12.2.3
考考你

12.2.4 文本数据可视化

文字是传递信息最常用的载体。在当前这个信息量呈现爆炸式增长的时代，文本信息无处不在，人们接收信息的速度已经难以跟上信息产生的速度。当大段的文字摆在面前，已经很少有人能耐心、认真地把它读完。一般地，人们经常会先查看文中的图片。这种情况一方面说明人们对图形的接受程度比枯燥的文字要高很多，另一方面说明人们急需一种更高效的信息呈现方式。文本数据可视化正是解决方案之一。

文本数据可视化的目的在于利用可视化技术刻画文本和文档，将其中的信息直观地呈现给用户。用户通过感知和辨析这些可视化的图元信息，从中获取所需的信息。因此，文本数据可视化的重要原则是帮助用户快速、准确地从文本中提取信息并将其展示出来。本节将简单介绍文本数据在大数据中的应用，并通过对文本数据可视化案例的阐释和分析帮助大家深入理解所学知识。

目前，文本数据可视化的应用十分广泛，其技术方法也很多。其中，词云图就是深受用户喜爱的展示关键词的重要技术之一，它可有效地从数量巨大、数据类型多样、价值密度低的数据中快速提取有用信息。

12.2.4
预习视频

【典型应用 6——公众号热点信息可视化】

应用说明：在互联网信息时代，了解大家讨论的热点、公众关注的问题是具有很大的价值的，为了实现这一目的，我们从网络爬取具有较大流量的公众号发文标题，并对大量的标题文本数据进行可视化，使用 Python 将文本数据绘制成词云图。数据文件 media_info.csv 为使用爬虫爬取的某公众号发表的文章的相关数据。代码实现如下：

```python
import pandas as pd

import jieba

from pyecharts import options as opts

from pyecharts.charts import Page, WordCloud

from pyecharts.globals import SymbolType

import collections

mimeng_data = pd.read_excel(r"media_info.xlsx")

title_data = mimeng_data[' 标题 ']
# 精确模式文本分词
seg_list_exact = jieba.cut(title_data.str.cat( ), cut_all = True)

object_list = [ ]
# 自定义去除词库
remove_words = [u' 的 ', u' ', ,u' 和 ', u' 是 ', u' 随　着 ', u' 对　于 ', u' 对 ',u' 等 ',u' 能 ',u'
                都 ',u'。',u' ',u'、',u' 中 ',u' 在 ',u' 了 ',u' 通常 ',u' 如果 ',u' 我们 ',u' 需要 ',u'
                我 ',u' ！　',u' 你 ',u' ？　',u' "',u'"',u' : ',u' 不 ',u' 有 ',u'…',u' 人 ',u' 吗 ',u'
                就 ',u' 分 享 ',u' 图 片 ',u' 什 么 ',u' 就 是 ',u' 想 ',u' 个 ',u' 要 ',u' 一 个 ',u'
                做 ',u' 被 ',u' 说 ',u' 让 ',u' 这 ',u' 不是 ',u' 啊 ',u' 好 ',u' 最 ',u' 岁 ',u' 她 ']

for word in seg_list_exact:                        # 循环读出每个分词
    if word not in remove_words:                   # 如果不在去除词库中
        object_list.append(word)                   # 分词追加到列表
words = collections.Counter(object_list)           # 对分词做词频统计
def wordcloud_base( ) -> WordCloud:
    c = (
    WordCloud( )
    .add("", [list(z) for z in zip(list(words.keys( )), list(words.values( )))],
        word_size_range = [20, 100])
    .set_global_opts(title_opts = opts.TitleOpts (title = " 热点信息词云图 "))
    )
```

　　　　return c

wordcloud_base( ).render_notebook( )

程序运行的效果，如图 12-11 所示。

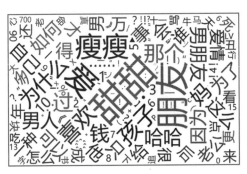

图 12-11　公众号热点话题词云图

12.2.4
考考你

> 💡 **学一学**
>
> 　　Matplotlib 可按需求绘制不同排版的子图，支持修改坐标轴各部分包括标题、标签、文本、图例，通过 rc 参数修改图形元素等。分析特征关系我们通常使用散点图、折线图，分析特征数据内部状态我们通常使用直方图、条形图、箱线图等。

12.3 【案例】商品销量数据可视化

　　通过对前面内容的学习，小明已经可以使用 Python 来对数据进行可视化，解决他的店铺"双十一"销售量的预测问题了。

▶▶ 12.3.1　案例要求

12.3.1
案例视频

　　【案例目标】　小明通过收集自己历年店铺商品"双十一"的销量来绘制线形图，通过绘制的线形图来分析预测销量，并对今年的备货量进行决策。

　　【相关解释】　对于商品销量的预测，我们可以时间为自变量，销量为因变量，通过线性回归的方法求出预测模型，对未来的某一个时间求出其对应的销量。

　　例如：假设时间为 t，销量为 y，线性回归得到的模型为 $y = kt + b$（其中 k，b 为常数），则可以求出未来某个时间 t 对应的销量 y。

【案例效果】 本案例程序运行的效果，如图 12-12、图 12-13 所示。

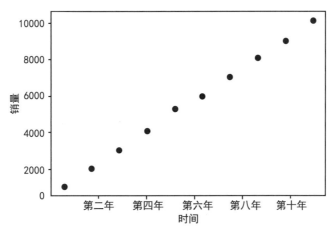

图 12-12 销量数据可视化

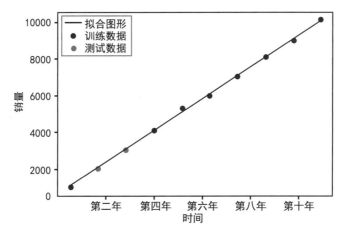

图 12-13 销量数据函数图像

【具体要求】 本案例的实现过程应满足以下要求。

1. 创建程序文件并配置环境

（1）限制 1. 安装 Anconda，并配置好 Jupyter 编辑器。

（2）限制 2. 创建源码文件：sales_prediction.py。

2. 获取商品销量数据

读取数据文件，获取数据。

3. 判断输入的数值是否合法

对销量数据做校验，不能为空，也不能为负值。

4. 对输入的销量数据进行可视化并求出预测模型

（1）绘制出销售数据的散点图。

（2）对散点图上的点做拟合曲线。

（3）通过求得的预测模型，计算出未来某个时间的销售量。

12.3.2　实现思路与代码

【实现思路】　本案例实现的参考思路如下。

1. 按实训要求创建配置开发环境

2. 获取历史销量数据

（1）读取 sales.csv 文件。

（2）将获取的销量数据循环遍历读取到程序中。

3. 判断输入的数值是否合法

（1）用户输入数值范围应大于等于 0。

（2）合法则进入下一步，不合法则将此行数据删除，继续下一步。

4. 判断输入的销量数据所属销量级别

（1）由于上一步已经完成数值合法检查，数值已经大于等于 0，下一步以时间为横坐标，货品销售量为纵轴，调用 scatter( ) 函数绘制出销售数据的散点图。

（2）对散点图上的点做拟合曲线。将销售数据按 4 : 1 的比例分成两部分，一部分作为求解预测模型 $y = kt + b$（其中 k，b 为常数）中斜率 k 与截距 b 的训练数据，一部分作为验证斜率 k 与截距 b 的测试数据。

（3）通过求得的预测模型 $y = kt + b$（其中 k，b 为常数）计算出未来某个时间 t 的销售量 y。

【实现代码】　本案例实现的参考代码如下。

```
import pandas as pd
sales_data = pd.read_csv("sales.csv",header = None,encoding = 'utf-8',error_bad_lines = False)
# 读取数据
sales_data = sales_data.T
import numpy as np
X = sales_data[0].values.reshape(-1,1)
y = sales_data[1]
# 把原始销量数据用散点图进行可视化得到图 12-12
import matplotlib.pyplot as plt
plt.scatter(X,y,color = 'b',label = 'sales volume')
plt.xlabel(' 时间 ')
plt.ylabel(' 销量 ')
plt.xticks([2, 4, 6, 8, 10], [r' 第二年 ', r' 第四年 ', r' 第六年 ',r' 第八年 ',r' 第十年 '])
plt.show( )
```

```
#下述代码绘制第二幅图
from sklearn.model_selection import train_test_split
x_train,x_test,y_train,y_test = train_test_split(X,y,random_state = 22,train_size = .8)
#线性回归计算预测模型
from sklearn.linear_model import LinearRegression
#创建模型
model  = LinearRegression( )
model.fit(x_train,y_train)
print(" 系数 w=",model.coef_)
print(" 截距 b=",model.intercept_)
#求得的函数表达式进行可视化得到图 12-13
plt.scatter(x_train,y_train,color = 'b',label = ' 训练数据 ')
plt.scatter(x_test,y_test,color = 'grey',alpha = 0.5,label = ' 测试数据 ')
plt.xticks([2, 4, 6, 8, 10], [r' 第二年 ', r' 第四年 ', r' 第六年 ',r' 第八年 ', r' 第十年 '])
y_train_pred = model.predict(x_train)
plt.plot(x_train,y_train_pred,color = 'black',linewidth = 1,label = ' 拟合图形 ')
plt.legend(loc = 2)
plt.xlabel(' 时间 ')
plt.ylabel(' 销量 ')
plt.show( )
```

12.4 【案例】鸢尾花分类可视化

通过对前面内容的学习，大家已经可以使用 Python 来对各种类型的数据选择合适的图表进行可视化，并可以利用数据可视化来挖掘数据中蕴含的规律。本节中，我们将利用数据可视化的知识对鸢尾花进行分类。

12.4.1   案例要求

【案例目标】 利用本单元学到的数据可视化知识，使用 Matplotlib 对机器学习库 Sklearn 中的鸢尾花数据集进行分类。

【相关解释】 鸢尾花共有三种类别：狗尾草鸢尾花、杂色鸢尾花、弗吉尼亚鸢尾花。鸢尾花数据集中的每个样本数据拥有四个特征，分别为花萼长度、花

12.4.1
案例视频

萼宽度、花瓣长度、花瓣宽度。每种类别的鸢尾花具有不同的特征，通过上述四个特征值，可以作为鸢尾花分类的依据。

【案例效果】 本案例程序运行的效果，如图 12-14、图 12-15 所示。图中每个点表示一组样本数据，相同形状的点表示同种类鸢尾花。从图中可以看出我们通过数据可视化的方式将不同种类的鸢尾花区分开来。

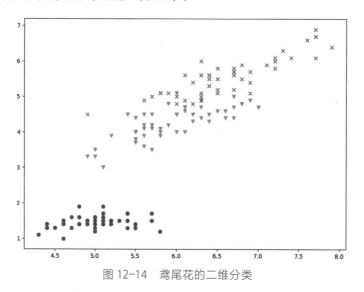

图 12-14　鸢尾花的二维分类

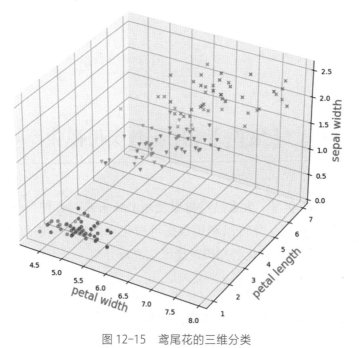

图 12-15　鸢尾花的三维分类

【具体要求】 本案例的实现过程应满足以下要求。

　1. 创建程序文件并配置环境：

（1）限制 1. 安装 Anconda，并配置好 Jupyter 编辑器。

（2）限制 2. 创建源码文件：iris_classify.py。

　2. 获取鸢尾花数据集

　加载 Sklearn 库中的鸢尾花数据集。

　3. 对鸢尾花数据集进行可视化

　用不同的形状表示不同的种类，实现鸢尾花的分类效果。

12.4.2　实现思路与代码

【实现思路】 本案例实现的参考思路如下。

　1. 按实训要求创建配置开发环境

　2. 获取鸢尾花数据集

　加载 Sklearn 库中的鸢尾花数据集。

　3. 对鸢尾花数据集进行可视化

（1）加载完鸢尾花的数据集，观察其结构，数据集每行由四个表示特征的样本数据和一个表示种类的标签数据构成。

（2）使用前面学到的数据切片知识，分别取出三种鸢尾花的花萼长度、花瓣长度等两个特征值，调用 scatter( ) 函数绘制出以花萼长度为横坐标，花瓣长度为纵坐标的散点图，三种类别用不同的形状表示，以达到分类效果。

（3）使用 Python 的数据切片知识，分别取出三种鸢尾花的花萼长度、花瓣长度、花瓣宽度等三个特征值，调用 scatter( ) 函数绘制出以花萼长度为横坐标，花瓣长度为纵坐标，花瓣宽度为垂直坐标的散点图，三种类别用不同的形状表示，以达到分类效果。

【实现代码】 本案例实现的参考代码如下。

```
import numpy as np
import matplotlib.pyplot as plt
from sklearn import datasets
from mpl_toolkits.mplot3d import Axes3D

iris = datasets.load_iris( )
iris['data']          # 样本数据，表示一个样本的四个特征
iris['target']        # 标签数据，表示三个分类
print(iris['data'][0:5])
```

```
print(iris['target'][0:5])
plt.figure(figsize = (10,7))
X = iris['data']
y = iris['target']
X[y == 0,0]              # 花萼长度的数据
X[y == 0,2]
plt.scatter(X[y == 0,0],X[y == 0,2])
plt.scatter(X[y == 1,0],X[y == 1,2],marker = 'v')
plt.scatter(X[y == 2,0],X[y == 2,2],marker = 'x')
plt.show( )
fig = plt.figure(figsize = (10,7))
ax = Axes3D(fig)
ax.scatter(X[y == 0,0],X[y == 0,2],X[y == 0,3])
ax.scatter(X[y == 1,0],X[y == 1,2],X[y == 1,3],marker = 'v')
ax.scatter(X[y == 2,0],X[y == 2,2],X[y == 2,3],marker = 'x')
ax.set_zlabel('sepal width',fontdict = {'size':16,'color':'red'})
ax.set_ylabel('petal length',fontdict = {'size':16,'color':'red'})
ax.set_xlabel('petal width',fontdict = {'size':16,'color':'red'})
plt.show( )
```

单元小结

在本单元中，我们学习了使用 Python 语言结合 Matplotlib 绘图库进行数据可视化。主要的知识点如下：

1. 数据可视化就是将海量数据进行处理之后用图形表示出来，以便更明确、有效地传递信息，实现从不同维度观察数据，从而得到更有价值的信息。

2. 在可视化领域，我们将数据分为时间数据、比例数据、关系数据及文本数据四个大类。

3. 常用的可视化图形有折线图（也叫线形图）、柱形图、饼图、堆叠柱状图、散点图、直方图、词云图等。

4. 时间数据经常采用折线图、柱形图进行可视化。

5. 比例数据经常采用饼图、堆叠柱状图进行可视化。

6. 关系数据经常采用散点图、直方图进行可视化。

7. 文本数据经常采用词云图进行可视化。

8. 分析特征关系，我们通常使用散点图、折线图。

9. 分析特征内部数据状态，我们通常使用直方图、条形图、饼图、箱线图等。

10. 数据可视化经常用于解决趋势预测、数据分类等问题。

单元 12
测试题

[1] 董付国 . Python 程序设计入门与实践 [M]. 西安：西安电子科技大学出版社 , 2021.

[2] 强彦 . Python 基础案例教程 [M]. 西安：西安电子科技大学出版社 , 2019.

[3] 王小银 . Python 程序设计与案例教程 [M]. 西安：西安电子科技大学出版社 , 2019.

[4] 董付国 . Python 数据分析、挖掘与可视化 [M]. 北京：人民邮电出版社 , 2020.

[5] 徐庆丰 . Python 常用算法手册 [M]. 北京：中国铁道出版社 , 2020.

[6] 布拉德利·米勒，戴维·拉努姆 . Python 数据结构与算法分析 [M]. 2 版 . 吕能，刁寿钧，译 . 北京：人民邮电出版社 , 2019.

[7] 卡蒙·阿耶娃，萨基斯·卡萨姆帕里斯 . 精通 Python 设计模式 [M]. 葛言，译 . 北京：人民邮电出版社 , 2016.

[8] 杰奎琳·凯泽尔，凯瑟琳·贾缪尔 . Python 数据处理 [M]. 张亮，吕家明，译 . 北京：人民邮电出版社 , 2017.

[9] 李庆辉 . 深入浅出 Pandas：利用 Python 进行数据处理与分析 [M]. 北京：机械工业出版社 , 2021.

[10] 张良均，谭立云，刘名军，等 . Python 数据分析与挖掘实战 [M]. 2 版 . 北京：机械工业出版社 , 2019.

[11] 杰克·万托布拉斯 . Python 数据科学手册 [M]. 陶俊杰，陈小莉，译 . 北京：人民邮电出版社 , 2018.

[12] 瑞安·米切尔 . Python 网络爬虫权威指南 [M]. 2 版 . 神烦小宝，译 . 北京：人民邮电出版社 , 2019.

[13] 李宁 . Python 爬虫技术 [M]. 北京：清华大学出版社 , 2020.

[14] 张杰 . Python 数据可视化之美：专业图表绘制指南 [M]. 北京：电子工业出版社 , 2020.

[15] 王国平 . Python 商业数据可视化实战 [M]. 北京：电子工业出版社 , 2020.